ARBEITEN

AUS DEM

PHARMAZEUTISCHEN INSTITUT

DER UNIVERSITÄT BERLIN.

HERAUSGEGEBEN

VON

DR. H. THOMS,

PROFESSOR UND LEITER DES PHARMAZEUTISCHEN INSTITUTS
DER UNIVERSITÄT BERLIN.

ERSTER BAND
UMFASSEND DIE ARBEITEN DES JAHRES 1903.

BERLIN
VERLAG VON JULIUS SPRINGER
1904.

ISBN 978-3-642-51212-4   ISBN 978-3-642-51331-2 (eBook)
DOI 10.1007/978-3-642-51331-2

Vorwort.

In Gegenwart des Ministers der geistlichen, Unterrichts- und Medizinal-Angelegenheiten Seiner Exzellenz des Herrn Staatsministers Dr. Studt und einer größeren Zahl geladener Gäste ist am 27. Oktober 1902 das Pharmazeutische Institut der Universität Berlin eröffnet und der Leitung des Herausgebers dieses ersten Jahresberichtes unterstellt worden.

Im Winter Semester 1902/03 wurde das Institut von 101, im Sommer-Semester 1903 von 109, im Winter-Semester 1903/04 von 118 Praktikanten besucht.

Als Ober-Assistent gehört dem Institute der Privatdozent Professor Dr. W. Traube an, welcher die Arbeiten in der qualitativen chemischen Analyse und Maßanalyse leitet. Ihm zur Seite standen in dem Berichtsjahre der Assistent Dr. C. Mannich und der Hilfsassistent Diesfeld, später Dr. A. Biltz.

Die besondere Beaufsichtigung der organisch-chemischen, der toxikologisch-chemischen und präparativen Arbeiten, sowie derjenigen der quantitativen chemischen Analyse hat sich der Leiter des Instituts vorbehalten. Er wurde hierbei unterstützt von den Assistenten Dr. A. Hugershoff und Dr. R. Beckstroem, von den Hilfsassistenten Dr. Molle, Segelitz, später von den Hilfsassistenten Schönewald, Vogelsang, Lucius. Als Vorlesungsassistenten wirkten die Hilfsassistenten O. Weinhagen und Lucius. Zum Oktober 1903 schied Dr. Hugershoff als Assistent aus, und Dr. J. Herzog wurde als solcher neu eingestellt.

Die Leitung der mit dem kolonial-chemischen Laboratorium verbundenen nahrungsmittelchemischen Abteilung ist dem geprüften Nahrungsmittelchemiker Dr. G. Fendler übertragen. In seiner Abteilung wirkten als Volontärassistenten Dr. Ditthorn und Dr. Sasserath. Mit elektrochemischen Arbeiten war als Volontärassistent Dr. Guth beschäftigt.

Mit der Ausführung physiologischer, pharmakotherapeutischer und bakteriologischer Arbeiten wurde als Privatassistent Dr. med. H. Kleist Ende des Jahres 1903 betraut.

Als Unterbeamte sind in das Institut eingestellt der Hausinspektor Eichentopf, der Maschinist Ostrowski, der Heizer Winzer, die Diener Montiage, Weinhold, Rahn und der Hilfsdiener Reimann.

In dem großen Hörsaal des Instituts hielt der Leiter desselben Experimental-Vorlesungen über Pharmazeutische Chemie, im Winter über den anorganischen, im Sommer über den organischen Teil, ferner über Nahrungsmittelchemie, Harnanalyse und toxikologische Chemie.

In dem kleinen Hörsaal lasen Professor Dr. Traube über qualitative und quantitative Analyse, Professor Dr. E. Gilg über Anatomie der Drogen, Professor Dr. K. Schumann über kommerzielle Pharmakognosie. Ein Repetitorium über pharmazeutische Chemie hielt Dr. Beckstroem ab.

Während des Semesters fand an einem jeden Freitag in dem Konferenzzimmer eine Zusammenkunft statt, an welcher die sämtlichen Assistenten und Doktoranden des Instituts teilnahmen, um über die Erscheinungen der chemischen, pharmazeutischen und medizinischen Literatur Bericht zu erstatten und zu diskutieren.

Das Institut erhielt während des Jahres 1903 außer von zahlreichen Fachgenossen und Baubeamten, welche zwecks Informationen eingehende Besichtigungen der Einrichtungen des Instituts vornahmen, von den nachfolgend verzeichneten größeren Vereinigungen Besuch:

1. Am 29. Januar 1903 von dem Gymnasium Steglitz unter Leitung seines Direktors Herrn Dr. Lück. Den Besuchern hatten sich die Angehörigen der Schule angeschlossen, vor welchen der Leiter des Instituts in einem Experimentalvortrag über „flüssige Luft" sprach.

   Den gleichen Vortrag hielt der Institutsleiter

2. am 31. Januar 1903 vor dem Verein der Apotheker Berlins.

3. Am 7. Februar 1903 tagte im großen Hörsaal die deutsche Pharmazeutische Gesellschaft. Bei dieser Gelegenheit hielt Herr Professor Dr. Willstätter aus München- einen Vortrag „über die Methodik zur Ermittelung der chemischen Konstitution der Alkaloide".

4. Am 18. April 1903 besichtigte die „Gesellschaft für volkstümliche Naturkunde" mit ihrem Vorsitzenden, Herrn Geheimen Regierungsrat Prof. Dr. Kny, an der Spitze das Institut. Der Leiter desselben hielt im großen Hörsaale einen durch Lichtbilder unterstützten Vor-

trag über die Einrichtungen moderner chemischer Institute im allgemeinen und des Pharmazeutischen Instituts im besonderen.

    Über das gleiche Thema sprach der Herausgeber dieses Berichtes

5. am 6. Juni 1903 vor der Sektion VIII „Nahrungsmittelchemie, medizinische und pharmazeutische Chemie" des 5. Internationalen Kongresses für angewandte Chemie in dem großen Hörsaale des Instituts.

6. Am 16., 17. und 18. September 1903 tagte „die Vereinigung für systematische Botanik und Pflanzengeographie" unter Vorsitz des Direktors des Königlichen Botanischen Gartens Herrn Geheimen Regierungsrats Prof. Dr. A. Engler im großen Hörsaal.

7. Am 16. Oktober 1903 erschienen unter Leitung des Provinzialschulrats Herrn Geheimen Regierungsrats Prof. Dr. Vogel die Teilnehmer an dem naturwissenschaftlichen Ferien-Kursus für Lehrer höherer Schulen im Institut, nahmen eine Besichtigung dieses und einen Vortrag des Institutsleiters entgegen „über Alkohol und Tabak in chemischer, physiologischer und hygienischer Beziehung". —

Die während des Berichtsjahres im Institute ausgeführten wissenschaftlichen Arbeiten sind zum größten Teile bereits in chemischen bezw. pharmazeutischen Zeitschriften veröffentlicht worden. Um diese und die noch nicht publizierten, im Jahre 1903 ausgeführten Arbeiten zu vereinigen, ist im Folgenden ein Gesamt-Abdruck derselben erfolgt.

    Steglitz-Dahlem, im April 1904.

Thoms.

Inhalt.

I.

Organisch-Chemische Arbeiten.

Studien über die Phenoläther.
Von **H. Thoms.**

I. Mitteilung[1]).

Über die Einwirkung der Salpetersäure auf das Dihydroasaron und Dihydro-methyleugenol.

Die Einwirkung der Salpetersäure auf Phenoläther ist wiederholt Gegenstand der Untersuchung gewesen. Von besonderem Interesse sind die von verschiedenen Forschern hierbei beobachteten Chinonbildungen.

Nach A. W. von Hofmann[2]) wird (1)-Propyl-(2.3)-Dimethoxy-(4)-Oxybenzol beim Kochen mit Salpetersäure derart zersetzt, daß an Stelle der Propylgruppe und der freien Hydroxylgruppe die Chinongruppe tritt:

$$\text{O}\diagup\diagdown\text{O CH}_3$$

Eine Chinonbildung in der Gruppe der Phenoläther bei der Einwirkung von Salpetersäure ist dann später von W. Will[3]) festgestellt worden.

Als dieser auf das Trimethylpyrogallol Salpetersäure vom spez. Gewicht 1.205 einwirken ließ, erhielt er neben einem Chinon eines dimethoxylierten Benzols einen Mononitropyrogalloltrimethyläther:

$$C_6H_2 {\scriptstyle\lessgtr} {\textstyle{O_2 \atop (OCH_3)_2}} \quad \text{und} \quad C_6H_2 {\scriptstyle<} {\textstyle{NO_2 \atop (OCH_3)_3}}\,^{1\cdot2\cdot3}.$$

Auch auf die Trimethyläther des Phloroglucins und Oxyhydrochinons hat Will Salpetersäure einwirken lassen und beschreibt die dabei erhaltenen Produkte. Im Anschluß an diese Arbeiten berichtet Will auch über die Konstitution des Asarons, welches er für ein Derivat des Trimethyläthers des Oxyhydrochinons erklärt.

Diese Arbeiten Wills haben dann später Ciamician und Silber[4]) zum Ausgangspunkt weiterer Untersuchungen genommen, und zwar gelegentlich der von ihnen versuchten Konstitutionsermittelung des Apiols.

Bei der Reduktion des Isapiols mit Natrium in alkoholischer Lösung entsteht neben Dihydroapiol ein 3-wertiges Phenol. Wenn man annimmt, daß Isapiol in diesem Falle einer analogen Umwandlung, wie das Isosafrol, unterliegt, in welchem der zur Allylgruppe in *p*-Stellung befindliche Sauer-

---

[1]) Ber. d. d. chem. Ges. **36**, 854 [1903].   [2]) Ber. d. d. chem. Ges. **8**, 67 [1875].
[3]) Ber. d. d. chem. Ges. **21**, 602 [1888].   [4]) Ber. d. d. chem. Ges. **23**, 2283 [1890].

stoff herausgeht, so würde man für die aus dem Isapiol entstehende Phenol-
verbindung zu folgenden Formeln gelangen:

$$CH_2.CH_2.CH_3 \qquad\qquad\qquad CH_2.CH_2.CH_3$$

Der dazu gehörige Trimethyläther müßte dann (1)-Propyl-(2.3.5)-
Trimethoxybenzol sein. Ciamician und Silber hielten es für wichtig
festzustellen, daß das aus dem Asaron durch Reduktion mit Natrium in
alkoholischer Lösung erhaltene Produkt, das Dihydroasaron, von dem ihm
isomeren methylierten Reduktionsprodukt aus dem Isapiol verschieden ist.
Diese Verschiedenheit zeigte sich besonders in dem Verhalten gegen Salpetersäure.

Während nämlich das (1)-Propyl-(2.3.5)-Trimethoxybenzol bei der Oxydation mit Salpetersäure nur „unerquickliche, ölige Schmieren" liefert, gelingt
es, aus dem Dihydroasaron leicht einen kristallinischen, stickstofffreien und
alle Kennzeichen eines Chinons zeigenden Körper zu erhalten.

„Gießt man die eisessigsaure Lösung des oben erwähnten, zwischen 260
—274° siedenden Produktes in konzentrierte Salpetersäure (spez. Gewicht 1.52),
die auf —18° abgekühlt ist, so erhält man eine rotbraune Lösung, die, in Wasser
eingetragen, einen kristallinischen Niederschlag fallen läßt. Er entspricht wahrscheinlich der Formel $C_6H_2(:O_2)^{2.5}(C_3H_7)^1(OCH_3)^4$, also einem Methoxylpropyl-
chinon.

Die heiße wässerige Lösung wird durch schweflige Säure sofort entfärbt;
beim Eindampfen erhält man dann farblose Nadeln."

Eine eingehendere Untersuchung hat dieser Körper seitens Ciamicians
und Silbers nicht gefunden.

———

Für die Pharmazie und Medizin besitzen die Nitroprodukte der Phenoläther, bezw. die daraus erhältlichen Amidophenoläther sowohl in physiologischer wie pharmakologischer Hinsicht erhebliches Interesse. Es erscheint
aussichtsreich, an dieser Körperklasse Studien über den Zusammenhang
zwischen chemischer Konstitution und physiologischer Wirkung anzustellen.
Mit einigen meiner Schüler habe ich das Verhalten der Salpetersäure gegen
die Phenoläther generell zu untersuchen begonnen, um die Gesetzmäßigkeiten
aufzufinden, nach welchen sich die Reaktionen in dieser Gruppe vollziehen.
Wir knüpften an die letztgenannte Arbeit von Ciamician und Silber an.

Gemeinsam mit Hrn. J. Herzog prüfte ich das Verhalten der Salpetersäure gegen das Dihydroasaron.

Wir konnten die Angaben von Ciamician und Silber bestätigen,
daß unter den von ihnen gewählten Bedingungen ein Chinon gebildet wird.
Die Zusammensetzung desselben wurde von ihnen richtig ermittelt.

Wir fanden aber, daß die Einwirkung der Salpetersäure auf das Dihydroasaron noch nach anderer Richtung verläuft. Arbeitet man, wie Ciamician
und Silber, mit starker Salpetersäure in der Kälte, so wird neben dem

Chinon in kleiner Menge auch ein ausgezeichnet kristallisierendes Nitroprodukt gebildet. Ciamician und Silber haben das Entstehen dieses Nebenproduktes nicht beobachtet. Es läßt sich aus der Mutterlauge von der Chinondarstellung allerdings nur in sehr kleiner Menge gewinnen. Ändert man jedoch die Versuchsbedingungen derart ab, daß man die Lösung des Dihydroasarons in Eisessig mit 45-prozentiger Salpetersäure auf gegen 50° erwärmt und dann schnell abkühlt, so erhält man das Nitroderivat in reichlicher Menge, während die Bildung des Chinons fast ganz zurücktritt.

Das Nitroprodukt kristallisiert aus verdünntem Alkohol in goldgelben Nadeln vom Schmp. 64°.

Die Analyse des Körpers ergab ein überraschendes Resultat. Es zeigte sich, daß die Salpetersäure unter den genannten Bedingungen aus dem Molekül des Dihydroasarons eine Methoxylgruppe eliminiert hatte, an deren Stelle eine Nitrogruppe eingetreten ist.

0.1987 g Sbst.: 0.2756 g CO_2, 0.0752 g H_2O. — 0.1659 g Sbst.: 0.3564 g CO_2, 0.0959 g H_2O. — 0.2034 g Sbst.: 11.4 ccm N (15.5°, 756 mm). — 0.1903 g Sbst.: 10.6 ccm N (18°, 748 mm).

$C_6H_2(C_3H_7)(OCH_3)_2(NO_2)$. Ber. C 58.61, H 6.72, N 6.23.
Gef. „ 58.40, 58.58, „ 6.54, 6.48, „ 6.51, 6.33.

Das Nitroderivat ließ sich mit Aluminiumamalgam gut amidieren. Das entstandene Propyldimethoxyamidobenzol bildet farblose, bei 94° schmelzende Nadeln.

0.1369 g Sbst.: 0.3415 g CO_2, 0,103 g H_2O. — 0.1462 g Sbst.: 0.3635 g CO_2, 0.11 g H_2O. — 0.214 g Sbst.: 0.5148 g AgJ. — 0.2095 g Sbst.: 13.8 ccm N (21°, 757 mm).

$C_6H_2(C_3H_7)(OCH_3)_2(NH_2)$. Ber. C 67.62, H 8.79, N 7.19.
Gef. „ 68.03, 67,51, „ 8.43, 8,44, „ 7.46.
Aus 0.214 g Sbst.: 0.5148 g AgJ. Ber. 0.5153 g AgJ.

Das acetylierte Propyldimethoxyamidobenzol stellt farblose, bei 104° schmelzende Nadeln dar.

0.093 g Sbst.: 4.8 ccm N (19°, 754 mm).

$C_6H_2(C_3H_7)(OCH_3)_2(NH \cdot COCH_3)$. Ber. N 5.92. Gef. N 5.88.

Die Analysen des bei 64° schmelzenden Nitrokörpers, die des Amido- und acetylierten Amido-Derivates, sowie endlich eine Methoxylbestimmung lieferten also den Beweis, daß durch die Salpetersäure eine Methoxylgruppe abgesprengt war.

Es wurde die Konstitution des Nitrokörpers sowohl, wie die des Chinons, auf synthetischem Wege mit Sicherheit ermittelt und gefunden, daß für diese Körper die folgenden Formeln aufzustellen sind:

für den Nitrokörper   für das Chinon

Zur Feststellung der Konstitution des Nitrokörpers wurde ein Vor-. versuch unternommen. Es erschien uns zunächst zweckmäßig, das durch Amidieren des Nitrokörpers erhaltene Propyldimethoxyamidobenzol über die Diazo- und Hydrazo-Verbindung hinweg in ein Propyldimethoxybenzol zu verwandeln.

Dieser Körper bildet eine unter 20 mm Druck bei 125° (unter 760 mm Druck bei 240°) siedende Flüssigkeit.

$$0.1916 \text{ g Sbst.}: 0.5139 \text{ g } CO_2, \ 0.1529 \text{ g } H_2O.$$

$$C_6H_3(C_3H_7)(OCH_3)_2. \quad \text{Ber. C } 73.27, \text{ H } 8.91.$$
$$\text{Gef. } \text{„ } 73.15, \text{ „ } 8.94.$$

Beim Behandeln der eisessigsauren Lösung des Propyldimethoxybenzols mit 45-prozentiger Salpetersäure bei 50° entsteht der bei 64° schmelzende Nitrokörper, ein Beweis dafür, daß die Nitrogruppe dasjenige Wasserstoff-atom wieder ersetzt, welches an Stelle der vordem vorhandenen Nitro- bezw. Amidogruppe sich befindet.

In der Voraussetzung, daß in p-Stellung zur Propylgruppe bei der Nitrierung des Dihydroasarons eine Methoxylgruppe abgespalten war, wurde die Darstellung eines Propyldimethylhydrochinons versucht:

$$CH_3O \underset{}{\overset{C_3H_7}{\bigcirc}} OCH_3 .$$

Ein solcher Körper mußte dann beim Nitrieren das bei 64° schmelzende Nitroprodukt liefern. Der Versuch gelang und ergab das vorausgesehene Resultat.

Nach der Reimer-Tiemannschen Synthese von Oxyaldehyden [1] wurden aus dem Monomethylhydrochinon zunächst der m-Methoxysalicylaldehyd und durch Methylieren der bereits von Tiemann dargestellte Dimethylgentisin-aldehyd:

$$CH_3O \underset{}{\overset{CHO}{\bigcirc}} OCH_3$$

gebildet.

Gemäß dem von Gattermann und Eggers [2] zur synthetischen Gewinnung des Asarons benutzten Verfahren, wurde unter Anwendung von Propionsäure mit dem Aldehyd zunächst die Perkinsche Zimtsäure-synthese ausgeführt und die primär entstehende Zimtsäure dann weiter zerlegt: zu diesem Zweck wurde ein Gemisch von Dimethylgentisinaldehyd, Propionsäureanhydrid und Natriumpropionat im Bombenrohr 8 Stunden er-hitzt. Gattermann und Eggers hatten eine Temperatur von 150° für ihre Asaronsynthese für ausreichend befunden. Wir mußten auf 175° er-

---

[1] Ber. d. d. chem. Ges. **9**, 423 [1876]; **10**. 1562 [1877]; **14**, 1986 [1881].
[2] Ber. d. d. chem. Ges. **32**, 289 [1899].

hitzen, um die Reaktion in unserem Falle in gewünschter Weise verlaufen zu sehen. Beim Öffnen des Rohres zeigte sich starker Druck. Der Rohrinhalt wurde mit Wasser aufgenommen und mit Wasserdämpfen das (1)-Propenyl-(2.5)-dimethoxybenzol abgetrieben. Es ist eine unter 14 mm Druck bei 132—135° siedende ölige Flüssigkeit, die beim Hydrieren mit Natrium in alkoholischer Lösung das (1)-Propyl-(2.5)-dimethoxybenzol lieferte.

$$0.121 \text{ g Sbst.}: 0.3255 \text{ g } CO_2, 0.0965 \text{ g } H_2O.$$

$$C_6H_3(C_3H_7)(OCH_3)_2. \quad \text{Ber. C } 73.27, \text{ H } 8.91.$$
$$\text{Gef. } „ 73.36, „ 8.94.$$

In dem Kolben blieb nach dem Abtreiben mit Wasserdämpfen eine gut kristallisierende Säure, die Dimethoxymethylzimtsäure vom Schmp. 113° zurück:

$$C_6H_3(C_3H_4.COOH)(OCH_3)_2.$$

$$0.1162 \text{ g Sbst.}: 0.2764 \text{ g } CO_2, 0.0621 \text{ g } H_2O.$$

$$C_6H_3(C_3H_4.COOH)(OCH_3)_2. \quad \text{Ber. C } 64.82, \text{ H } 6.365.$$
$$\text{Gef. } „ 64.87, „ 5.99.$$

Das (1)-Propyl-(2.5)-dimethoxybenzol erwies sich nun identisch mit dem durch Abspaltung der Nitrogruppe aus dem nitrierten Dihydroasaron erhaltenen Propyldimethoxybenzol und lieferte wie dieses beim Nitrieren das uns bekannt gewordene Nitroprodukt vom Schmp. 64°.

Damit war die Konstitution dieses als eines (1)-Propyl-(2.5)-dimethoxy-(4)-nitrobenzols einwandsfrei ermittelt.

Das durch Nitrieren des Dihydroasarons erhaltene Chinon bildet, wie Ciamician und Silber[1]) bereits mitgeteilt haben, einen in gelben Blättchen kristallisierenden Körper vom Schmp. 111°. Wir fanden die von den genannten Forschern ermittelte Formel bestätigt.

$$0.1409 \text{ g Sbst.}: 0.344 \text{ g } CO_2, 0.083 \text{ g } H_2O.$$

$$C_6H_2(C_3H_7)(O_2)(OCH_3). \quad \text{Ber. C } 66.62, \text{ H } 6.73.$$
$$\text{Gef. } „ 66.58, „ 6.60.$$

Durch schweflige Säure läßt sich aus dem Chinon das Hydrochinon in Form farbloser Nadeln erhalten, die bei 75° sich zu bräunen beginnen und bei 92° vollständig geschmolzen sind.

$$0.1504 \text{ g Sbst}: 0.3608 \text{ g } CO_2, 0.1002 \text{ g } H_2O.$$

$$C_6H_2(C_3H_7)(OH)_2(OCH_3). \quad \text{Ber. C } 65.88, \text{ H } 7.76.$$
$$\text{Gef. } „ 65.43, „ 7.47.$$

Zur Feststellung der Konstitution des Chinons habe ich gemeinsam mit Hrn. Zernik einige Versuche, ausgehend vom Eugenol, unternommen. Es gelang uns, das aus dem Dihydroasaron durch Einwirkung von Salpeter-

---

[1]) Ber. d. d. chem. Ges. **23**, 2283 [1890].

säure erhältliche Chinon vom Eugenol aus zu gewinnen und damit die
Konstitution des Körpers sicherzustellen.

Läßt man auf das methylierte Isoeugenol

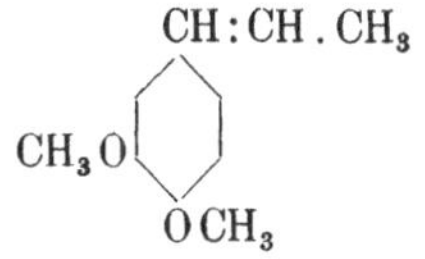

$$CH:CH.CH_3$$

$$CH_3O \quad \quad OCH_3$$

das (1)-Propenyl-(4.5)-dimethoxybenzol, Natrium in alkoholischer
Lösung einwirken, so erhält man das (1)-Propyl-(4.5)-dimethoxybenzol,
eine bei 246—247° siedende ölige Flüssigkeit.

0.1836 g Sbst.: 0.4929 g CO_2, 0.1465 g H_2O.

$C_6H_3(C_3H_7)(OCH_3)_2$. Ber. C 73.27, H 8.97.

Gef. „ 73.21, „ 8.94.

Dieser Körper wurde nitriert, indem 15 g in 45 g Eisessig gelöst und
vorsichtig mit 18.5 g 45-prozentiger Salpetersäure versetzt wurden. Die vorher farblose Flüssigkeit färbte sich hierbei blaßgelb. Die Mischung wurde
durch Eintauchen in warmes Wasser vorsichtig erhitzt, bis die Farbe rotbraun wurde, und sodann möglichst rasch in mit Eis gekühltes Wasser gegossen. Der sich ausscheidende Körper ließ sich aus Alkohol gut kristallisieren.
Es entstehen derbe Prismen von gelblich-weißer Farbe und dem Schmp.
81—82°.

0.1761 g Sbst.: 0.3763 g CO_2, 0.1006 g H_2O. — 0.1850 g Sbst.: 0.3978 g
CO_2, 0.1111 g H_2O. — 0.2402 g Sbst : 13.8 ccm N (26.5°, 765 mm).

$C_6H_2(C_3H_7)(OCH_3)_2(NO_2)$. Ber. C 58.61,   H 6.72,   N 6.23.

Gef. „ 58.28, 58.64, „ 6.40, 6.73, „ 6.43.

Die Analyse bewies, daß — im Gegensatz zu der entsprechenden Einwirkung der Salpetersäure auf das um eine Methoxylgruppe reichere Dihydroasaron — keine Abspaltung von Methoxyl, sondern der Ersatz eines Wasser-
stoffatoms durch die Nitrogruppe stattgefunden hatte. Das entstandene
Produkt ist dem aus dem Dihydroasaron erhaltenen Nitrokörper isomer.

Das Nitrodihydromethyleugenol ließ sich mit Aluminiumamalgam
gut amidieren. Das Amidodihydromethyleugenol schmilzt bei 59°
und siedet unter 10 mm Druck bei 169°. Es neigt bei der Einwirkung von
Oxydationsmitteln stark zur Farbstoffbildung.

0.1736 g Sbst.: 10.6 ccm N (15°, 768.5 mm).

$C_6H_2(C_3H_7)(OCH_3)_2(NH_2)$. Ber. N 7.19. Gef. N 7.23

Die Acetylverbindung schmilzt bei 144°:

0.1675 g Sbst.: 0.4029 g CO_2. 0.1184 g H_2O. — 0.1813 g Sbst.: 9.8 ccm
N (24°, 757 mm).

$C_6H_2(C_3H_7)(OCH_3)_2(NH.COCH_3)$. Ber. C 65.76, H 8.09, N 5.92.

Gef. „ 65.60, „ 7.92, „ 6.04.

Um die Konstitution des Nitro- bezw. Amido-Körpers zu ermitteln, gingen
wir von dem Gedanken aus, das Amin zu diazotieren, die Diazogruppe in

eine Hydroxylgruppe zu verwandeln und das so entstandene Phenol zu methylieren. Wir hätten auf diese Weise entweder zu dem bekannten Dihydroasaron oder zu einem Isomeren desselben gelangen müssen.

Beim Diazotieren des Amidokörpers in schwefelsaurer Lösung zeigte sich bei der Zugabe der ersten Menge des Nitrits eine tiefblaue Färbung, die bald in Grün, dann in Gelbrot überging. Schon bei schwachem Erwärmen des Reaktionsproduktes schieden sich gelbe, stickstofffreie Kristallblättchen aus. Wie sich später herausstellte, hatte ein sehr geringer Überschuß an salpetriger Säure die Bildung des Körpers bewirkt:

$$0.1304 \text{ g Sbst.}: 0.3176 \text{ g } CO_2,\ 0.0774 \text{ g } H_2O.\ —\ 0.1623 \text{ g Sbst.}: 0.2026 \text{ g AgJ.}$$

$$C_6H_2(C_3H_7)(O_2)OCH_3).\quad \text{Ber. C } 66.62,\ H\ 6.73.$$
$$\text{Gef. } „\ 66.40,\ „\ 6.65.$$

$$\text{Aus } 0.1623 \text{ g Sbst.}: 0.2026 \text{ g AgJ.}\quad \text{Ber. } 0.2111 \text{ g AgJ.}$$

Nach mehrmaligem Umkristallisieren zeigte der Körper den Schmp. 111°. Das Konstantbleiben des Schmelzpunktes von 111° beim Vermischen dieses Körpers mit dem aus dem Dihydroasaron erhaltenen Chinon, die Überführbarkeit des Körpers in das bereits bekannte Hydrochinon, sowie endlich die Analyse und die Methoxylbestimmung bewiesen die volle Identität der Verbindung mit dem durch Einwirkung von Salpetersäure auf das Dihydroasaron erhaltenen Chinon.

Es hatte also das zweifellos primär gebildete Phenol unter der oxydierenden Einwirkung der salpetrigen Säure mit einer Methoxylgruppe unter Bildung eines Chinons reagiert. Wir fanden später, daß auch bei der Einwirkung von Chromsäuregemisch auf das Amidodihydromethyleugenol das Chinon vom Schmp. 111° gebildet wird. So war denn die Stellung der Nitrogruppe in dem Molekül des Nitrodihydromethyleugenols festgelegt. Sie konnte sich nur in o-Stellung zur Propylgruppe und in p-Stellung zu der einen Methoxylgruppe befinden. Diese Schlußfolgerung ergab sich aus folgenden Erwägungen:

Bei der Nitrierung des Dihydroasarons war eine Chinonbildung unter Beteiligung von zwei Methoxylgruppen erfolgt Da Metachinone bisher niemals beobachtet worden sind und ihre Existenzfähigkeit überhaupt in Frage gestellt wird, so kann es sich nur um ein o- oder p-Chinon in folgendem Sinne handeln:

$$C_3H_7 \quad OCH_3 \qquad \text{oder} \qquad C_3H_7 \quad O$$
$$O \qquad\qquad\qquad\qquad\qquad O$$
$$O \qquad\qquad\qquad\qquad\qquad OCH_3.$$

Da nun bei dem Dihydromethyleugenol, CH_3O — C_3H_7 — OCH_3, nur eine der

Methoxylgruppen zur Bildung des Chinons in Reaktion getreten ist und dieses sich als völlig identisch erweist mit dem aus dem Dihydroasaron erhaltenen, bei welchem die Stelle der dritten Methoxylgruppe feststeht, so ist damit nicht nur bewiesen, daß es sich um ein *p*-Chinon handelt, sondern auch an welche Stelle die Nitrogruppe beim Nitrieren des Dihydromethyleugenols tritt. Die Konstitutionsformeln dieser Körper sind daher die folgenden:

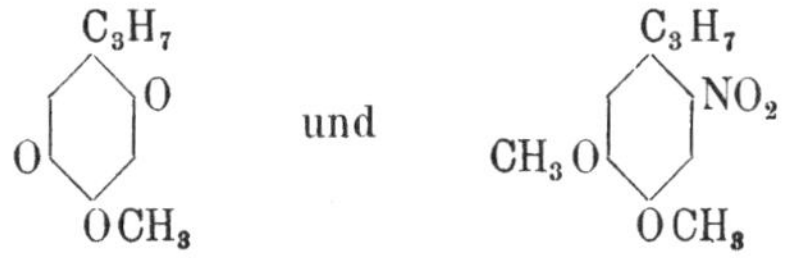

$$
\begin{array}{ccc}
\underset{\substack{| \\ \text{O} \diagdown \diagup \\ \text{OCH}_3}}{\overset{\text{C}_3\text{H}_7}{\diagup \diagdown \text{O}}} & \text{und} & \underset{\substack{| \\ \text{CH}_3\text{O} \diagdown \diagup \\ \text{OCH}_3}}{\overset{\text{C}_3\text{H}_7}{\diagup \diagdown \text{NO}_2}}
\end{array}
$$

(1)-Propyl-(4)-Methoxy-   (1)-Propyl-(2)-Nitro-(4.5)-
(2.5)-Chinon   Dimethoxybenzol.

Es war ferner interessant zu erfahren, wie sich das dem Dihydroasaron ähnlich gebaute (1-)Propyl-(2)-Nitro-(4.5)-Dimethoxybenzol (für eine Methoxylgruppe des Ersteren ist eine Nitrogruppe substituiert) bei weiterer Einwirkung von Salpetersäure verhalten würde.

Wurde das Nitroderivat in rauchende Salpetersäure bei —20° eingetragen und das Reaktionsprodukt auf Eis ausgegossen, so kam ein Körper heraus, der nach dem Umkristallisieren aus Alkohol mattgelbe Prismen vom Schmp. 66.5° darstellte:

0.1820 g Sbst.: 0.3257 g CO_2, 0.0838 g H_2O. — 0.1528 g Sbst.: 13.7 ccm N (17°, 753.5 mm). — 0.1831 g Sbst.: 0.3238 g AgJ.

$C_6H(C_3H_7)(OCH_3)_2(NO_2)_2$.   Ber. C 48.85, H 5.23, N 10.39.
Gef. „ 48.81, „ 5.10, „ 10.31.

Ber. AgJ 0.3182 g.   Gef. AgJ 0.3238 g.

Die vorstehenden Analysen beweisen, daß keine Methoxylgruppe abgespalten wurde, sondern ein Dinitroprodukt entstanden war, und zwar ein (1)-Propyl-(2.6)-Dinitro-(4.5)-Dimethoxybenzol.

Wurde dieses Produkt unter starker Abkühlung in Salpeter-Schwefelsäure (Nitriersäure) eingetragen, so ließ sich noch eine dritte Nitrogruppe in das Molekül einführen, ohne daß es zu einer Abspaltung von Methoxyl kam:

0.0867 g Sbst.: 0.1324 g CO_2, 0.0329 g H_2O. — 0.1444 g Sbst.: 16.8 ccm N (18.5°, 750.5 mm). — 0.1198 g Sbst.: 0.1764 g AgJ.

$C_6(C_3H_7)(OCH_3)_2(NO_2)_3$.   Ber. C 41.87, H 4.165, N 13.361.
Gef. „ 41.65, „ 4.254, „ 13.240.

0.1198 g Sbst.: 0.1764 g AgJ.   Ber. 0.1784 g AgJ.

Dieses (1)-Propyl-(2.3.6)-Trinitro-(4.5)-Dimethoxybenzol ist ein in schwach gelblichen Nadeln kristallisierender Körper vom Schmp. 97.3°.

Hr. Zernik hat über die Nitroverbindungen des Dihydromethyleugenols und ihre Derivate in einer Dissertation ausführlich berichtet.

II. Mitteilung[1]).

Über die Konstitution des Apiols.

Die Frage nach der Konstitution des Apiols, des Phenoläthers der Petersilie, ist bisher nicht völlig gelöst. Ciamician und Silber[2]) haben sich mit dem Abbau des Apiols erfolgreich beschäftigt und gelangen auf Grund ihrer Untersuchungsergebnisse zu einer Diskussion der Konfigurationen I bis III für den Körper:

I.   II.   III.

Sie halten die dritte Formulierung für zwar nicht unmöglich, aber doch für weniger wahrscheinlich als die beiden ersten; eine Entscheidung jedoch, welche Formulierung für das Apiol der Petersilie die zutreffende ist, haben sie nicht herbeizuführen vermocht.

Es ist mir gelungen, Beweise für die Richtigkeit des zweiten Formelausdruckes zu erbringen, und zwar auf Grund von Beobachtungen, die ich gelegentlich meiner Arbeiten über die Einwirkung der Salpetersäure auf Phenoläther gemacht habe. Ich bin auf folgendem Wege zum Ziele gelangt.

Ciamician und Silber haben gezeigt, daß beim Behandeln von Apiol mit alkoholischem Alkali Isapiol und bei der Einwirkung von Natrium auf die alkoholische Lösung des Isapiols, neben der Bildung von Dihydroapiol, eine Aufspaltung zu einem Propyl-dimethoxyphenol erfolgt, analog derjenigen des Isosafrols zu m-Propylphenol bei gleicher Behandlung.

Verfasser erwägen daher für dieses Phenol die Formulierungen IV und V.

IV.   V.   VI.

Wird dieses Phenol methyliert, so gelangen sie, mag nun die erste oder zweite Formulierung zu Recht bestehen, zu dem gleichen Phenoläther. Daß dieser von dem durch Hydrierung des Asarons erhältlichen Dihydroasaron von der bekannten Konstitution (F. VI) verschieden ist, haben sie durch den verschiedenen Verlauf der Einwirkung von Salpetersäure auf die beiden Phenoläther gezeigt.

Während das Dihydroasaron hierbei ein Chinon liefert, werden aus dem durch Aufspaltung des Isapiols und Methylieren erhältlichen Phenoläther

---

[1]) Ber. d. d. chem. Ges. **36**, 1714 [1903].

[2]) Ber. d. d. chem. Ges. **21**, 913, 1621, 2129 [1888]; **23**, 1159, 2283 [1890]; **29**, 1800 [1896].

nach Ciamician und Silber nur „unerquickliche, ölige Schmieren" erhalten. Ich konnte unlängst dartun[1]) daß je nach der Konzentration der
verwendeten Salpetersäure und je nach der bei der Einwirkung derselben
auf das Dihydroasaron waltenden Temperatur ein Chinon und ein Nitroderivat in wechselnden Mengenverhältnissen entstehen.

Läßt man Salpetersäure unter den Bedingungen, die beim Dihydroasaron
zu einem Resultate führen, auf den aus dem Isapiol erhaltenen Phenoläther
einwirken, so entstehen tatsächlich nur „unerquickliche, ölige Schmieren".
Es gelang mir jedoch, einen Konzentrationsgrad für die Salpetersäure aufzufinden, der auch von dem in Rede stehenden Phenoläther, dem (1)-Propyl-
(2.3.5)-trimethoxy-benzol ausgehend, zu wohl charakterisierbaren Verbindungen
führte.

Bringt man nämlich den Phenoläther in einen Eisessig, in welchem
nur $1^{1}/_{2}$ Proz. Salpetersäure gelöst sind, so tritt schon bei einer Temperatur
von 0^{0} nach ungefähr einer Minute Reaktion ein. Die Lösung färbt sich tief
dunkelbraun und hellt sich bald darauf zu einer bräunlich-gelb gefärbten
Flüssigkeit auf. Gießt man nach einigen Minuten, während welcher man
das Reaktionsgemisch in Eis hat stehen lassen, auf Eisstückchen aus, so
erstarrt die Masse zu einem gelben Kristallbrei. Dieser wird abgesaugt und
das Filtrat so lange mit Wasser versetzt, als noch eine Trübung auftritt.
Von dieser wird abfiltriert und in die noch stark tingierte Lösung Natriumkarbonat eingetragen. Es scheidet sich alsbald ein dunkelzitronengelb
gefärbter Körper ab.

Das erste Produkt ist ein Nitroderivat, das zweite ein Chinon. Nach
dem Umkristallisieren aus verdünntem Alkohol schmilzt der Nitrokörper bei
65^{0}, das Chinon bei 79^{0}. Letzteres läßt sich durch schweflige Säure in ein
bei 105^{0} schmelzendes Hydrochinon überführen.

Die Analysen beweisen, daß die folgenden Körper entstanden sind:

$$\text{VII.} \quad \underset{NO_2}{\overset{C_3H_7}{\underset{CH_3O}{\bigcirc}}} \begin{matrix} OCH_3 \\ OCH_3 \end{matrix} \qquad \text{VIII.} \quad O{\overset{C_3H_7}{\bigcirc}} \begin{matrix} O \\ OCH_3 \end{matrix} \qquad \text{IX.} \quad HO{\overset{C_3H_7}{\bigcirc}} \begin{matrix} OH \\ OCH_3 \end{matrix} .$$

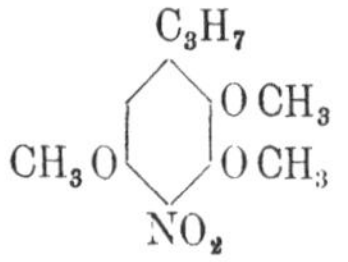

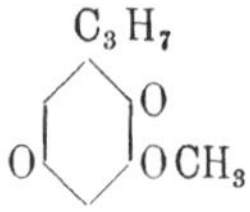

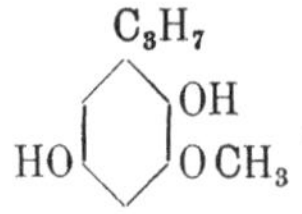

Während also beim Dihydroasaron die Salpetersäure eine Methoxygruppe
beseitigt, nimmt bei dem (1)-Propyl-(2.3.5)-trimethoxy-benzol die Nitrogruppe
die freie p-Stellung zur Propylgruppe ein. Die Abspaltung einer Methoxygruppe erfolgt nicht. Gleichzeitig entsteht ein Chinon, das dem aus dem
Dihydroasaron erhältlichen Chinon isomer ist. Das Verhältnis des entstandenen Nitrokörpers zum Chinon beträgt gegen 2 : 1. Es wurden aus 8 g
Phenoläther 5 g Nitrokörper und 2.6 g Chinon gewonnen.

Nachdem somit ein Verfahren aufgefunden war, aus dem von dem
Isapiol derivierenden Phenoläther nicht nur ein Nitroderivat, sondern auch,

---

[1]) Ber. d. d. chem. Ges. **36**, 854 [1903].

was besonders wichtig war, ein Chinon zu bilden, mußten sich diese Erfahrungen verwerten lassen zur Entscheidung der Frage, welche der beiden möglichen Formulierungen für das betreffende Phenol die richtige ist. Und mit der Feststellung dieser Konstitution war zugleich diejenige des Apiols selbst ermittelt.

Die Frage konnte nun dadurch unschwer entschieden werden, daß für das Wasserstoffatom des phenolischen Hydroxyls eine dem Methyl ungleichartige Alkylgruppe eingesetzt wurde. Zu dem Zwecke stellte ich ein Propyl-dimethoxy-äthoxy-benzol und ein Propyl-dimethoxy-propyloxy-benzol auf geeignete Weise dar. Je nachdem nun die Aethoxy- bezw. Propyloxy-Gruppe sich zur Propylgruppe in Stellung 1:5 oder 1:3 befand (F. X und XI), mußte

$$\text{X.} \qquad \begin{array}{c} C_3H_7 \\ \diagdown OCH_3 \\ RO \diagup OCH_3 \end{array} \qquad \text{XI.} \qquad \begin{array}{c} C_3H_7 \\ \diagdown OCH_3, \\ CH_3O \diagup OR \end{array}$$

bei der Einwirkung der Salpetersäure entweder stets das gleiche Chinon bezw. daraus das gleiche Hydrochinon entstehen, indem erfahrungsgemäß die in p-Stellung zueinander befindlichen Alkyle beseitigt wurden, oder es mußten unter sich verschiedene, homologe Chinone bezw. Hydrochinone erhalten werden. Es zeigte sich nun, daß das Letztere stattfand. Hieraus läßt sich der Schluß ziehen, daß in dem aus dem Isapiol erhaltenen Phenol die Propylgruppe zur Hydroxylgruppe sich in Stellung 1:3 befindet.

Erwähnenswert ist, daß bei der Einwirkung der $1\,{}^{1}/_{2}$-proz. Salpetersäure auf das Propyl-dimethoxy-äthoxy-benzol eine Reaktionstemperatur von 15^{0}, auf das Propyl-dimethoxy-propyloxy-benzol eine solche von 60^{0} erforderlich ist. Die nach Abtrennung der Nitrokörper aus diesen beiden Phenoläthern erhältlichen Chinone schieden sich im öligen Zustande aus und konnten kristallisiert nicht erhalten werden. Wohl aber zeigten die aus diesen Chinonen durch Einwirkung von schwefliger Säure gebildeten Hydrochinone ein ausgezeichnetes Kristallisationsvermögen, besonders das Aethylderivat, dessen Schmelzpunkt bei 143^{0} liegt.

Durch diese Arbeit ist somit der Beweis erbracht, daß die zweite der von Ciamician und Silber formulierten Konstitutionen (F. II) für das Apiol die zutreffende ist, und daß dieses nunmehr als ein (1)-Allyl-(2.5)-dimethoxy-(3.4)-methylen-dioxy-benzol bezeichnet werden muß.

Bei der Einwirkung von metallischem Natrium auf das Isapiol in alkoholischer Lösung wird neben Dihydroapiol ein (1)-Propyl-(2.5)-dimethoxy-(3)-oxy-benzol gebildet.

Die dritte, von Ciamician und Silber für das Apiol diskutierte Formel (F. III) scheidet aus folgenden Gründen aus:

Unter Annahme dieser Konstitution müßte bei der Aufspaltung des Isapiols mit metallischem Natrium in alkoholischer Lösung entweder ein

Phenol von der Konstitution XII oder XIII entstehen. Beim Methylieren würde

im ersteren Falle Dihydroasaron gebildet werden, was nicht geschieht; im zweiten Falle würde ein Trimethyläther erhalten werden, aus welchem ein Chinon unter Eliminierung von zwei Methylgruppen jedoch nicht entstehen könnte.

Verschieden von dem Apiol der Petersilie soll das Apiol aus Dillöl[1]) sein. Die Konstitution des Letzteren hoffe ich feststellen zu können, sobald ich über Material verfüge. Es war mir bisher nicht möglich, solches zu erhalten.

Experimenteller Teil.

(1)-Propyl-(2.5)-dimethoxy-(3)-oxy-benzol.

Die Überführung des Apiols in Isapiol und die Umwandlung des Letzteren in das (1)-Propyl-(2.5)-dimethoxy-(3)-oxy-benzol wurden gemäß den Vorschriften Ciamician und Silbers[2]) vorgenommen.

Aus 200 g Apiol wurden 131 g reines Isapiol gewonnen und aus diesem 80 g des Phenols. Bei der Rektifikation gingen 68 g des Letzteren zwischen 149.5—151° unter 12 mm Druck über. Ciamician und Silber fanden den Sdp. 168° bei 36 mm und 277—278° bei gewöhnlichem Druck.

(1)-Propyl-(2.3.5)-trimethoxy-benzol.

15 g des Phenols werden mit 25 g Natronlauge (von 15 Proc.) vermischt und mit 15 g Methyljodid und 50 g Methylalkohol 3 Stunden lang im Autoklaven auf 120° erhitzt. Das Reaktionsprodukt wird auf dem Wasserbade erwärmt, sodann mit alkalischem Wasser verdünnt und der Trimethyläther ausgeäthert.

Bei der Rektifikation des von Äther befreiten Rückstandes wurden 9 g des Phenoläthers erhalten. Sdp. 144—146° bei 12 mm Druck.

0.1743 g Sbst.: 0.4385 g CO_2, 0.1341 g H_2O. — 0.1786 g Sbst.: 0.5850 g AgJ.

$C_6H_2(C_3H_7)(OCH_3)_3$. Ber. C 68.51, H 8.64.

Gef. „ 68.61, „ 8.55.

Aus 0.1786 g Sbst.: 0.5950 g AgJ. Ber. 0.5985 g AgJ.

[1]) Ber. d. d. chem. Ges. **29**, 1800 [1896]. [2]) Ber. d. d. chem. Ges. **23**, 2285 [1890].

(1)-Propyl-(2.3.5)-trimethoxy-(4)-nitro-benzol.

$$\begin{array}{c} C_3H_7 \\ OCH_3 \\ CH_3O \quad OCH_3 \\ NO_2 \end{array}$$

Der. Einwirkung von Salpetersäure wurden 8 g des Trimethyläthers unterworfen, und zwar in 8 Einzelanteilen. Je 1 g des Phenoläthers wurde in 15 g Eisessig gelöst, auf 0^0 abgekühlt und mit 1 ccm 25-prozentiger Salpetersäure vermischt. Nach beendeter Reaktion (die anfängliche Dunkelbraunfärbung hat sich wieder aufgehellt) wird das Gemisch auf Eis ausgegossen. Das sich ausscheidende Nitroprodukt wird abgesaugt und aus 70-prozentigem Alkohol umkristallisiert. Es kommt in gelben, glänzenden Nädelchen heraus. Schmp. 65^0.

0.1840 g Sbst.: 0.3792 g CO_2, 0.1089 g H_2O. — 0.1126 g Sbst.: 5.3 ccm N (14^0, 753.4 mm) — 0.1630 g Sbst.: 0.4356 g AgJ.

$C_6H(C_3H_7)(OCH_3)_3(NO_2)$. Ber. C 56.42, H 6.73, N 5.50.
Gef. „ 56.21, „ 6.57, „ 5.48.

Aus 0.1630 g Sbst.: 0.4356 g AgJ. Ber. 0.449 g AgJ.

Der Nitrokörper läßt sich mit Aluminiumamalgam gut reduzieren.

(1) Propyl (3)-methoxy-(2.5)-chinon

$$\begin{array}{c} C_3H_7 \\ O \\ O \quad OCH_3 \end{array}$$

Nach Abscheidung des Nitrokörpers wird das Filtrat mit so viel Wasser verdünnt, daß keine Trübung mehr erfolgt, und sodann mit Natriumkarbonat versetzt. Das sich ausscheidende Chinon wird aus Wasser umkristallisiert. Es bildet derbe, dunkel zitronengelb gefärbte Kristalle. Schmp. 79^0.

0.1840 g Sbst.: 0.4523 g CO_2, 0.1096 g H_2O. — 0.1024 g Sbst.: 0.1290 g AgJ.

$C_6H_2(C_3H_7)(OCH_3)O_2$. Ber. C 66.63, H 6.72.
Gef. „ 67.03, „ 6.68.

Aus 0.1024 g Sbst.: 0.1290 g AgJ. Ber. 0.1337 g AgJ.

(1)-Propyl-(3)-methoxy-(2.5)-hydrochinon

$$\begin{array}{c} C_3H_7 \\ OH \\ HO \quad OCH_3 \end{array}$$

Das Chinon wird mit heißem Wasser in Lösung gebracht, die Lösung mit schwefliger Säure gesättigt und mit Äther ausgeschüttelt. Das beim Verdampfen des Äthers zurückbleibende Hydrochinon wird aus Wasser umkristallisiert. Die mikroskopisch kleinen, farblosen Nadeln vereinigen sich

16 H. Thoms,

zu größeren Konglomeraten. Der trockne Körper wird beim Reiben stark elektrisch. Schmp. 105°.

0.0999 g Sbst.: 0.2405 g CO_2, 0.0673 g H_2O.

$C_6H_2(C_3H_7)(OCH_3)(OH)_2$. Ber. C 65.89, H 7.76.

Gef. „ 65.66, „ 7.48.

(1)-Propyl-(2.5)-dimethoxy-(3)-äthoxy-benzol.

$$\begin{array}{c} C_3H_7 \\ OCH_3 \\ CH_3O \qquad OC_2H_5 \end{array}$$

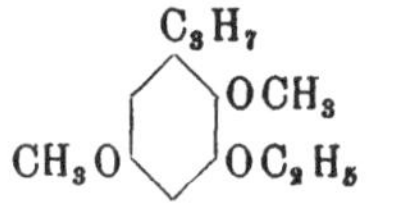

25 g (1)-Propyl-(2.5)-dimethoxy-(3)-oxy-benzol, 25 g Aethyljodid, 40 g Natronlauge (von 15 Proz.), 100 g Aethylalkohol werden im Autoklaven 3 Stunden lang auf 140° erhitzt (bei 8 Atmosphären Druck). Der Phenoläther wird in analoger Weise wie der Trimethyläther abgeschieden.

Es werden 16.8 Phenoläther erhalten. Sdp. 147—149° bei 12 mm Druck. Der Äther bildet eine schwach gelb gefärbte, ölige Flüssigkeit.

0.1967 g Sbst.: 0.5018 g CO_2, 0.1568 g H_2O.

$C_6H_2(C_3H_7)(OCH_3)_2(OC_2H_5)$. Ber. C 69.59, H 9.00.

Gef. „ 69.57, „ 8.80.

(1)-Propyl-(2.5)-dimethoxy-(3)-äthoxy-(4)-nitro-benzol.

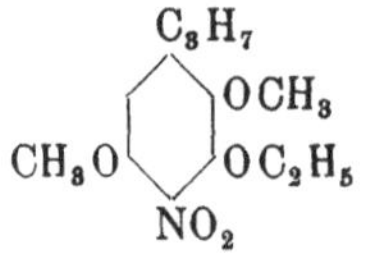

$$\begin{array}{c} C_3H_7 \\ OCH_3 \\ CH_3O \qquad OC_2H_5 \\ NO_2 \end{array}$$

Je 1 g (1)-Propyl-(2.5)-dimethoxy-(3)-äthoxy-benzol wird in 15 g Eisessig gelöst und mit 1 ccm 25-prozentiger Salpetersäure bei einer Temperatur von 15° versetzt. Schüttelt man, so tritt nach einigen Minuten die Reaktion ein, indem sich die Flüssigkeit dunkelbraun färbt und sich nach kurzem wieder aufhellt. Man läßt noch 15 Minuten bei 15″ stehen und gießt auf Eis aus. Das sich ausscheidende Nitroderivat wird in analoger Weise weiter behandelt, wie das des Trimethyläthers. Ausbeute aus 12 g Phenoläther 8.6 g Nitrokörper.

Aus 70-prozentigem Alkohol umkristallisiert, bildet das Nitroprodukt schwach gelb gefärbte, kleine Nadeln. Schmp. 75°.

0.1122 g Sbst.: 0.2368 g CO_2, 0.0708 g H_2O. — 0.0428 g Sbst.: 6.6 ccm N (17°, 752.8 mm).

$C_6H(C_3H_7)(OCH_3)_2(OC_2H_5)(NO_2)$. Ber. C 57.94, H 7.12, N 5.21.

Gef. „ 57.55, „ 7.03, „ 5.30.

(1)-Propyl-(3)-äthoxy-(2.5)-Hydrochinon.

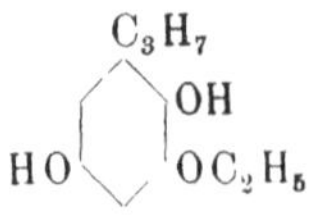

$$\begin{array}{c} C_3H_7 \\ OH \\ HO \qquad OC_2H_5 \end{array}$$

Das Filtrat nach Abscheidung des (1)-Propyl-(2.5)-dimethoxy-(3)-äthoxy-(4)-nitro-benzols wird mit Natriumkarbonat übersättigt, worauf das Chinon in öliger Form herauskommt. Es wird mit Äther ausgeschüttelt, der Äther abgedampft und der Rückstand mit einer wässrigen Lösung von schwefliger Säure wiederholt ausgekocht. Beim Erhalten der Filtrate scheidet sich das Hydrochinon in Form farbloser, seidenglänzender Blättchen bezw. in Nadeln ab, die nach dem Umkristallisieren aus Wasser bei 143° schmelzen.

0.1284 g Sbst.: 0.3158 g CO_2, 0.0910 g H_2O.

$C_6H_2(C_3H_7)(OC_2H_5)(OH)_2$. Ber. C 67.29, H 8.23.
Gef. „ 67.08, „ 7.94.

(1) - P r o py l - (2.5) - d i m e t h o x y - (3) - n - p r o p y l o x y - b e n z o l.

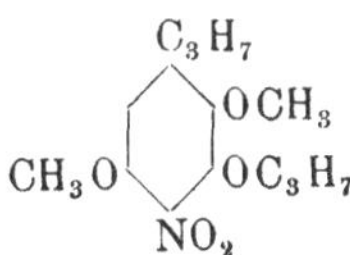

25 g (1)-Propyl-(2.5)-dimethoxy-(3)-oxy-benzol, 25 g n-Propyljodid, 40 g 15-prozentiger Natronlauge, 50 g n-Propylalkohol werden im Autoklaven 4 Stdn. lang auf 140° erhitzt. Der Phenoläther wird in analoger Weise wie der Trimethyläther abgeschieden.

Es werden 14 g Phenoläther erhalten. Sdp. 156—157° bei 12 mm Druck. Er bildet eine schwach gelb gefärbte, ölige Flüssigkeit, die zum Kristallisieren nicht veranlaßt werden konnte.

0.1856 g Sbst.: 0.4783 g CO_2, 0.1527 g H_2O.

$C_6H_2(C_3H_7)(OCH_3)_2(OC_3H_7)$. Ber. C 70.5, H 9.32.
Gef. „ 70.3, „ 9.14.

(1)-P r o p y l - (2.5) - d i m e t h o x y - (3) - n - p r o p y l o x y - (4) - n i t r o - b e n z o l.

Es wurden 7 g des vorstehend beschriebenen n-Propylderivates in 7 Einzelposten zu je 1 g mit Salpetersäure behandelt. 1 g wird in 15 g Eisessig gelöst, mit 1 ccm 25-prozentiger Salpetersäure versetzt, in 60° warmes Wasser getaucht und so lange darin belassen, bis die Reaktion beendet ist. Dies geschieht derart, daß sich das Gemisch plötzlich braun färbt, nach kurzem aber wieder aufhellt. Man läßt noch gegen 10 Minuten in dem warmen Wasser stehen und gießt sodann auf Eis aus. Impft man mit einem Tropfen der bereits braun gefärbten Lösung das Gemisch, in welchem sich die Reaktion noch nicht vollzogen hat, so tritt übrigens diese alsbald auch schon bei 15° ein. Ausbeute an Nitroprodukt 5.5 g. Aus 70-prozentigem Alkohol umkristallisiert, bildet der Körper schwach gelb gefärbte Nadeln. Schmp. 68°.

0.1737 g Sbst.: 0.3791 g CO_2, 0.1151 g H_2O. — 0.1122 g Sbst.: 4.8 ccm N (21.5°, 752.4 mm).

$C_6H(C_3H_7)(OCH_3)_2(OC_3H_7)(NO_2)$.   Ber. C 59.31, H 7.49, N 4.96.
                                      Gef. „ 59.52, „ 7.35, „ 4.80.

(1)-Propyl-(3)-propyloxy-(2.5)-Hydrochinon.

$$
\begin{array}{c}
C_3H_7 \\
\end{array}
$$

Das Filtrat nach Abscheidung des (1)-Propyl-(2.5)-dimethoxy-(3)-*n*-propyloxy-(4)-nitro-benzols wird mit Natriumkarbonat übersättigt, worauf sich nur kleine Mengen Chinon in öliger Form abscheiden. Es wird mit Äther ausgeschüttelt, der Äther abgedampft und der Rückstand mit einer wässrigen Lösung von schwefliger Säure wiederholt ausgekocht. Beim Erkalten der Filtrate scheidet sich das Hydrochinon in Form farbloser, verfilzter Kristall-nädelchen ab, die aus Wasser umkristallisiert werden. Schmp. 102°.

0.1050 g Sbst.: 0.2649 g CO_2, 0.0801 g H_2O.

$C_6H_2(C_3H_7)(OC_3H_7)(OH)_2$.   Ber. C 68.51, H 8.65.
                                      Gef. „ 68.79, „ 8.56.

III. Mitteilung[1]).
Über die Konstitution des Myristicins.

Myristicin ist ein Bestandteil des ätherischen Muskatnuß- und Muskat-blüten-Öls. F. W. Semmler[2]) hat den Körper aus dem Letzteren, dem Macisöl, isoliert und näher charakterisiert. Er erblickt im Myristicin einen Phenoläther von folgender Konstitution:

$$
\begin{array}{c}
C_4H_7 \\
\end{array}
$$

also ein (1)-Butenyl-(3.4)-methylendioxy-(5)-methoxy-benzol.

Bei der Oxydation mit Permanganat geht das Myristicin nach Semmler in einen Aldehyd vom Schmp. 130° und in Myristicinsäure vom Schmp. 208—210° über:

---

[1]) Über die Ergebnisse dieser Arbeit habe ich auf der Naturforscherver-sammlung in Kassel in der Abteilung Chemie am 21. Sept. kurz berichtet. Vergl. Ber. d. d. chem. Ges. **36**, 3446 [1903] Th.

[2]) Ber. d. d. chem. Ges. **23**, 1803 [1890]; **24**, 3818 [1891].

$$CH_3O \underset{O\!-\!CH_2}{\overset{CHO}{\bigcirc}} O \quad \text{und} \quad CH_3O \underset{O\!-\!CH_2}{\overset{COOH}{\bigcirc}} O \quad .$$

Beim Erhitzen der Myristicinsäure mit Phosphor und konzentrierter Jodwasserstoffsäure im Rohr auf 140° wurde Gallussäure erhalten, woraus sich die Ortsbestimmung der Substituenten im Benzolkern ableiten läßt.

Das Myristicin interessierte mich zufolge seiner nahen Beziehungen zum Apiol, für welches ich unlängst die Konstitution ermittelt habe[1]). Das Apiol unterscheidet sich vom Myristicin dadurch, daß jenes eine Methoxylgruppe mehr und außerdem an Stelle der Butenylgruppe des Letzteren eine Allylgruppe enthält.

Einer mündlichen Mitteilung Hrn. F. W. Semmlers verdanke ich jedoch den Hinweis, daß er seine ursprüngliche Angabe des Vorhandenseins einer Butenylgruppe im Myristicin auf Grund neuer Versuche nicht mehr aufrecht erhält, sondern auch im Letzteren eine Allylgruppe annimmt.

Meine Versuche haben diese Annahme Semmlers bestätigt und einige neue Ergebnisse zu Tage gefördert, welche unsere Kenntnis des Myristicins erweitern und abrunden.

Ich gestatte mir, im folgenden darüber zu berichten.

Die Firma Schimmel & Co. in Miltitz-Leipzig hatte mir das für meine Versuche nötige Myristicin in dankenswerter Weise zur Verfügung gestellt. Es war durch fraktionierte Destillation aus Macisöl gewonnen und stellte eine gelbliche Flüssigkeit dar (nach Semmler Kristalle vom Schmp. 30.25°). Versuche, sie durch Abkühlen auf — 20° zum Erstarren zu bringen, schlugen fehl. Sdp. 149.5° bei 15 mm Druck. Spez. Gew. 1.1425 bei 19°.

0.1842 g Sbst.: 0.4657 g CO_2, 0.1027 g H_2O.

$C_6H_2(C_3H_5)(OCH_3)(O_2CH_2)$. Ber. C 68.71, H 6.38.
Gef. „ 68.95, „ 6.25.

Isomyristicin.

Lag in dem Myristicin eine Allylverbindung vor, so war anzunehmen, daß durch die Einwirkung von alkoholischem Kali daraus eine Propenylverbindung erhalten werden konnte. Diese Annahme erwies sich als zutreffend.

50 g Myristicin wurden mit 120 g Kaliumhydroxyd (in wenig Wasser gelöst) und 270 g absolutem Alkohol im Kolben mit Rückflußkühler 24 Stunden lang auf dem Wasserbade erwärmt. Der nach dem Erkalten zum Kristallbrei erstarrte Kolbeninhalt wurde mit Wasser versetzt und der Alkohol auf dem Wasserbade abgedunstet. Beim Ausäthern hinterblieben nach Verdunsten des Äthers im Vakuum Kristalle (Ausbeute 84 Proz.), welche nach

---

[1]) Ber. d. d. chem. Ges. **36**, 1714 [1903].

dem Umkristallisieren aus wasserhaltigem Alkohol kleine, farblose Prismen darstellten. Schmp. 44—45°.

0.1573 g Sbst.: 0.3953 g CO_2, 0.0854 g H_2O.

$C_6H_2(C_3H_5)(OCH_3)(O_2CH_2)$. Ber. C 68.71, H 6.38.
Gef. „ 68.54, „ 6.09.

Bei der Umlagerung des Myristicins mit alkoholischem Kali war eine teilweise Aufspaltung der Methylenbindung erfolgt, vermutlich analog wie beim Apiol, zu einem Körper der Konstitution:

$$CH_3O \underset{OH}{\overset{C_3H_5}{\bigcirc}} O.CH_2.OC_2H_5$$

Die Menge dieses Phenols war indes sehr gering, sodaß von einer eingehenderen Untersuchung Abstand genommen werden mußte.

Semmler[1]) weist darauf hin, daß sein Myristicin mit den angegebenen Eigenschaften als Isomyristicin aufgefaßt werden könnte. Das Myristicin sei aber mit allen seinen Eigenschaften bereits im Rohöl vorhanden, denn „bei strenger Winterkälte (ca. 17°) läßt sich das Oel im Freien zum teilweisen Erstarren bringen".

Meiner Ansicht nach hat Semmler aber doch die Isoverbindung vorgelegen. Semmler hat die Macisölfraktion mit Natrium bei hoher Temperatur behandelt, und da mußte sich eine Umlagerung vollziehen.

Daß das aus Macisöl von Schimmel & Co. gewonnene und von mir untersuchte Myristicin sicher verschieden ist von dem nach der Behandlung mit alkoholischem Kali erhaltenen Produkt geht zweifellos aus dem Verhalten beider Körper gegen Brom hervor. Während mein Myristicin bei der Einwirkung von 2 Atomgew. Brom ein schmieriges Produkt liefert, läßt sich aus dem Isomyristicin unter Anwendung des gleichen Verfahrens mit Leichtigkeit ein gut kristallisierendes Dibromsubstitutionsprodukt erhalten, das offenbar mit dem Dibrommyristicin Semmlers identisch ist, wenngleich mein Produkt um 4° höher schmilzt (bei 109°) als das Semmlersche.

Und weiter. Läßt man einen Überschuß an Brom auf die Myristicine einwirken, so werden zwei verschiedene Tetrabromderivate erhalten, je nachdem man das Myristicin oder das Isomyristicin mit Brom behandelt.

Isomyristicin-dibromid.

Isomyristicin wird in Äther gelöst und die auf 18° abgekühlte Lösung langsam mit Brom (2 Atomgew.) versetzt. Sobald die Gelbfärbung nicht sofort wieder verschwand, wurde sofort mit schwefliger Säure behandelt, die ätherische Lösung nochmals mit Wasser gewaschen und der Äther im Vakuum verdunstet. Es hinterbleibt eine schwach gelbliche Kristallmasse, leicht

---

[1]) Ber. d. d. chem. Ges. **23**. 1809 [1890].

löslich in Alkohol, Äther, Benzol, Tetrachlorkohlenstoff, Chloroform, wenig löslich in Petroläther. Aus Letzterem wurde der Körper umkristallisiert und in seidenglänzenden Nadeln vom Schmp. 109° erhalten.

0.1845 g Sbst.: 0.1942 g AgBr. — 0.1283 g Sbst.: 0.1747 g CO_2, 0.0392 g H_2O.

$C_6H_2(C_3H_5Br_2)(OCH_3)(O_2CH_2)$.   Ber. C 37.49. H 3.44, Br 45.42.
                            Gef. „ 37.15, „ 3.42, „ 44.80.

Dibrom-myristicin-dibromid.

Myristicin wird in Eisessig gelöst und unter Eiskühlung so lange Brom in Eisessig hinzugefügt, bis ein reichlicher Bromüberschuß vorhanden ist. Nach einiger Zeit wurde mit Wasser verdünnt und das überschüssige Brom mit schwefliger Säure entfernt. Die sich alsbald abscheidenden Kristalle wurden abgesaugt und mehrmals aus Alkohol umkristallisiert. Weißes, kristallinisches Pulver vom Schmp. 130°.

0.1919 g Sbst.: 0.2797 g AgBr.

$C_6Br_2(C_3H_5Br_2)(OCH_3)(O_2CH_2)$.   Ber. Br 62.7.   Gef. Br. 62.3.

Dibrom-isomyristicin-dibromid.

Dieses Produkt wird in analoger Weise aus dem Isomyristicin dargestellt, wie das Dibrommyristicindibromid aus dem Myristicin. Es bildet, aus Alkohol umkristallisiert, farblose Nadeln vom Schmp. 156°.

0.0967 g Sbst.: 0.1428 g AgBr.

$C_6Br_2(C_3H_5Br_2)(OCH_3)(O_2CH_2)$.   Ber. Br 62.7.   Gef. Br 62.8.

Dihydromyristicin.

Läßt man in alkoholischer Lösung metallisches Natrium auf Isomyristicin einwirken, so erhält man Dihydromyristicin, ein (1)-Propyl-(3.4)-methylendioxy-(5)-methoxy-benzol. Teilweise wird hierbei, ganz analog wie beim Isosafrol und beim Isoapiol, die Methylendioxygruppe aufgespalten und ein (1)-Propyl-(5)-methoxy-(3)-phenol gebildet.

In einem mit Rückflußkühler versehenen Kolben wurden 30 g Isomyristicin in 300 g Alkohol gelöst und auf dem Wasserbade so lange mit metallischem Natrium versetzt, bis dieses keine Einwirkung mehr zeigte. Hierauf wurde mit Wasser verdünnt und der Alkohol abgedampft. Die stark alkalische Flüssigkeit wurde ausgeäthert, die ätherische Lösung mit trocknem Natriumsulfat getrocknet und der Aether abdestilliert. Es hinterblieben 11 g eines bräunlichen Öles, welches, im Vakuum destilliert, farblos erhalten wurde.

Sdp. 149—150° bei 17 mm Druck.

0.1661 g Sbst.: 0.4179 g CO_2, 0.1108 g H_2O. — 0.1292 g Sbst.: 0.3252 g CO_2, 0.0798 g H_2O.

$C_6H_2(C_3H_7)(OCH_3)(O_2CH_2)$.   Ber. C 68.0,   H 7.28.
                            Gef. „ 68.6, 68.22, „ 7.47, 6.92.

(1)-Propyl-(5)-methoxy-(3)-phenol.

Wie vorstehend bemerkt, wird bei der Reduktion des Isomyristicins in alkoholischer Lösung neben dem Dihydromyristicin ein Phenol gebildet. Nach Ausschüttelung des Ersteren aus der alkalischen Flüssigkeit läßt sich nach dem Ansäuern mit verdünnter Schwefelsäure mit Äther das Phenol gewinnen. Ausbeute 15 g aus 30 g Isomyristicin. Nach dem Trocknen wird es im Vakuum destilliert.

Sdp. 160—161° bei 17 mm Druck. Spez. Gewicht 1.0598 bei 20°.

0.1589 g Sbst.: 0.4189 g CO_2, 0.1147 g H_2O.

$C_6H_3(C_3H_7)(OCH_3)(OH)$.   Ber. C 72.2, H 8.5.

Gef. „ 71.9, „ 8.1.

Daß bei der Aufspaltung des Isomyristicins das in p-Stellung zur Propylgruppe befindliche Sauerstoffatom beseitigt wird, konnte aus dem analogen Verhalten des Isosafrols und Isoapiols gefolgert, aber auch indirekt dadurch bewiesen werden, daß der Methyläther dargestellt wurde. Dieser erwies sich verschieden von dem Dihydromethyleugenol, welches hätte entstehen müssen, wenn das in m-Stellung befindliche Sauerstoffatom abgespalten worden wäre, und zwar verschieden hinsichtlich seiner physikalischen Eigenschaften und seines Verhaltens gegen Salpetersäure.

(1)-Propyl-(3.5)-dimethoxy-benzol.

11.6 g des (1)-Propyl-(5)-methoxy-(3)-phenols wurden mit 4.5 g Kaliumhydroxyd (in wenig Wasser gelöst) und 11 g Methyljodid bei Gegenwart von 50 g Methylalkohol während 4 Stunden im Autoklaven auf 130—135° erhitzt. Das Reaktionsprodukt wird mit Wasser versetzt, auf dem Wasserbade bis zur Entfernung von Methyljodid und Methylalkohol erwärmt und der Rückstand ausgeäthert. Nach dem Abdestillieren des Äthers verbleibt ein Rückstand, der nach dem Trocknen bei 136—137° unter 16 mm Druck siedet. Spez. Gewicht 1.0194 bei 19°. Ausbeute 5 g.

0.2221 g Sbst.: 0.5986 g CO_2, 0.1744 g H_2O.

$C_6H_3(C_3H_7)(OCH_3)_2$.   Ber. C 73.27, H 8.97.

Gef. „ 73.50, „ 8.72.

Oxydation des Isomyristicins.

Nach Angabe von Semmler[1] wurde das Myristicin, bezw. Isomyristicin mit Kaliumpermanganat oxydiert. Es wurden hierbei die von Semmler beobachteten Körper Myristicinaldehyd vom Schmp. 131° und Myristicinsäure vom Schmp. 210° erhalten.

Unter Berücksichtigung der bisher über das Myristicin hinsichtlich seiner Aufspaltung bekannten Daten und der durch die vorliegende Untersuchung gewonnenen Ergebnisse kann die Frage nach der Konstitution des Myristicins

---

[1] Ber. d. d. chem. Ges. **24**, 3818 [1891].

und seiner Derivate als gelöst gelten. Die nachfolgend im Zusammenhange dargestellten Konstitutionsformeln erläutern die erhaltenen Befunde:

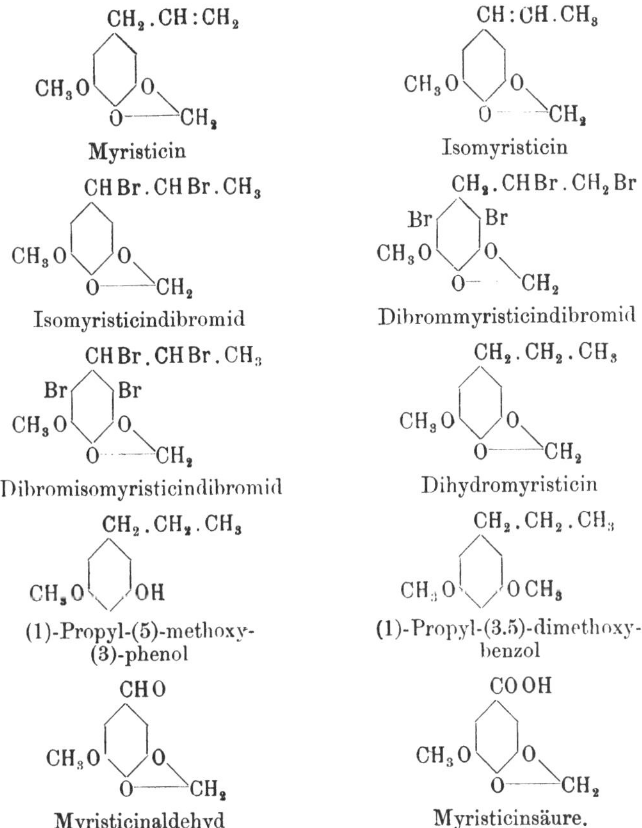

Bei Ausführung der vorliegenden Arbeit habe ich mich der fleißigen Hilfe meines Assistenten Hrn. Schönewald erfreuen können.

IV. Mitteilung[1]).

Über die Phenoläther des ätherischen Öles aus französischen Petersilienfrüchten.

Zur Darstellung des Apiols benutzt man das aus Petersilienfrüchten durch Destillation gewonnene ätherische Öl, das beim Abkühlen infolge sich

---

[1]) Über die Ergebnisse dieser Arbeit habe ich auf der Naturforscherversammlung in Kassel in der Abteilung „Chemie" am 21. September kurz berichtet. Vgl. Ber. d. d. chem. Ges. **36**, 3451 [1903] Th.

ausscheidenden Apiols. kristallinisch erstarrt. Indessen zeigt nur das aus deutschen Petersilienfrüchten gewonnene ätherische Öl diese Eigenschaft, während aus französischen Früchten bereitetes Öl in der Regel sehr viel geringere Ausbeuten an Apiol liefert. Zuweilen läßt sich französisches Öl überhaupt nicht zum Erstarren bringen. Ein solches Öl stellte mir kürzlich die Firma Schimmel & Co. in Miltitz bei Leipzig zur Verfügung, mit dem Ersuchen, die Verschiedenheiten in dem Verhalten der Petersilienöle aufzuklären.

Das französische Öl ist ein angenehm riechendes, dünnflüssiges, schwach gelb gefärbtes Liquidum vom spezifischen Gewicht 1.017 bei $[a]_D^{20^0} = -5.7^0$.

Das mit dem gleichen Volumen Äther gemischte Öl wurde durch aufeinanderfolgendes Behandeln mit 5-prozentiger Natriumkarbonatlösung, 2-prozentiger Kalilauge und konzentrierter Natriumbisulfitlösung von Säuren, Phenolen und Aldehyden bezw. Ketonen befreit. Der nach dem Verdampfen des Äthers verbleibende Rest wurde im Vakuum in mehrere Fraktionen zerlegt.

Von Natriumkarbonat wurden 0.0804 Proz. Säure extrahiert, welche nach dem Umkristallisieren den Schmelzpunkt der Palmitinsäure (62°) zeigte; eine Mischprobe der Säure mit Palmitinsäure zeigte keine Schmelzpunkterniedrigung. Durch die Kalilauge wurden 0.0516 Proz. einer Substanz isoliert, die einen kreosolähnlichen Geruch besaß und wahrscheinlich aus einem Gemisch verschiedener Phenole bestand. Die Menge war zu klein, um eine Trennung und Identifizierung der Phenole vornehmen zu können. Dasselbe war der Fall bei den Rückständen von der Natriumbisulfitausschüttelung.

Das von Säuren, Phenolen und Aldehyden (Ketonen) befreite Öl wurde bis 160° bei gewöhnlichem Druck, hierauf im Vakuum einer Destillation unterworfen. Zur vorläufigen Orientierung wurden einige besonders aufgefangene Fraktionen analysiert und Methoxylbestimmungen mit ihnen ausgeführt:

Fraktion: Sdp. 160—163°. Druck 23 mm.

0.1847 g Sbst.: 0.4600 g CO_2, 0.1016 g H_2O. — 0.1931 g Sbst.: 0.4787 g CO_2, 0.1130 g H_2O. — 0.1967 g Sbst.: 0.3107 g AgJ.

Gef. C 67.97, 67.61, H 6.16, 6.55, OCH_3 20.87.

Fraktion: Sdp. 163—167°. Druck 22 mm.

0.1549 g Sbst.: 0.3829 g CO_2, 0.0846 g H_2O. — 0.1644 g Sbst.: 0.4060 g CO_2, 0.0956 g H_2O. — 0.2177 g Sbst.: 0.4056 g AgJ.

Gef. C 67.42, 67.35, H 6.12, 6.51, OCH_3 24.62.

Fraktion: Sdp. 168—177°. Druck 23 mm.

0.1981 g Sbst.: 0.4848 g CO_2, 0.1198 g H_2O.

Gef. C 66.74, H 6.77.

Aus den vorstehenden Analysen geht hervor, daß die höher siedenden Anteile kohlenstoffärmer und methoxylreicher sind, als die niedriger siedenden. Die höheren Fraktionen nähern sich mehr und mehr der Zusammensetzung des Apiols, doch erreichen sie dieselbe nicht.

Apiol, $C_{12}H_{14}O_4$. Ber. C 64.82, H 6.36, (OCH_3) 27.93.

Das Öl wurde nun in folgende Fraktionen zerlegt:

Fraktion	Sdp.	Druck mm	Menge aus 300 g Öl g	Eigenschaften
I	158—160°	760	70	farblos, nach Pinen riechend
II	bis 153°	17	40	gelblich
III	153—157°	17	58	schwach gelb, ölig
IV	158—170°	17	40	etwas dunkler als III
V	153—160°	2	14	klar, gelblich
VI	160—180°	1.4	15	anfangs klar, dann trübe.

Der Rückstand war harzartig, dunkelbraun.

Da es nicht gelang, durch wiederholtes Fraktionieren zu einheitlichen Körpern zu gelangen, wurde versucht, auf chemischem Wege eine Charakterisierung des Hauptbestandteiles des Öles, der zweifellos in den Fraktionen II, III und IV enthalten war, zu ermöglichen. Das wurde erreicht durch Darstellung eines Bromderivates.

Die Fraktion I bestand zum größten Teil aus Pinen, das durch das optische Drehungsvermögen und die Darstellung des bei 105° schmelzenden Nitrosochlorids identifiziert wurde.

10 g der Fraktion III wurden in 25 g Eisessig gelöst und unter Eiskühlung so lange mit einer Lösung von Brom in Eisessig versetzt, bis ein reichlicher Bromüberschuß vorhanden war. Nach einiger Zeit wurde mit Wasser verdünnt und das überschüssige Brom mit schwefliger Säure entfernt. Die sich alsbald abscheidenden Kristalle stellten nach mehrmaligem Umkristallisieren aus Alkohol ein weißes, kristallinisches Pulver dar, vom Schmp. 130°. Ziemlich schwer löslich in Alkohol und Äther, unlöslich in Wasser.

0.2156 g Sbst.: 0.2016 g CO_2, 0.0369 g H_2O. — 0.2031 g Sbst.: 0.1932 g CO_2, 0.0374 g H_2O. — 0.1560 g Sbst.: 0.2295 g AgBr.

$C_{11}H_{10}O_3Br_4$. Ber. C 25.88, H 1.98, Br 62.7.
Gef. „ 25.50, 25.90, „ 1.92, 2.06, „ 62.6.

Eine Methoxylbestimmung bewies, daß der Körper nur eine Methoxylgruppe enthält:

0.1907 g Sbst.: 0.0846 g AgJ.

$C_{10}H_7(OCH_3)O_2Br_4$. Ber. (OCH_3) 6.08. Gef. (OCH_3) 5.86.

Die Zusammensetzung dieses Bromderivates, sein Verhalten und sein Schmelzpunkt zeigten völlige Übereinstimmung mit dem Dibrommyristindibromid (vgl. die voranstehende III. Mitteilung über die Phenoläther). Wurde dieses aus dem Myristicin des Macisöles erhaltene Bromderivat mit demjenigen aus dem Petersilienöl gemischt, so zeigte sich keine Schmelzpunktsdepression.

Um weitere Beweise für das Vorkommen von Myristicin im Petersilienöl zu erhalten, wurden 4 g der Fraktion III mit 10 g Kalilauge und 25 g Alkohol 24 Stunden lang im Kolben am Rückflußkühler auf dem Wasserbade gekocht, die erkaltete Flüssigkeit mit Wasser versetzt und der Alkohol verjagt. Beim Ausäthern der alkalischen Flüssigkeit hinterblieb nach dem Abdestillieren des Äthers ein bald kristallinisch erstarrendes Öl. Nach dem Umkristallisieren zeigte der Körper den Schmelzpunkt des Isomyristicins (44—45°). Auch die Schmelzpunktbestimmung einer Mischprobe dieses und des aus Macisöl erhaltenen Isomyristicins bestätigte die völlige Identität beider Körper.

0.1323 g Sbst.: 0.3321 g CO_2, 0.0746 g H_2O.

$C_6H_2(C_3H_5)(OCH_3)(O_2CH_2)$. Ber. C 68.71, H 6.38.

Gef. „ 68.46, „ 6.47.

Es kann daher keinem Zweifel mehr unterliegen, daß das französische Petersilienöl zum großen Teil aus Myristicin besteht. Diese Feststellung erklärt nunmehr auch den Befund Bignamis und Testonis[1]), welche bei der Oxydation einer Fraktion eines Petersilienöles Myristicinsäure erhielten. Die genannten Forscher sprachen schon damals die Vermutung aus, daß das von ihnen untersuchte Petersilienöl (wahrscheinlich französischer Provenienz) zu 50 Proz. aus einem Körper C_6H_2 (C_3H_5) (OCH_3) (O_2CH_2) bestehe. Sie haben Recht gehabt, aber es war ihnen unbekannt, daß dieser Körper mit dem Myristicin identisch ist, da für das letztere eine unzutreffende Formulierung in der Literatur angegeben ist.

Meine weiteren Bemühungen gingen nun dahin, auch noch Apiol in den höheren Fraktionen des mir vorliegenden französischen Petersilienöles nachzuweisen. Es gelang mir.

Aus Fraktion V konnte kein einheitlicher Körper isoliert werden, wohl aber aus Fraktion VI.

Wurde diese Fraktion auf — 18° abgekühlt und mit einem Kriställchen Apiol geimpft, so erstarrte die ganze Masse zu einem Kristallbrei, der bei gewöhnlicher Temperatur wieder zerfloß. Die Flüssigkeit wurde abermals abgekühlt, und die ausgeschiedenen Kristalle wurden bei sehr niedriger Temperatur abgesaugt. Nach dem Umkristallisieren aus wasserhaltigem Alkohol schmolzen sie bei 30° und zeigten volle Identität mit Apiol.

0.1816 g Sbst.: 0.4332 g CO_2, 0.0998 g H_2O.

$C_{12}H_{14}O_4$. Ber. C 64.82, H 6.36.

Gef. „ 65.05, „ 6.11.

Das mir übersandte französische Petersilienöl besteht daher aus großen Mengen Myristicin und kleinen Mengen Apiol, während deutsches Petersilienöl große Mengen des letzteren enthält. Das Apiol unterscheidet sich, wie nunmehr feststeht, von dem Myristicin durch das Mehr einer Methoxylgruppe:

---

[1]) Gaz. chim. Ital. **30**, I, 240 [1900] durch Chem. Centralbl. **71**, I, 975 [1900].

$$CH_2 . CH : CH_2$$

Myristicin

$$CH_2 . CH : CH_2 \quad OCH_3$$

Apiol.

Es wird von Interesse sein nachzuforschen, worauf die Unfähigkeit der französischen Petersilie beruht, noch eine zweite Methoxylgruppe in das Molekül des Myristicins einzufügen, denn daß dieses das primäre Produkt ist, dürfte wohl keinem Zweifel unterliegen. Daß' auch in der französischen Petersilie, deren Früchte zur Gewinnung des betreffenden Öles benutzt wurden, ganz sicher echte „Petersiliensamen" vorliegen, hat Hr. Prof. Gilg bestätigen können. Genannter spricht sich über die ihm unterbreiteten deutschen und französischen Petersilienfrüchte, wie folgt, aus:

„Die französischen Früchte besitzen genau denselben anatomischen Bau wie die deutschen. Nach meiner eingehenden Untersuchung gibt es tatsächlich keine anderen Unterschiede zwischen den beiden Sämereien, als daß die deutschen Früchtchen bedeutend kleiner sind als die französischen, daß jene grünlich sind, während diese einen mehr gelben Ton aufweisen (dies kommt vielleicht daher, daß die deutsche Saat diesjährig, während die französische älter ist). Unter dem Mikroskop zeigen die deutschen Exemplare eine schmälere Fruchtschicht mit sehr starken Stereombündeln, während die Fruchtschicht der französischen Saat dicker erscheint und die mechanischen Elemente etwas schwächer sind. Offenbar liegen hier Früchte zweier nur sehr wenig von einander verschiedener Formen der Art „Petroselinum sativum" vor."

Um festzustellen, ob vielleicht verschiedene Kulturbedingungen oder klimatische Einflüsse auf die Petersilienfrüchte derartig einwirken, daß in dem einen Fall Myristicin, in dem anderen Apiol vorwiegend gebildet wird, oder ob die verschiedenen Reifezustände der Früchte an dem verschiedenen chemischen Ergebnis beteiligt sind, sollen Kulturversuche vorgenommen werden, die ich auf dem zum Pharmazeutischen Institut gehörigen Grundstück eingeleitet habe. Es wurde sowohl deutsche, wie französische und englische Petersiliensaat unter gewissen Bedingungen ausgesät. Ich hoffe, später über den Ausfall dieser Versuche berichten zu können.

Bei Ausführung der vorliegenden Arbeit bin ich in dankenswerter Weise von Hrn. Schönewald unterstützt worden.

V. Mitteilung.

Über die Phenoläther des ätherischen Öles aus Petersilienfrüchten verschiedener Provenienz.

Für die in der vorhergehenden Mitteilung erwähnten Kulturversuche mit Petersilie verschiedener Provenienz sind die Früchte der folgenden Peter-

siliensorten, die aus einer Erfurter Handelsgärtnerei bezogen wurden, aus-
gesäet worden:

    I. Einfache Petersilie (Provenienz nicht bekannt)
   II. Myotts-Zier-Petersilie   aus England
  III. Mooskrause Champion-Petersilie   stammend.
  IV. Französische Petersilie.

Die Früchte dieser einzelnen Sorten wurden auf ihren Gehalt an ätherischem Öl untersucht und dieses auf den Gehalt an Myristicin bezw. Apiol geprüft.
Zu dem Zwecke wurden je 250 g Früchte mit einer Mühle zu grobem Pulver
gemahlen, dieses mit Wasser angeschüttelt und mit Wasserdampf etwa
4 Liter abdestilliert. Das trübe Destillat wurde ausgeäthert und das nach
dem Verdampfen des Äthers erhaltene Öl in folgende Fraktionen zerlegt:

Öl aus Früchten	I.			II.		
	Sdp.	Druck mm	g	Sdp.	Druck mm	g
Fraktion 1	50—150	15.5	2.1	50—145	15	1.3
„ 2	149—159 [1])	15.5	4.6	145—152	15	7.4
Rückstand			1.3			0.4
		Sa.	8.0		Sa.	9.1

Öl aus Früchten	III.			IV.		
	Sdp.	Druck mm	g	Sdp.	Druck mm	g
Fraktion 1	50—147	14.5	1.00	49—-147	14.5	2.3
„ 2	147—149.5	14.5	7.1	149—157	14.5	5.6
Rückstand			0.8			3.3
		Sa.	8.9		Sa.	11.2

Es wurde versucht, wie aus Myristicin ein Bromderivat (in Eisessig) zu
erhalten (s. vorstehende Mitteilung!).

    Resultat

      I   II   III   IV

dickflüssiges, nicht   weiße Kristalle, Smp. nach dem   dickflüssiges, nicht
zu reinigendes   Umkristallisieren 130° =   zu reinigendes
Produkt   Dibrommyristicindibromid   Produkt

Je 4.0 g von Reaktion 2 wurden mit 8.0 Kaliumhydroxyd und 25.0 Alkohol
24 Stunden lang am Rückflußkühler gekocht. Die nach dem Verdampfen des

---

[1]) Fraktion 2 aus Öl I siedet bei gewöhnlichem Druck zwischen 270—278°
        Sdp. des Myristicins 149,5° bei 15,5 mm
           „   „ Apiols   179° bei 34 mm   Ciamician und
          „   „   „   294° bei gew. Druck   Silber
Fraktion 2 jedes Öls schied beim starken Abkühlen keine festen Körper ab, auch
nicht beim Eintragen eines Kriställchens Apiol.

Alkohols erhaltene Flüssigkeit wurde ausgeäthert, der letztere im Vakuum abgesaugt.

Es hinterblieb

	I	II	III	IV
	bräunliches Öl beim Abkühlen auf — 18° und Impfen mit Isapiol schieden sich keine Kristalle ab	rötliche Kristallmasse nach dem Umkristallisieren Smp. d. Isomyristicins 45°		wie I

In den als „englisch" bezeichneten Ölen war demnach Myristicin vorhanden, in den anderen gelang es nicht, Apiol oder Myristicin nachzuweisen (cfr. Sdp. d. Fraktionen). Wahrscheinlich liegt in diesen Ölen ein quantitativ nahezu gleiches Gemisch von Apiol und Myristicin vor.

Einen annähernden Schluß auf die quantitative Zusammensetzung der Öle etc. ergibt folgende Tabelle:

		I	II	III	IV
	Gewonnene Menge Öl aus d. Samen %	2	2.3	2.2	2.8
Gehalt des Öles	Fraktion 1 (Terpene) %	26.4	14.3	11.2	20.5
	Fraktion 2 (Phenoläther) %	57.5	81.3	79.8	50.0
	Rückstand %	16.1	4.4	9.0	29.5

Bei der vorstehenden Arbeit hat mich mein Assistent, Herr Schönewald, bestens unterstützt.

VI. Mitteilung[1].

Über Derivate des Safrols und seine Beziehungen zu den Phenoläthern Eugenol und Asaron.

(Gemeinsam mit A. Biltz.)

Das Safrol ist den Arbeiten Eykmans[2] zufolge als ein (1)-Allyl-(3.4)-Methylendioxybenzol

$$CH_2—CH=CH_2$$

aufzufassen.

Als Ausgangsmaterial für unsere Arbeiten diente das Dihydrosafrol, welches nach dem von Ciamician und Silber[3] angegebenen Verfahren dargestellt wurde durch Umlagerung von Safrol und Hydrierung des so erhaltenen Isosafrols.

---

[1] Vgl. Arch. Pharm. 1904, Heft II. [2] Ber. d. d. chem. Ges. 22, 2748 [1889].
[3] Ber. d. d. chem. Ges. 23, 1159 [1890].

Nitrodihydrosafrol.

10 g Dihydrosafrol wurden in 50 g Eisessig gelöst und allmählich mit 9 g einer 45-prozentigen Salpetersäure versetzt. Durch Erwärmen auf etwa 60° im Wasserbade wurde die Reaktion eingeleitet. Die tief braunrote Lösung wurde nach 1—2 Minuten in dünnem Strahle auf Eis gegossen. Unter beständigem Rühren erstarrte das anfangs ölig abgeschiedene Nitroprodukt. Es wurde aus verdünntem Alkohol umkristallisiert und bildet dann glänzende gelbe Blättchen oder Prismen vom Schm.-P. 36°. In den gebräuchlichen Lösungsmitteln ist es sehr leicht löslich, etwas weniger in Petroläther, kaum in siedendem Wasser. Der Körper ist mit Wasserdampf flüchtig. Konzentrierte Schwefelsäure löst ihn mit blutroter Farbe. Die Analyse ergab die Bildung eines Mononitrokörpers.

1. 0.1425 g gaben 0.2991 g CO_2 und 0,0692 g H_2O.
2. 0.1724 „ „ 10.6 ccm N bei 766 mm und 22°.

Berechnet für	Gefunden:	
$C_{10}H_{11}O_4N$:	1.	2.
C 57.38 %	57.24 %	—
H 5.30 „	5.43 „	—
N 6.71 „	—	7.05 %.

Aufspaltung der Methylendioxygruppe.

Die Aufspaltung der Methylendioxygruppe im Nitrodihydrosafrol mit Salzsäure unter Druck nach dem Verfahren von Fittig und Remsen[1]) gelang nicht, trotz mehrfacher, auch modifizierter Versuche. Dagegen erwies sich das von Gattermann[2]) für die Verseifung von Phenoläthern empfohlene wasserfreie Aluminiumchlorid als ein ausgezeichnetes Mittel zur Aufspaltung der Methylendioxygruppe. Es wurde in der Weise verfahren, daß zu einer Lösung von 5 g des Nitrokörpers in 20 ccm frisch destilliertem Schwefelkohlenstoff allmählich 15 g fein pulverisiertes $AlCl_3$ zugegeben wurden. Die Lösung färbte sich sofort tief rot, und der Schwefelkohlenstoff kam ins Sieden, worin er noch $^1/_2$ Stunde auf dem Wasserbade erhalten wurde. Nach dem Entfernen des Schwefelkohlenstoffes wurde der Rückstand mit Wasser behandelt und die dabei durch Zerlegung des überschüssigen $AlCl_3$ auftretende starke Wärmeentwickelung durch Kühlen gedämpft. Da das in der salzsauren Lösung abgeschiedene Nitrophenol nicht zum Erstarren gebracht werden konnte, wurde es mit Äther aufgenommen, diesem wieder durch Sodalösung entzogen und nun wieder mit Salzsäure abgeschieden. Es wurden endlich 4.2 g einer strahlig-kristallinischen Masse erhalten, deren ursprünglich gelbgrünliche Farbe allmählich in eine schmutzig braune überging unter Abscheidung öliger Produkte. Von diesen war der Körper kaum zu trennen, so daß seine Reindarstellung erheblichen Schwierigkeiten begegnete, zumal sich auch aus scheinbar reinen Kristallen jenes Öl stets von neuem ausschied, auch beim Aufbewahren im Exsikkator. Der Körper ist äußerst leicht löslich

---

[1]) Ann. Chem. **159**, 142; **168**, 96. [2]) Ber. d. d. chem. Ges. **25**, 3531 [1892].

in Wasser und organischen Solventien außer Ligroin und Petroläther, mit deren Hilfe er jedoch aus seinen Lösungen nicht abgeschieden werden konnte. Selbst mit überhitztem Wasserdampf ist er nicht flüchtig, beim Erhitzen in wässeriger Lösung tritt Verschmierung ein. Zur Analyse wurden Kristalle benutzt, die durch Ausfrieren der kaltgesättigten wässerigen Lösung erhalten und von den öligen Bestandteilen mechanisch befreit waren. Der Schm.-P. lag bei 73°.

1. 0.1350 g gaben 0.2649 g CO_2 und 0.0737 g H_2O.
2. 0.1486 „　　„　　0.2934 „　„　„　0.0810 „　„
3. 0.1423 „　　„　　8.6 ccm N bei 761 mm und 19°.

Berechnet für $C_6H_2{<}^{C_3H_7}_{(OH)_2}{:}$
$\qquad\qquad\qquad\searrow NO_2$

	Gefunden:		
	1.	2.	3.
C 54.78 %	53.52 %	53.85 %	—
H 5.57 „	6.10 „	6.09 „	—
N 7.10 „	—	—	6.98 %.

Die ungenauen Zahlen zeigen immerhin, daß eine Spaltung der Methylendioxygruppe unter Freiwerden der beiden OH-Gruppen eingetreten ist,

Methylierung der OH-Gruppen.

Diese wurde nach dem Ullmannschen Verfahren[3] bewirkt. 4 g des Nitrophenoles wurden in das Natriumsalz übergeführt und dieses in einem weiten Reagensglase mit 6 ccm Toluol und 10 g Dimethylsulfat versetzt. Das Ganze wurde im Paraffinbade unter häufigem Rühren vier Stunden lang auf 110° gehalten und das Reaktionsprodukt auf dem Wasserbade zur Zersetzung des überschüssigen Dimethylsulfates mit Natronlauge behandelt. Aus der nach dem Erkalten abgeschiedenen Masse ließen sich durch wiederholte Kristallisation aus Alkohol gelbe Blättchen vom Schm.-P. 81° erhalten. Dieser Körper erwies sich durch Schmelzpunktprobe und Analyse als identisch mit dem von Thoms und Zernik[4] beschriebenen

Nitrodihydromethyleugenol.

0.1394 g gaben 0.2995 g CO_2 und 0.0842 g H_2O.

Berechnet für $C_{11}H_{15}O_4N$:　　　　Gefunden:
C 58.62 %　　　　　　　　　58.59 %
H 6.71 „　　　　　　　　　6.76 „

Durch die Überführung des Nitrodihydrosafrols in das Nitrodihydromethyleugenol ergibt sich daher für ersteres die Konstitution

<hr>

[3] Ann. Chem. **237**, 104.　　　[4] Ber. d. d. chem. Ges. **36**, 860 [1903].

Amidodihydrosafrol.

10 g Nitrokörper wurden mittels Aluminiumamalgam[1]) reduziert. Die nach Beendigung der Reduktion durch Absaugen erhaltene alkoholische Lösung wurde mit 8 ccm einer 25-prozentigen Salzsäure versetzt und eingedampft. Das Chlorhydrat der Base schied sich in dunkelbraunen Nadeln ab, welche mehrmals mit Essigäther ausgewaschen wurden. Aus einer heißen wässerigen Lösung des Chlorhydrates wurde mittels Soda die Base abgeschieden, deren Reinigung am besten durch Destillation unter vermindertem Druck gelang. Es ging bei 156° (11.5 mm) bezw. 154.5° (9,5 mm) ein träge flüssiges, farbloses, in dicker Schicht schwach gelblich scheinendes Öl über, welches in der Kälte erstarrte. Aus eiskaltem, verdünntem Alkohol wurden weiße Nadeln vom Schm.-P. 24° erhalten, die wenig luftbeständig waren und schon beim Trocknen eine violettbraune Farbe annahmen.

1. 0.1509 g gaben 0.3708 g CO_2 und 0.1001 g H_2O.
2. 0.1596 „ „ 0.3888 „ „ „ 0.1062 „ „

Berechnet für	Gefunden:	
$C_{10}H_{13}O_2N$:	1.	2.
C 66.98 %	66.86 %	66.44 %
H 7.31 „	7.42 „	7.44 „

Das Chlorhydrat der Base wurde am vorteilhaftesten erhalten durch Versetzen einer alkoholischen Lösung der Base mit verdünnter Salzsäure. Es wurden schöne weiße Nadeln gebildet, die sich bei 181° zu bräunen beginnen und über 200° vollständig zersetzt und geschmolzen sind. Eisenchlorid färbt die wässerige Lösung sowohl des Chlorhydrats wie der freien Base dunkelweinrot.

0.2607 g gaben 0.1731 g AgCl.

Berechnet für $C_{10}H_{14}O_2NCl$:	Gefunden:
Cl 16.45 %	16.42 %

Das Acetylderivat wurde nach Pawlewskis Vorschrift[2]) mittels Thioessigsäure erhalten. Es kristallisierte aus Alkohol in seidenweichen, weißen Nadeln vom Schm.-P. 171.5°.

0.1218 g gaben 0.2907 g CO_2 und 0.0753 g H_2O.

Berechnet für $C_{12}H_{15}O_3N$:	Gefunden:
C 65.11 %	65.09 %
H 6.83 „	6.92 „

Auch eine Benzoylverbindung wurde dargestellt und aus Alkohol kristallisiert erhalten in langen weißen Nadeln vom Schm.-P. 151°. Diese färbten sich allmählich schwach rot, welche Erscheinung auch das Chlorhydrat zeigte, während die Acetylverbindung weiß blieb.

0.1495 g gaben 0.3948 g CO_2 und 0.0850 g H_2O.

Berechnet für $C_{17}H_{17}O_3N$:	Gefunden:
C 72.04 %	72.02 %
H 6.05 „	6.36 „

---

[1]) Journ. f. prakt. Chem. **2**, 54. [2]) Ber. d. d. chem. Ges. **35**, 111 [1902].

Um die Amidogruppe durch die Hydroxylgruppe zu ersetzen, wurden 5 g des Amines in 400 ccm Wasser, 50 ccm verdünnter Schwefelsäure und 5 g konzentrierter Schwefelsäure bei einer Temperatur von 5^0 mit 2.2 g Natriumnitrit diazotiert. Die Lösung wurde 24 Stunden im Eisschrank belassen und dann vorsichtig mit Soda neutralisiert. Durch die nun wieder schwach angesäuerte Flüssigkeit wurde Wasserdampf geleitet. In der Vorlage schieden sich unreine Kristalle ab, die isoliert und von neuem einer Dampfdestillation unterworfen wurden. Das übergegangene Phenol ließ sich aus Wasser kristallisieren und bildet feine weiße Nadeln vom Schm.-P. $71-72^0$. Mit der Zeit färbten sich diese bräunlich. Eisenchlorid bewirkt in einer wässerigen Lösung zunächst eine Trübung, dann Braunfärbung.

0.1097 g gaben 0.2675 g CO_2 und 0.0669 g H_2O.

Berechnet für $C_{10}H_{12}O_3$:	Gefunden:
C 66.63 %	66.50 %
H 6.71 „	6.82 „

Dinitrodihydrosafrol.

Zu 30 g rauchender, auf -20^0 abgekühlter Salpetersäure wurden unter Rühren 6 g Nitrodihydrosafrol langsam zugegeben. Durch Eingießen in Eiswasser schied sich die Dinitroverbindung ab. Beim Umkristallisieren aus Alkohol wurden gelbe Blättchen vom Schm.-P. 121^0 erhalten, die sich am Licht leicht bräunen.

1. 0.1560 g gaben 0.2705 g CO_2 und 0.0573 g H_2O.
2. 0.1549 „ „ 15.4 ccm N bei 758 mm und 22^0.

Berechnet für	Gefunden:	
$C_{10}H_{10}O_6N_2$:	1.	2.
C 47.22 %	47.29 %	—
H 3.96 „	4.11 „	—
N 11.05 „	—	11.29 %.

Eine dritte Nitrogruppe ließ sich in das Molekül nicht einführen, während dies beim Dihydromethyleugenol Thoms und Zernik[1]) gelang.

Diamidodihydrosafrol.

Die Dinitroverbindung wurde in gleicher Weise reduziert wie die Mononitroverbindung. Auf Zusatz von Salzsäure zu der warmen alkoholischen Lösung der Base kristallisierte das Chlorhydrat aus. Das freie Diamin schied sich aus dessen heißer wässeriger Lösung durch Soda ab und wurde aus Wasser kristallisiert erhalten in Form langer weißer Nadeln, die sich an der Luft schwach bräunen. Der Schm.-P. liegt bei 72^0. Salpetrige Säure scheidet aus der Lösung einen braunen Farbstoff aus, was auf Metastellung der Amidogruppen deutet.

---

[1]) Ber. d. d. chem. Ges. **36**, 862 [1903].

0.1762 g gaben 0.3982 g CO_2 und 0.1168 g H_2O.

Berechnet für $C_{10}H_{14}O_2N_2$:   Gefunden:
C 61.80 %   61.63 %
H   7.26 „   7.41 „

Das **Chlorhydrat** bildet sich auf Zusatz von Salzsäure zu einer alkoholischen Lösung des Diamines in Form langer seidenweicher Nadeln, die bei 246° unter Zersetzung schmelzen und sich bald zart rosa färben. Die Chlorbestimmung ergab das Vorliegen eines Monochlorhydrates.

0.1837 g gaben 0.1162 g AgCl.

Berechnet für $C_{10}H_{15}O_2N_2Cl$:   Gefunden:
Cl 15.37 %   15.64 %.

Die **Benzoylverbindung** ließ sich gut darstellen. Sie bildet kleine, stark verfilzte, weiße Nadeln vom Schm.-P. 248°. Die Analyse zeigte den Eintritt von zwei Benzoylgruppen an.

0.1352 g gaben 0.3541 g CO_2 und 0.0709 g H_2O.

Berechnet für $C_{24}H_{22}O_4N_2$:   Gefunden:
C 71,60 %   71.43 %
H   5.51 „   5.86 „

Die Herstellung einer **Acetylverbindung** bereitete dagegen Schwierigkeiten: Beim Umkristallisieren trat offenbar eine Zersetzung ein, sodaß sich ein gut charakterisiertes Produkt **nicht** gewinnen ließ.

Nitroamidodihydrosafrol.

2 g Dinitrodihydrosafrol wurden in 50 ccm Alkohol gelöst und mit 8 ccm starkem Ammoniak versetzt. Die mit Schwefelwasserstoff gesättigte Lösung wurde $^3/_4$ Stunde lang gekocht und dann von neuem mit Schwefelwasserstoff gesättigt, worauf nochmals $^1/_2$ Stunde lang gekocht wurde. Diese Operation wurde im ganzen dreimal wiederholt. Die Isolierung des Nitranilins wurde durch heiße Salzsäure bewirkt und durch darauffolgende Übersättigung der salzsauren Lösung mit Ammoniak. Aus verdünntem Alkohol kam der Körper in Gestalt schön rotorange gefärbter Blättchen vom Schm.-P. 76.5° heraus.

1. 0.1370 g gaben 0.2694 g CO_2 und 0.0662 g H_2O.
2. 0.1112 „   „   12.2 ccm N bei 765 mm und 20°.

Berechnet für   Gefunden:
$C_{10}H_{12}O_4N_2$:   1.   2.
C 53.53 %   53.63 %   —
H   5.39 „   5.40 „   —
N 12.53 „   —   12.68 %

Zur Ermittelung der Stellung der Nitro- und Amidogruppe wurde eine kleine Menge des Nitranilins in siedendem Alkohol diazotiert. Aus dem Reaktionsgemisch konnte durch Destillation mit Wasserdampf ein Produkt erhalten werden, welches bei 36° schmolz und identisch war mit dem oben beschriebenen Nitrodihydrosafrol. Durch das Schwefelammonium war also die zu zweit eingetretene Nitrogruppe reduziert worden und dem Nitroamidodihydrosafrol vom Schm.-P, 76.5° kommt demnach die folgende Konstitutionsformel zu:

$$\begin{array}{c}\text{C}_3\text{H}_7 \\ \text{NO}_2\bigcirc\text{NH}_2 \\ \text{O} \\ \text{O}-\text{CH}_2\end{array}$$

Für unsere Zwecke war es nun wichtig, gerade die zuerst eingetretene Nitrogruppe zu reduzieren, und es wurden diesbezügliche Versuche angestellt. Limpricht[1]) hatte im o-p-Dinitrotoluol je nach den Temperaturverhältnissen die eine oder die andere Nitrogruppe durch Schwefelammonium reduzieren können. Das Dinitrodihydrosafrol gab jedoch, selbst bei einer Temperatur von — 15°, stets nur dasselbe Nitranilin vom Schm.-P. 76.5°. Auch das von Anschütz und Heusler[2]) für partielle Reduktionen vorgeschlagene Zinnchlorür lieferte wieder dasselbe Nitranilin, so daß schließlich die Versuche aufgegeben wurden, auf einem solchen Wege die gewünschte Verbindung darzustellen.

Der aus dem Safrol dargestellte, mit dem Nitrodihydromethyleugenol identische Körper wurde im Laufe dieser Arbeit einer Verseifung mittels Aluminiumchlorid unterworfen. 5 g der Nitroverbindung, gelöst in 25 ccm Schwefelkohlenstoff, wurden mit 8 g $AlCl_3$ versetzt und 1 Stunde auf dem Wasserbade gekocht. Das entstandene Nitrophenol ließ sich durch Natriumkarbonat aufnehmen und, nach der Abscheidung durch Säure, durch Dampfdestillation reinigen. Die Ausbeute war nur gering, da ein großer Teil der angewandten Substanz nicht verseift worden war. Trotz aller Versuche gelang es nie, in einer Operation die Gesamtmenge des Nitrodihydromethyleugenols zu verseifen. Zusatz von mehr $AlCl_3$ oder weniger Schwefelkohlenstoff verbesserte zwar die Ausbeute, veranlaßte aber zugleich die Bildung verschmierter Produkte. Das Nitrophenol ließ sich aus Alkohol kristallisiert erhalten, und es zeigte sich, daß sich zwei Körper gebildet hatten: ein wasserfreier vom Schm.-P. 52° und ein wasserhaltiger vom Schm.-P. 78°, welcher im Exsikkator sein Wasser abgab und zu einem gelblich-grünen Öle zerfloß. Von dieser Verbindung wurde eine Gesamtanalyse ausgeführt; hierbei stellte sich das Vorhandensein noch einer Methyoxylgruppe heraus. Eine Bestimmung des Kristallwassers wurde auch versucht, war jedoch mit Schwierigkeiten verbunden, da das entwässerte Öl an der Luft sehr schnell Wasser anzieht. Es konnte auf die Anwesenheit von 1 Mol. H_2O geschlossen werden. Zur Elementaranalyse und Methoxylbestimmung wurde lufttrockene Substanz verwendet.

1. 0.1563 g gaben 0.3009 g CO_2 und 0.0982 g H_2O.
2. 0.1628 „ „ 9.2 ccm N bei 756 mm und 22°.
3. 0.3270 „ „ 0.3164 g AgJ bei der Methoxylbestimmung.

---

[1]) Ber. d. d. chem. Ges. **18**, 1400 [1885].
[2]) Ber. d. d. chem. Ges. **19**, 2161 [1886]; vergl. dazu Claus, Ber. d. d. chem. Ges. **20**, 1379 [1887].

Berechnet für		Gefunden:		
$C_{10}H_{13}O_4N$:		1.	2.	3.
C	52.36 %	52.50 %	—	—
H	6.59 „	7.02 „	—	—
N	6.12 „	—	6.40 %	—
CH_3 7.1 „		—	—	6.19 %

Zur Ermittelung der relativen Stellung der OH- und OCH_3-Gruppen wurde die geringe vorhandene Menge des wasserfreien Körpers mit Jodäthyl im Einschmelzrohr bei 130° äthyliert. Es wurden strohgelbe Nadeln eines bei 60° schmelzenden Körpers erhalten (während der in gleicher Weise behandelte Körper vom Schm.-P. 78° solche vom Schm.-P. 76° bildete). Die Aethylverbindung wurde mit Aluminiumamalgam reduziert und das dadurch entstandene Amin bei 0° in einer Lösung von 20 ccm Wasser und 1 g konzentrierter Schwefelsäure mit 4 g Natriumdichromat zum Chinon oxydiert. Auf diesem Wege wurde ein in gelben Blättchen kristallisierendes Chinon erhalten, das identisch war mit dem Chinon

$$\begin{array}{c} C_3H_7 \\ O\!\!\diagdown\!\!\diagup \\ \diagup\!\!\diagdown\!\!O \\ OCH_3 \end{array}$$

vom Schm.-P. 111° [1]). Der Verbindung vom Schm.-P. 52° muß also die Formel

$$\begin{array}{c} C_3H_7 \\ NO_2\!\!\diagdown\!\!\diagup \\ \diagup\!\!\diagdown\!\!OH \\ OCH_3 \end{array}$$

zugeschrieben werden.

Ergebnisse der vorliegenden Arbeit.

1. Durch Salpetersäure wird aus Dihydrosafrol ein Mononitrokörper gebildet, und zwar tritt die Nitrogruppe an derselben Stelle (6) substituierend ein, wie bei der Nitrierung von Piperonal und Dihydromethyleugenol

Während auch ein Dinitroprodukt des Dihydrosafrols sich leicht bildet, ist die Einführung einer dritten Nitrogruppe in das Molekül des Dihydrosafrols nicht möglich. Es zeigt sich also hier ein normales Verhalten im Gegensatz zum Dihydromethyleugenol.

2. Als wertvolles Mittel zur bequemen Aufspaltung der Methylendioxygruppe reiht sich den bisherigen die Verwendung des Aluminiumchlorids an, besonders in Fällen, wo jene versagen oder nicht anwendbar sind, wie z. B. bei der Gegenwart von Nitrogruppen.

3. Bei der Einwirkung von Aluminiumchlorid auf Nitrodihydromethyleugenol verläuft die Abspaltung von Methyl in zwei Richtungen unter Bildung der beiden isomeren hydroxyl- und methoxylhaltigen Körper.

4. Bei der partiellen Reduktion des Dinitrohydrosafrols wird stets die

---

[1]) Ber. d. d. chem. Ges. **36**, 862 [1903].

zu zwei eingetretene Nitrogruppe angegriffen, obgleich diese als di-ortho-substituiert geschützt erscheint im Vergleich zur anderen.

5. Durch die Überführung des Nitrohydrosafrols in das Nitrodihydro-methyleugenol einerseits und in das, aus dem Asaron erhältliche, (1)-Propyl-(4)-Methoxy-(3.6)-Benzochinon andererseits treten die verwandtschaftlichen Beziehungen der drei Phenoläther Safrol, Eugenol und Asaron klar zu Tage.

VII. Mitteilung[1]).
Über das Verhalten der Phenoläther bei der Zinkstaubdestillation.

In einer Arbeit über das „rheinische Buchenholzteerkreosot“ hat S. Marasse[2]) berichtet, daß bei der Zinkstaubdestillation des Kreosots das darin enthaltene Guajakol in Anisol überginge:

$$\text{OCH}_3 \quad \longrightarrow \quad \text{OCH}_3$$

Marasse sagt in seiner Arbeit (S. 66): „Eine Bestätigung der Annahme, daß Zinkstaub auf die Methoxylgruppe (OCH_3) nicht einwirkt, verdanke ich einer Mitteilung des Herrn Dr. Graebe. Derselbe ließ Anisol über erhitzten Zinkstaub destillieren, ohne daß dasselbe angegriffen worden wäre.“

E. Bamberger[3]) hat dann später experimentell bewiesen, daß Phenoläther unter den Bedingungen stark erhöhten Druckes und gesteigerter Temperatur in das entsprechende Phenol einerseits und einen Kohlenwasserstoff der Aethylenreihe andererseits im Sinne der Gleichung:

$$C_x H_y - O (C_n H_{2n+1}) = C_x H_y . OH + C_n H_{2n}$$

zerfallen.

Nach Bamberger spaltet sich das Anisol, in ein Rohr eingeschlossen, bei 380—400° in Phenol und Aethylen:

$$2 (C_6 H_5 - OCH_3) = 2 C_6 H_5 OH + C_2 H_4.$$

Die Angabe, daß Phenoläther wohl bei höherer Temperatur unter Druck, nicht aber bei der Zinkstaubdestillation zersetzt werden, hat sich in der Literatur[4]) bis auf den heutigen Tag erhalten. Vertrauend auf die Richtigkeit dieser Literaturangaben, glaubte ich das verschiedene Verhalten der Phenoläther einerseits und der freien Phenole andererseits gegenüber erhitztem Zinkstaub nutzbar machen zu können für Konstitutionsbestimmungen in der Gruppe der Phenoläther. Da nach Marasse Guajakol bei der Zinkstaubdestillation in Anisol übergehen soll, so durfte ich hoffen, eine ähnliche glatte Reaktion auch in der Apiolreihe sich vollziehen zu sehen. Bei der Hydrierung und

---

gleichzeitigen Aufspaltung der Methylendioxygruppe im Isapiol entsteht ein
Phenol, welchem **Ciamician** und **Silber**[1]) entweder die Konstitution

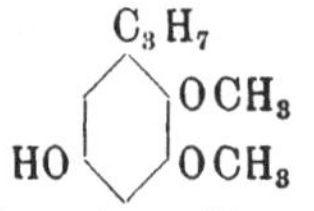

$$\underset{HO}{\overset{C_3H_7}{\bigcirc}}\overset{OCH_3}{_{OCH_3}} \quad \text{oder} \quad \underset{CH_3O}{\overset{C_3H_7}{\bigcirc}}\overset{OCH_3}{_{OH}}$$

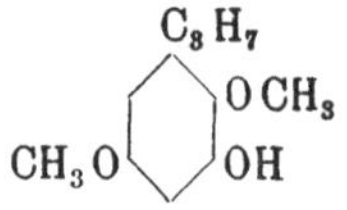

zuschrieben. Ich konnte unlängst dartun, daß der zweite Ausdruck für das
Petersilien-Apiol der zutreffende ist[2]). Diese Beweisführung versuchte ich zunächst, indem ich das Phenol einer Zinkstaubdestillation unterwarf in der Er-
wartung, daß durch Abspaltung von Sauerstoff entweder

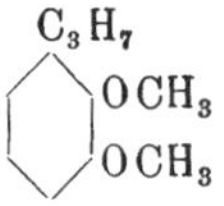

$$\overset{C_3H_7}{\bigcirc}\overset{OCH_3}{_{OCH_3}} \quad \text{oder} \quad \underset{CH_3O}{\overset{C_3H_7}{\bigcirc}}\overset{OCH_3}{}$$

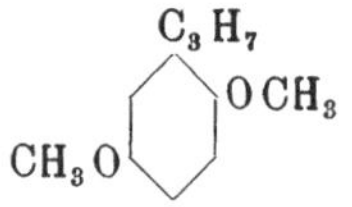

entstehen würden. Die Konstitution des einen oder anderen dieser Phenoläther
zu beweisen, wäre dann nicht schwierig gewesen. Es zeigte sich jedoch, daß
die erwartete glatte Reduktion nicht eintrat, sondern ein Gemenge verschiedener Körper gebildet wurde, die sich infolge der geringen Menge verfügbaren Materials nicht trennen und charakterisieren ließen.

Der negative Ausfall vorstehenden Versuches veranlaßte mich der Frage
nachzugehen, ob Phenoläther bei der Zinkstaubdestillation überhaupt unverändert bleiben. Ich habe daher die **Graebe**sche Arbeit wiederholt und das
Anisol einer Zinkstaubdestillation unterworfen.

Es zeigte sich hierbei entgegen den Angaben der Literatur,
daß das Anisol sehr wohl zersetzt wird, und zwar im Sinne der
bereits von **Bamberger** angegebenen Formulierung.

Je 2.5 g Anisol wurden mit Zinkstaub gemischt und in einer Verbrennungs-
röhre der Destillation unterworfen. Insgesamt kamen 60 g Anisol zur Destillation.

Das Destillat wurde in Peligotschen Röhren, die mit Eis-Kochsalzmischung
gekühlt waren, aufgefangen. An die zweite Peligotsche Röhre war noch eine
mit Brom beschickte Vorlage angeschlossen, um die eventuell entstehenden
ungesättigten Kohlenwasserstoffe zu binden. An Destillat wurden 20 g Flüssigkeit erhalten. Diese wurde mit Äther aufgenommen und mit 5-prozentiger
Kalilauge ausgeschüttelt, um etwa entstandenes Phenol auszuziehen.

Von der ätherischen, mit Kalilauge gewaschenen Lösung wurde der
Äther abdestilliert und der Rückstand einer fraktionierten Destillation unterworfen. Der bis 100° übergehende Anteil bestand größtenteils aus Benzol
(gegen 3 g), das durch Überführen in Nitrobenzol und Anilin und dann durch
die Chlorkalkreaktion identifiziert werden konnte.

Die höhere Fraktion (gegen 10 ccm) bestand aus unzersetztem Anisol.
Der Rückstand im Destillationskölbchen wurde mit Wasserdampf übergetrieben.
Es wurden hierbei 2.5 g einer gut kristallisierenden, bei 70° schmelzenden
Substanz erhalten, die als Diphenyl sich charakterisieren ließ.

[1]) Ber. d. d. chem. Ges. **23**, 1159; **23**, 2283 [1890]; **92**, 1800 [1896].
[2]) Ber. d. d. chem. Ges. **36**, 1714 [1903].

Die Analyse lieferte folgende Werte:

0.0993 g Substanz: 0.3396 g CO_2 und 0.0567 g H_2O.

Berechnet für $C_{12}H_{10}$:	Gefunden:
C 93.44 %	93.27 %
H 6.56 „	6.40 „

Die alkalische Flüssigkeit wurde mit verdünnter Schwefelsäure angesäuert und mit Äther ausgeschüttelt. Der Abdampfrückstand der ätherischen Lösung erstarrte kristallinisch; sein Gewicht betrug 3 g. Der Körper erwies sich als identisch mit Phenol. Zur Charakterisierung desselben wurde es benzoyliert. Nach mehrmaligem Umkristallisieren zeigte die Benzoylverbindung den Schmelzpunkt des Benzoylphenols (70°). Eine Mischprobe des Körpers mit Benzoylphenol zeigte keine Schmelzpunktserniedrigung.

Die Analyse lieferte folgende Werte:

0.1407 g Substanz: 0.4051 g CO_2 und 0.0618 g H_2O.

Berechnet für $C_{13}H_{10}O_2$:	Gefunden:
C 78.74 %	78.52 %
H 5.09 „	4.92 „

In der bromhaltigen Vorlage hatten sich Kristalle abgeschieden, die sich durch den Schmelzpunkt (89°) als p-Dibrombenzol erwiesen. Die Bildung dieses Körpers erklärt sich dadurch, daß kleine Anteile Benzoldämpfe nicht in den Peligotschen Röhren zurückgehalten, sondern in die Bromvorlage übergegangen waren. Die Anwesenheit von Aethylenbromid in der letzteren wurde dadurch festgestellt, daß die Flüssigkeit mit schwacher Natronlauge behandelt, sodann das restierende Öl im Scheidetrichter getrennt und mit alkoholischer Kalilauge erhitzt wurde. Das entstandene Acetylen, in eine ammoniakalische Kupferchlorürlösung geleitet, gab sich an der Ausscheidung braunen Acetylenkupfers zu erkennen.

Die Zersetzung des Anisols bei der Zinkstaubdestillation läßt sich daher durch das Schema veranschaulichen:

OCH_3 CH_3O

OH + $\begin{matrix}CH_2\\ \| \\ CH_2\end{matrix}$

Benzol   Diphenyl.

Bei der Ausführung der vorliegenden Arbeit hat mich mein Assistent, Herr Vogelsang, bestens unterstützt.

Die Arbeiten über die Phenoläther werden fortgesetzt.

Der Aufbau der Xanthinbasen aus der Cyanessigsäure.
Synthese des Hypoxanthins und Adenins [1]).
Von **W. Traube.**

Die Konstitution der im tierischen und pflanzlichen Organismus vorkommenden wichtigen Basen Xanthin, Guanin, Hypoxanthin und Adenin ist bekanntlich von Emil Fischer erschlossen worden, dem es gleichzeitig gelang, die vier Verbindungen auf künstlichem Wege, nämlich durch Umwandlung der Harnsäure, zu gewinnen [2]).

Von den methylierten Harnsäuren ausgehend gelangte E. Fischer auch zur synthetischen Darstellung zahlreicher Methylderivate [3]) jener Basen, unter denen die in der Natur vorkommenden Derivate des Xanthins das Caffeïn, Theobromin, Theophyllin, Paraxanthin und Heteroxanthin besondere Wichtigkeit besitzen.

Durch Patentschriften der Firma C. F. Boehringer und Söhne in Waldhof [4]) sind später einige weitere Methoden zur Gewinnung des Xanthins und seiner Methylabkömmlinge bekannt geworden, die ihren Ausgangspunkt ebenfalls von der Harnsäure und den methylierten Harnsäuren nehmen.

Vor einigen Jahren [5]) habe ich nun gezeigt, daß man Xanthinbasen auch direkt von einem einfachen Substitutionsprodukte der Essigsäure, der Cyanessigsäure, aus in wenigen Operationen synthetisch gewinnen kann.

Die Synthese des Guanins z. B. verläuft in folgenden vier Phasen:

Man läßt zunächst Guanidin auf den Aethylester der Cyanessigsäure oder besser auf Natriumcyanessigester [6]) einwirken und erhält dadurch unter Abspaltung von Alkohol eine ringförmig konstituierte Verbindung:

$$
\begin{array}{ccccc}
NH_2 & COOC_2H_5 & & & NH-CO \\
| & | & & & |\qquad| \\
HN=C & +CH_2 & = C_2H_6O + & HN=C & CH_2 \\
| & | & & |\qquad| \\
NH_2 & C\equiv N & & NH-C=NH
\end{array} \quad .
$$

---

[1]) Vgl. Ann. Chem. **331** [1904].

[2]) Ber. d. d. chem. Ges. **30**. 2226 [1897].

[3]) Ber. d. d. chem. Ges. **28**, 3135 [1895]; **30**, 1839 [1897]; **30**, 2400 [1897].

[4]) Chem. Centralbl. 1901, II, 71 und 1902, I, 548.

[5]) Ber. d. d. chem. Ges. **33**, 1371 und 3035 [1900].

[6]) Chem. Centralbl. 1902, II, 1165.

Diese kann man als Derivat entweder des Pyrimidins oder des Iminouracils[1] auffassen und sie entsprechend den tautomeren Formeln:

$$
\begin{array}{ccc}
\text{N}=\text{COH} & & \text{NH}-\text{CO} \\
| \quad | & & | \quad | \\
\text{H}_2\text{N.C} \quad \text{CH} \quad \text{und} \quad \text{HN}=\text{C} \quad \text{CH} \\
|| \quad || & & | \quad || \\
\text{N}-\text{C.NH}_2 & & \text{NH}-\text{C.NH}_2
\end{array}
$$

als (2.4)-Diamino-(6)-oxy-pyrimidin oder (4)-Amino-(2)-imino-uracil bezeichnen.

Andererseits steht sie, wie die zuerst gebrauchte Formulierung erkennen läßt, auch der Barbitursäure und dem Malonylguanidin nahe.

Ihre Verwandtschaft mit diesen Körpern kommt besonders dadurch zum Ausdruck, daß sie gleich ihnen von salpetriger Säure in eine lebhaft gefärbte Isonitrosoverbindung,

$$
\begin{array}{c}
\text{NH}-\text{CO} \\
| \quad | \\
\text{HN}=\text{C} \quad \text{C}=\text{NOH}, \\
| \quad | \\
\text{NH}-\text{C}=\text{NH}
\end{array}
$$

übergeführt wird.

Es gelingt sehr leicht — schon durch Kochen mit Schwefelammonium — die letztere zu einer stark basischen Verbindung, dem (2.4.5)-Triamino-(6)-oxy-pyrimidin bezw. (4.5)-Diamino-(2)-imino-uracil:

$$
\begin{array}{ccc}
\text{N}=\text{C.OH} & & \text{NH}-\text{CO} \\
| \quad | & & | \quad | \\
\text{H}_2\text{N.C} \quad \text{C.NH}_2 \quad \text{bezw.} \quad \text{HN}=\text{C} \quad \text{C NH}_2, \\
|| \quad || & & | \quad || \\
\text{N}-\text{C NH}_2 & & \text{NH}-\text{C.NH}_2
\end{array}
$$

zu reduzieren, die dann weiter beim Kochen mit Ameisensäure glatt in Guanin übergeht:

$$
\begin{array}{c}
\text{NH}-\text{CO} \qquad\qquad\qquad \text{NH}-\text{CO} \\
| \quad | \qquad\qquad\qquad\qquad | \quad | \\
\text{HN}=\text{C} \quad \text{C.NH}_2 + \text{HCOOH} = 2\text{H}_2\text{O} + \text{HN}=\text{C} \quad \text{C}-\text{NH} \\
| \quad || \qquad\qquad\qquad\qquad | \quad || \quad\ \ \ \backslash\text{CH} \\
\text{NH}-\text{C NH}_2 \qquad\qquad\qquad \text{NH}-\text{C}-\text{N}\diagup
\end{array}
$$

In ganz analoger Weise und unter Bildung ähnlicher Zwischenprodukte verläuft der Aufbau des Xanthins aus dem aus Harnstoff und Cyanessigsäure leicht zu erhaltenden (4)-Amino-uracil oder 4-Amino-(2.6)-dioxypyrimidin:

$$
\begin{array}{ccc}
\text{NH}-\text{CO} & & \text{N}=\text{C.OH} \\
| \quad | & & | \quad | \\
\text{CO} \quad \text{CH} \quad \text{bezw.} \quad \text{OH.C} \quad \text{CH} \quad . \\
| \quad || & & || \quad || \\
\text{NH}-\text{C.NH}_2 & & \text{N}-\text{C.NH}_2
\end{array}
$$

Das aus dem symmetrischen Dimethylharnstoff und Cyanessigsäure gewonnene (4)-Amino-(1.3)-dimethyl-uracil lieferte ferner das (1.3)-Dimethylxanthin oder Theophyllin und das (4)-Amino-(3)-methyluracil aus Monomethylharnstoff das (3)-Methylxanthin, welches sich

---

[1] Behrend, Ann. Chem. **262**, 365.

nach E. Fischer[1]) durch Einführung weiterer Methyle leicht in Theobromin und Caffeïn verwandeln läßt.

Ersetzt man bei der Kondensation mit Cyanessigsäure die Harnstoffe bezw. das Guanidin durch Amidine, so gelangt man zu Derivaten des Hypoxanthins.

Vom Benzamidin und Cyanessigester aus als Ausgangsmaterialien erhält man z. B., wie bereits mitgeteilt wurde[2]), das (2)-Phenylhypoxanthin,

$$
\begin{array}{ccc}
& NH\!-\!CO & \\
& |\qquad | & \\
C_6H_5.C & \quad C\!-\!NH & \\
\| & \quad \| \quad \diagdown CH \\
N & \quad C\!-\!N \diagup &
\end{array}
$$

nach einer Reihenfolge von Reaktionen, die der vom Guanidin und Cyanessigester zum Guanin führenden in jeder Beziehung entspricht.

Vom Acetamidin ausgehend hat Herr Schlüter im hiesigen Laboratorium auch das (2)-Methylhypoxanthin dargestellt. Die Versuche aber, das Hypoxanthin selbst vom Formamidin aus zu gewinnen, schlugen fehl, da es nicht gelang, dieses einfachste Amidin wegen seiner großen Zersetzlichkeit mit Cyanessigester zu kondensieren.

Der Aufbau des Hypoxanthins aus der Cyanessigsäure gelingt jedoch, wie hier gezeigt werden soll, sehr leicht mit Hilfe des Schwefelharnstoffs, der sich mit Natriumcyanessigester beim Kochen in alkoholischer Lösung unter Alkoholabspaltung vereinigt zu dem in Alkohol schwer löslichen Natriumsalze des (4)-Amino-(6)-oxy-(2)-thio-pyrimidins oder (4)-Amino-(2)-thiouracils:

$$
\begin{array}{ccccc}
NH_2 & COOC_2H_5 & & NH\!-\!CO & \\
| & | & & |\qquad | & \\
SC & + \; CH_2 & = C_2H_6O + & CS \quad CH_2 & \text{bezw.} \\
| & | & & |\qquad | & \\
NH_2 & C\!\equiv\!CN & & NH\!-\!C\!=\!NH &
\end{array}
$$

$$
\begin{array}{ccccc}
N\!=\!\!=\!COH & & & NH\!-\!CO & \\
|\qquad | & & & |\qquad | & \\
HS.C \quad CH & \text{bezw.} & & CS \quad CH & . \\
\| \qquad \| & & & |\qquad \| & \\
N\!-\!\!-\!C.NH_2 & & & NH\!-\!C.NH_2 &
\end{array}
$$

Die Methylengruppe auch dieses schwefelhaltigen Körpers reagiert mit salpetriger Säure unter Wasserabspaltung und Bildung eines Isonitrosokörpers vom Typus der Violursäure.

Die freie Isonitrosoverbindung,

$$
\begin{array}{ccc}
& NH\!-\!CO & \\
& |\qquad | & \\
SC & \quad C\!=\!NOH, \\
| & \quad | & \\
& NH\!-\!C\!=\!NH &
\end{array}
$$

ist im vorliegenden Falle braun gefärbt, ihre Salze teils ebenfalls braun, teils rot.

---

[1]) Ber. d. d. chem. Ges. **31**, 1987.

[2]) L. Herrmann, Inauguraldissertation, Berlin 1903.

Durch Reduktion des Isonitrosokörpers oder besser seines Ammoniumsalzes erhält man das (4.5)-Diamino-(2)-thio-uracil oder (4.5)-Diamino-(6)-oxy-(2)-thio-pyrimidin,

$$
\begin{array}{ll}
\mathrm{NH\!-\!CO} & \mathrm{N\!=\!=\!COH} \\
\;\;|\qquad | & \;\;|\qquad\;\; | \\
\mathrm{CS}\quad \mathrm{C.NH_2} \;\;\text{bezw.}\;\; \mathrm{HS.C}\quad \mathrm{C.NH_2,} \\
\;\;|\qquad \| & \;\;\|\qquad\;\; \| \\
\mathrm{NH\!-\!C.NH_2} & \mathrm{N\!-\!-\!-\!C\;NH_2}
\end{array}
$$

dessen Salze mit Säuren sich fast alle durch Schwerlöslichkeit in Wasser auszeichnen.

Man isoliert die Base für die Weiterverarbeitung zweckmäßig nicht in freiem Zustande, sondern in Form des schwer löslichen Formiats, das durch Kochen mit Ameisensäure leicht in die Monoformylverbindung des Diamino-thio-uracils umgewandelt wird.

Um dieser letzteren Verbindung ein Mol. Wasser zu entziehen und sie dadurch in ein Purinderivat überzuführen, bindet man sie zunächst an ein Alkali und erhitzt sodann diese Alkaliverbindung auf etwa 250°.

Es resultiert das (6)-Oxy-(2)-thio-purin, welches auch als (2)-Thiohypoxanthin bezeichnet werden kann:

$$
\begin{array}{l}
\mathrm{NH\!-\!CO}\qquad\qquad \mathrm{NH\!-\!CC}\qquad\qquad\qquad \mathrm{NH\!-\!CO} \\
\;\;|\qquad | \qquad\qquad\quad\;\; |\qquad | \qquad\qquad\qquad\qquad |\qquad | \\
\mathrm{CS}\quad \mathrm{C.NH.CHO} = \mathrm{H_2O} + \mathrm{CS}\quad \mathrm{C\text{-}NH}\;\;\;\;\text{bezw.}\;\; \mathrm{SH.C}\quad \mathrm{C\text{-}NH} \\
\;\;|\qquad \| \qquad\qquad\qquad\quad |\qquad |\;\;\mathrm{CH}\qquad\qquad\qquad \|\qquad \|\;\;\mathrm{CH} \\
\mathrm{NH\!-\!CNH_2}\qquad\qquad \mathrm{NH\!-\!C\text{-}N}\qquad\qquad\qquad \mathrm{N}\quad \mathrm{C\text{-}N}
\end{array}
$$

Zur Abspaltung des Schwefels, bezw. um die Hydrosulfürgruppe des Thiopurins durch Wasserstoff zu ersetzen, bedient man sich einer von Marckwald und Wohl[1]) für ähnliche Zwecke schon früher angewandten Methode, indem man den Schwefelkörper mit verdünnter Salpetersäure behandelt. Der Schwefel der Verbindung wird hierbei quantitativ in Schwefelsäure übergeführt, und es entsteht eine Base der Zusammensetzung $\mathrm{C_5H_4N_4O}$, die identisch ist mit dem Hypoxanthin,

$$
\begin{array}{l}
\mathrm{NH\!-\!CO} \\
\;\;|\qquad | \\
\mathrm{HC}\quad \mathrm{C\!-\!NH}\qquad, \\
\;\;\|\qquad \|\;\;\mathrm{CH} \\
\mathrm{N\!-\!-\!C\!-\!N}
\end{array}
$$

wie sich aus ihren Eigenschaften und einem Vergleiche mit einer Probe der natürlichen Base ergab.

Wie diese Hypoxanthinsynthese nimmt auch die gleich mitzuteilende neue Synthese des Adenins ihren Weg über schwefelhaltige Verbindungen.

Die Ausgangsmaterialien sind in diesem Falle einerseits wieder der Thioharnstoff und andererseits das Nitril der Cyanessigsäure, das Malonitril oder Methylencyanid.

Während dieses für sich kaum auf den Schwefelharnstoff einwirkt, verbindet es sich bei Gegenwart von Natriumalkoholat in alkoholischer Lösung

---

[1]) Ber. d. d. chem. Ges. **22**, 568 [1889].

glatt mit ihm zu einer Verbindung, die als (4.6)-Diamino-(2)-thio-pyri-
midin bezeichnet werden kann:

$$
\begin{array}{cc}
NH_2 & C\equiv N \\
| & | \\
CS\, + & CH_2 \\
| & | \\
NH_2 & C\equiv N
\end{array}
\quad\longrightarrow\quad
\begin{array}{cc}
NH-C=NH \\
| \quad | \\
CS \quad CH_2 \\
| \quad | \\
NH-C=NH
\end{array}
\quad\text{bezw.}\quad
\begin{array}{cc}
N=C.NH_2 \\
| \quad | \\
HS.C \quad CH \\
\| \quad \| \\
N-C.NH_2
\end{array}
$$

Es gelingt — allerdings nur bei Einhaltung bestimmter Bedingungen —
auch dieses Pyrimidinderivat durch salpetrige Säure in eine Isonitrosoverbindung überzuführen.

Die Reduktion dieses letzteren, schön grün gefärbten Körpers führt
weiter zu einer, drei Amidogruppen in benachbarter Stellung enthaltenden Base,
dem (4.5.6)-Triamino-(2)-thiopyrimidin:

$$
\begin{array}{cc}
NH-C=NH \\
| \quad | \\
CS \quad C=NOH + 4H \\
| \quad | \\
NH-C=NH
\end{array}
\quad=\quad H_2O +
\begin{array}{cc}
N=C.NH_2 \\
| \quad | \\
SH.C \quad C.NH_2 \\
\| \quad \| \\
N-C.NH_2
\end{array}.
$$

Durch Kochen dieses Triamins mit Ameisensäure und nachheriges Erhitzen der dabei entstehenden Formylverbindung in Form ihres Kaliumsalzes
gewinnt man das (2)-Thio-adenin oder (6)-Amino-(2)-thio-purin:

$$
\begin{array}{cc}
N=C.NH_2 \\
| \quad | \\
HS.C \quad C\text{-}NH.CHO \\
\| \quad \| \\
N-C.NH_2
\end{array}
\quad=\quad H_2O +
\begin{array}{cc}
N- \quad CNH_2 \\
| \quad | \\
HS.C \quad C\text{--}NH \\
\| \quad \| \quad \diagdown CH \\
N-C-N\diagup
\end{array}
$$

Es gelingt nicht, diesen Körper durch Behandeln mit Salpetersäure in
Adenin überzuführen. Der Schwefel wird zwar vollständig als Schwefelsäure
abgespalten, die aus der Salpetersäure dabei durch Sauerstoffabgabe entstehende salpetrige Säure wirkt aber auf die freie Amidogruppe des Thioadenins ein, und es entsteht unter Entwickelung von Stickstoff lediglich
Hypoxanthin.

Adenin.

$$
\begin{array}{cc}
N=C.NH_2 \\
| \quad | \\
HC \quad C\text{--}NH \\
\| \quad \| \quad \diagdown CH \\
N-C-N\diagup
\end{array}
$$

neben Schwefelsäure wird dagegen ohne Schwierigkeit erhalten durch Behandeln des Amino-thio-purins mit Wasserstoffhyperoxyd.

Bei den hier beschriebenen Synthesen des Xanthins, Guanins, Hypoxanthins und Adenins gelangen nur käuflich zu beschaffende Materialien
zur Verwendung. Ich glaube daher, daß man sich dieser Methoden in Zukunft
mit Vorteil zur Gewinnung der genannten Basen bedienen wird, zumal alle
dabei nötigen Operationen in offenen Gefäßen vorgenommen werden und im
einzelnen weder viel Zeit noch fortwährende Beaufsichtigung erfordern.

Zwei Methylabkömmlinge des Xanthins, das Theobromin und das Theophyllin, werden von den Farbenfabriken vormals Friedr. Bayer & Co. in Elberfeld bereits fabrikmäßig gewonnen, nachdem in dem wissenschaftlichen Laboratorium der genannten Fabrik die von mir beschriebenen Methoden zur Darstellung der beiden Verbindungen ausgearbeitet und in sehr wesentlichen Punkten verbessert worden sind.

Das Theophyllin übertrifft nach den pharmakologischen Untersuchungen von Schmiedeberg[1], N. Ach[2] und Dreser[3] in seiner diuretischen Wirkung das Theobromin, das einzige Xanthinderivat, das seither als Diuretikum gebraucht worden ist.

Es wird von den Elberfelder Farbenfabriken unter dem Namen Theocin in den Handel gebracht, nachdem durch zahlreiche klinische Untersuchungen[4] die Resultate der pharmakologischen Prüfung bestätigt worden sind.

Experimenteller Teil.

(4)-Amino-(6)-oxy-(2)-thio-pyrimidin; (4)-Amino-(2)-thio-uracil,

$$C_4H_5N_3OS.$$

4.6 g Natrium werden in 100—200 ccm absolutem Alkohol gelöst und zu der Lösung 16 g fein gepulverter, trockener Schwefelharnstoff und 22 g Cyanessigester gegeben. Das Gemisch wird sodann etwa zwei Stunden am Rückflußkühler auf dem Wasserbade im Sieden erhalten.

Der in kaltem Alkohol ziemlich schwer lösliche Natriumcyanessigester geht beim Erwärmen bald in Lösung; nach kurzem Kochen beginnt aber das auch in heißem Alkohol schwer lösliche Natriumsalz des Aminooxythiopyrimidins als kristallinischer, sich rasch vermehrender Niederschlag auszufallen.

Man trennt die Kristalle von der Flüssigkeit, dampft diese ein, löst den verbleibenden Rückstand zusammen mit dem Niederschlage in Wasser auf und versetzt mit verdünnter Essigsäure bis zur deutlich sauren Reaktion.

Das Aminooxythiopyrimidin scheidet sich darauf in feinen, farblosen Nadeln aus, deren Gewichtsmenge bei Anwendung der obigen Menge Schwefelharnstoff 25—27 g beträgt.

In heißem Wasser ist der Körper beträchtlich löslich und scheidet sich beim langsamen Erkalten fast vollständig in langen Nadeln wieder aus.

[1] Ber. d. d. chem. Ges. **34**, 2550.
[2] Arch. f. exp. Patholog. u. Pharmak. **44**, 319.
[3] Berliner klin. Wochenschr. 1903, Nr. 44.
[4] Über Theocin als Diuretikum: Minkowski, Therapie d. Gegenw. 1902, Nr. 11; Theocin, ein neues Diuretikum: C. Doering. Münch. med. Wochenschr. 1903, Nr. 9; Über die diuretische Wirkung des Theocins: J. Meinerts, Therapeut. Monatsh. 1903, Nr. 2; Über die diuretische Wirkung des Theocins: H. Kramer, Münch. med. Wochenschr. 1903, Nr. 13; Bemerkungen über die Wirkung des Theocins: Herm. Schlesinger, Therapie d. Gegenw. 1903, Nr. 3 und zahlreiche andere.

Alkohol löst ihn auch in der Siedehitze nur wenig, ebenso Eisessig. Noch weniger ist er in Äther und Benzol löslich.

0.1868 g gaben 0.2031 CO_2 und 0.0724 H_2O.

0.1216 „   „   26.9 ccm Stickgas bei 13° und 768 mm Druck.

0.1962 „   „   0.2898 SO_4Ba.

Berechnet für $C_4H_5N_3OS + H_2O$:	Gefunden:
C 29.81	29.65
H 4.34	4.36
N 26.08	25.92
S 19.89	20.25

Das Kristallwasser entweicht bei etwa 160°.

2.2217 g verloren 0.2533 g an Gewicht.

Berechnet für 1 Mol. H_2O:	Gefunden:
H_2O 11.18	11.40

0.1189 g gaben 0.1467 CO_2 und 0.0401 H_2O.

0.1596 g, bei 160°. getrocknet, gaben 41.2 ccm Stickgas bei 17° und 753 mm Druck.

Berechnet für $C_4H_5N_3OS$:	Gefunden:
C 33.5	33.65
H 3.53	3.78
N 29.43	29.66

Der Körper zeigt saure und basische Eigenschaften, indem er sowohl von Säuren wie Alkalien aufgenommen wird. Seine Lösung in 25-prozentiger Salzsäure gesteht bald zu einem Brei feiner Nadeln des Chlorhydrates, in dessen wässeriger Auflösung durch Platinchlorid ein gelbes Doppelsalz gefällt wird.

Von etwa 10-prozentigem Ammoniak wird das Aminothiouracil ebenfalls leicht aufgenommen. In einer solchen Lösung entsteht durch Zusatz von Kupfersulfat ein blauer, amorpher Niederschlag, während beim Versetzen mit Silbernitratlösung eine kristallinische Fällung sich bildet, die beim Erwärmen sich nicht schwärzt.

Ebensowenig wird alkalische Bleilösung bei kurzem Kochen mit dem Aminothiouracil gefärbt.

Zur Überführung in das Isonitrosoderivat setzt man den Körper in sehr feiner Verteilung der Einwirkung der salpetrigen Säure bei gewöhnlicher, oder doch nur sehr wenig erhöhter Temperatur aus, da anderen Falles leicht ein Teil des Präparates von der salpetrigen Säure nicht angegriffen wird oder bei zu hoher Temperatur durch die salpetrige Säure Nebenreaktionen bewirkt werden.

Gewöhnlich wurde folgendes Verfahren eingeschlagen:

Man löst 20 g des Aminothiouracils in einem halben Liter Wasser, das etwa 5.5 g Natriumhydroxyd enthält, fügt dazu 10 g Natriumnitrit und darauf 18 g Eisessig.

Es scheidet sich zunächst das Aminothiouracil als sehr feiner Niederschlag wieder aus, auf den nun die allmählich frei werdende salpetrige Säure einwirkt. Er färbt sich dadurch zuerst gelblich, schließlich braun und nach Verlauf einiger Stunden ist die Umsetzung beendet.

Da der Niederschlag sich nur schwer absaugen läßt und zudem die freie Isonitrosoverbindung von Schwefelammonium wegen ihrer Schwerlöslichkeit nur ziemlich schwierig angegriffen wird, so führt man sie zweckmäßig gleich in das Ammoniumsalz über.

Man bringt zu diesem Zwecke den noch in der Mutterlauge verteilten Isonitrosokörper durch Zusatz von Natronlauge in Lösung und fällt durch Hinzufügen einer hinreichenden Menge von Chlorammonium das Ammoniumsalz aus.

Dieses bildet glänzende, braune Nädelchen, die sich leicht absaugen lassen und nach dem Auswaschen mit Wasser, Alkohol und Äther und nachherigem Trocknen zur Weiterverarbeitung genügend rein sind.

Man gewinnt etwa 18 g des Salzes aus 20 g Aminothiouracil.

Durch Zusatz von Mineralsäuren zu dem Ammoniumsalze erhält man wieder den freien Isonitrosokörper, der weder in heißem Wasser, noch in Eisessig, Benzol oder ähnlichen organischen Lösungsmitteln erheblich löslich ist.

Für die Analyse wurde er in heißem Ammoniak gelöst, durch Salzsäure aus dieser Lösung wieder gefällt und diese Operation mehrere Male wiederholt.

0.1643 g gaben 0.1633 CO_2 und 0.0382 H_2O.

0.1440 „ „ 38.4 ccm Stickgas bei 16° und 761 mm Druck.

0.1556 „ „ 0.2011 SO_4Ba.

0.2509 „ „ 0.3239 SO_4Ba.

Berechnet für $C_4H_4N_4O_2S + \frac{1}{2} H_2O$:	Gefunden:
C 26.49	27.11
H 2.79	2.61
N 31.00	31.12
S 17.67	17.75 17.70

In Alkalien löst sich die Isonitrosoverbindung unter Salzbildung auf; die Salze scheiden sich nach kurzer Zeit kristallinisch ab, sofern die Lösung nicht zu verdünnt ist. Das Kaliumsalz bildet bronzefarbige Nädelchen, das Natriumsalz rote, glänzende, lange Nadeln.

Das schon erwähnte braune Ammoniumsalz ist schwerer löslich als diese beiden Alkalisalze; aus seiner wässerigen heißen Lösung kristallisiert auf Zusatz von Calciumchlorid beim Erkalten das braun gefärbte Kalksalz des Isonitrosokörpers aus.

Das Silbersalz fällt als flockiger, brauner Niederschlag beim Versetzen der Lösung des Ammoniaksalzes mit Silbernitrat.

(4.5)-Diamino-(6)-oxy-(2)-thio-pyrimidin; (4.5)-Diamino-
(2)-thio-uracil, $C_4H_6N_4OS$.

Zur Reduktion trägt man das Ammoniumsalz des Isonitrosokörpers in nicht zu großen Anteilen in kochende, etwa 5-prozentige Ammoniumsulfidlösung ein, wobei sofort Auflösung erfolgt. Erst nachdem ein größerer Teil des Schwefelammoniums zur Reduktion verbraucht ist, beginnt die Abscheidung des Schwefels.

Man fährt mit dem Eintragen des Isonitrosokörpers so lange fort, als noch in der Flüssigkeit oder in den beim Kochen sich entwickelnden Dämpfen Schwefelwasserstoff nachweisbar ist, bezw. man fügt nach Bedarf frisches Schwefelammonium in kleinen Portionen hinzu. Nach Beendigung der Reduktion soll jedenfalls keine irgend erhebliche Menge Schwefelwasserstoff in der Flüssigkeit vorhanden sein.

Man trennt die dunkle, ammoniakalische Lösung, welche das Diaminothiouracil enthält, möglichst rasch vom ausgeschiedenen Schwefel und säuert sie mit Ameisensäure nicht zu stark an, wodurch das in Wasser schwer lösliche Formiat der Base ausgefällt wird. Setzt man zu viel, namentlich konzentrierte Ameisensäure zu, so gehen erhebliche Mengen des Formiates wieder in Lösung. Die Ausbeute beträgt 17 g Formiat bei Anwendung von 20 g Ammoniumsalz des Isonitrosokörpers.

Zur Gewinnung des freien Diaminothiouracils wird dessen, wie oben beschrieben, bei dem Reduktionsprozesse gewonnene ammoniakalische Lösung eingedampft. In dem Maße die Flüssigkeit hierdurch ärmer an Ammoniak wird, scheidet sich das Diamin in gelblichbraunen Prismen ab. In Wasser ist die Base nur schwer löslich, ebenso in Alkohol; ziemlich leicht löst sie sich in heißem Ammoniak, noch leichter in Alkalien.

Mit Säuren bildet sie fast durchweg in Wasser schwer lösliche Salze. Das Sulfat bildet haarfeine Nadeln, das Chlorhydrat kurze, dicke Prismen, das Nitrat zu Büscheln vereinigte Nadeln.

Die Base reduziert ammoniakalische Silberlösung schon in der Kälte und schwärzt alkalische Bleilösung beim Kochen.

Zur Überführung in das Monoformyldiaminothiouracil wird das nach der obigen Vorschrift gewonnene Formiat mit der 10—15fachen Menge Ameisensäure vom spez. Gew. 1.12 am Rückflußkühler gekocht. Es tritt hierbei zu keinem Zeitpunkte eine klare Auflösung ein. Man unterbricht das Erhitzen nach Verlauf von etwa 2—3 Stunden und trennt sodann den Niederschlag von der Flüssigkeit, die selbst nur wenig des Formylkörpers aufgelöst enthält und nochmals zur Überführung einer weiteren Menge Formiat in Formylkörper verwendet werden kann.

Der Niederschlag wird durch Waschen mit Wasser und später Alkohol von der anhaftenden Ameisensäure befreit und zur Reinigung in heißem Ammoniak gelöst und durch Zusatz von Ameisensäure wieder ausgefällt. Arbeitet man hierbei in sehr verdünnter Lösung und behandelt diese mit Tierkohle, so erhält man den Formylkörper in völlig farblosen, durchsichtigen Prismen, während er aus konzentrierter Lösung als dichter, kristallinischer Niederschlag gefällt wird, der schwach gelbliche Farbe besitzt. Die Ausbeute an Formylkörper aus Formiat ist beinahe quantitativ. Die umkristallisierte, an der Luft getrocknete Verbindung enthält Kristallwasser, das bei 140 bis 160° weggeht.

0.4600 g verloren 0.0395 g an Gewicht.

    Berechnet für 1 Mol. H_2O: Gefunden:

       H_2O 8.80   8.48

Analyse der getrockneten Substanz:

0.1313 g gaben 34.8 ccm Stickgas bei 19° und 753 mm Druck.

0.1111 „   „   0.1359 SO_4Ba.

    Berechnet für $C_5H_6N_4O_2S$:   Gefunden:

      N 30.10   30.22

      S 17.00   16.77

Das Formyldiaminothiouracil löst sich auch in heißem Wasser nur schwer auf, aus der Lösung beim Erkalten in farblosen Nadeln kristallisierend. Noch schwerer ist es in Alkohol, Äther, Benzol und ähnlichen Solventien löslich.

Von wässerigem Ammoniak wird es schon in der Kälte aufgenommen. Zum Unterschiede von dem freien Diaminothiouracil reduziert es ammoniakalische Silberlösung erst beim Erwärmen

Thiohypoxanthin; (6)-Oxy-(2)-thio-purin, $C_5H_4N_4OS$.

Einige Gramm des Formyldiaminothiouracils werden in der zur Bildung des Mononatriumsalzes erforderlichen Menge 8-prozentiger Natronlauge gelöst und zu der Lösung absoluter Alkohol, zunächst in kleinen Anteilen gegeben, indem man nach jedesmaligem Zusatz prüft, ob sich durch Reiben der Gefäßwände mit einem Glasstabe eine Kristallabscheidung hervorrufen läßt.

Hat einmal die Ausscheidung des Natriumsalzes in fester Form begonnen, so kann man dann den Alkohol bis zur völligen Ausfällung des Salzes rasch zusetzen.

Man gewinnt es so als fein kristallinischen, nur sehr wenig gefärbten Niederschlag, während es durch sofortigen Zusatz von viel Alkohol zuerst ölig gefällt und nach dem Erstarren des Öles in ziemlich stark gefärbten Kristallen gewonnen wird.

Das Salz wird abgesaugt, mit Alkohol und Äther gewaschen und an der Luft getrocknet. Es enthält, so dargestellt, zwei Mol. Kristallwasser.

Zur Überführung in das Natriumsalz des Thiohypoxanthins wird es fein gepulvert und in einem flachen Gefäße im Luftbade allmählich auf 250—255° erhitzt. Es entweicht hierbei zunächst das Kristallwasser und sodann das bei dem Übergange in das Purinderivat sich abspaltende Wasser, im ganzen drei Moleküle.

2.7534 g verloren 0.6036 g an Gewicht.

    Berechnet für $C_5H_5N_4O_2SNa + 2H_2O$:   Gefunden:

      3 Mol. H_2O 22.13   21.92

Das Natriumsalz der Formylverbindung backt beim Erhitzen zunächst zusammen, nimmt aber bald bedeutend an Volumen zu. Nach Beendigung der Umwandlung resultiert eine sehr spröde, von Luftblasen durchsetzte und schwach gelb gefärbte Masse.

Man bringt sie in Wasser, von welchem sie sehr leicht gelöst wird, erhitzt zum Sieden, fügt Tierkohle zu und versetzt nach dem Filtrieren mit Essigsäure. Das Thiohypoxanthin scheidet sich hierbei in gelben Nädelchen ab und zwar in einer Menge von 6—6,5 g bei Anwendung von 10 g des freien Formylkörpers.

Das Thiohypoxanthin ist in Wasser nur schwer löslich; aus einer heiß gesättigten, wässerigen Lösung scheidet es sich beim Erkalten in kleinen Kriställchen ab, die unter dem Mikroskope als breite Nadeln erscheinen.

Noch weniger als von Wasser wird es von den gewöhnlichen organischen Lösungsmitteln aufgenommen.

0.1664 g gaben 0.2171 CO_2 und 0.0395 H_2O.

0.1863 „ „ 0.2411 CO_2 „ 0.0504 H_2O.

0.0826 „ „ 23.9 ccm Stickgas bei 19° und 761 mm Druck.

0.2316 „ „ 0.3251 SO_4Ba.

Berechnet für $C_5H_4N_4OS$:	Gefunden:	
C 35.89	35.31	35.59
H 3.02	3.03	2.66
N 33.59	33.33	—
S 19.14	19.24	—

Hypoxanthin, $C_5H_4N_4O$.

Übergießt man 4 g Thiohypoxanthin mit etwa 20 ccm 25-prozentiger Salpetersäure und erwärmt gelinde, so löst es sich, ohne daß Gasentwickelung eintritt, auf und nach dem Erkalten scheidet sich eine neue Substanz aus, die noch nicht untersucht wurde.

Erhitzt man jedoch das Gemenge des Schwefelkörpers mit der 25-prozentigen Salpetersäure auf dem Wasserbade, so setzt bald eine lebhafte Reaktion ein, die von einer stürmischen Entwickelung roter Dämpfe begleitet ist. Man fährt mit dem Erhitzen fort, bis die Gasentwickelung nur noch schwach ist und verdünnt die klare, salpetersaure Lösung mit dem mehrfachen Volumen kalten Wassers, wodurch ein geringer, gelber, flockiger Niederschlag zur Abscheidung gelangt.

Das Filtrat von diesem wird mit Ammoniak übersättigt, auf dem Wasserbade eingedampft und der Rückstand mit kaltem Wasser ausgelaugt, wobei Ammoniumsulfat und Ammoniumnitrat in Lösung gehen, während das noch etwas gefärbte Hypoxanthin zurückbleibt.

Durch Umkristallisieren aus heißem Wasser erhält man es völlig weiß in kristallinischen Krusten in einer Ausbeute von 2—2,5 g aus 4 g der Schwefelverbindung.

0.1987 g gaben 0.3215 CO_2 und 0.0545 H_2O.

0.0903 „ „ 33 ccm Stickgas bei 17° und 739 mm Druck.

Berechnet für $C_5H_4N_4O$:	Gefunden:
C 44.05	44.13
H 2.97	3.08
N 41.24	41.18

Das synthetische Hypoxanthin löste sich, wie für das natürliche Produkt angegeben ist, in 70—80 Teilen kochenden Wassers. Aus der ammoniakalischen Lösung des durch Synthese gewonnenen Produktes wurde durch Silbernitrat ein gelatinöser Niederschlag gefällt, der sich auch beim Kochen mit der Mutterlauge nicht färbte.

In der salpetersauren Lösung der Verbindung entstand dagegen, wie für das Hypoxanthin charakteristisch ist, auf Zusatz von salpetersaurem Silber ein kristallinischer, aus Nädelchen bestehender Niederschlag, der sich aus kochender Salpetersäure umkristallisieren ließ.

Das synthetische Produkt konnte ferner mit Salpetersäure auf dem Wasserbade eingedampft werden, ohne daß Gasentwickelung eintrat; der Rückstand blieb auf Zusatz von Ammoniak und Alkali ungefärbt.

Schließlich wurde das synthetische Hypoxanthin nach der Vorschrift von Krüger[1]) methyliert und dabei eine, wie das Dimethylhypoxanthin Krügers bei 244—245° schmelzende und wie dieses sehr leicht in Wasser lösliche Base erhalten, die auch von Alkohol und Chloroform aufgenommen wird.

Hiernach kann die Identität des synthetischen Produktes mit dem Hypoxanthin als bewiesen gelten.

(4,6)-Diamino-(2)-thio-pyrimidin, $C_4H_6N_4S$.

Zu einer Lösung von 1,8 g Natrium in wenig absolutem Alkohol werden 6 g trockener, fein gepulverter Schwefelharnstoff und 5 g Malonitril gefügt und das Gemisch zwei Stunden lang am Rückflußkühler gekocht.

Binnen kurzem trübt sich die zuerst klare Lösung unter Abscheidung von farblosen Kristallen, die sich auf dem Boden des Gefäßes absetzen. Man trennt nach Ablauf der vorgeschriebenen Zeit die Flüssigkeit von dem Niederschlage, dampft rasch ein und nimmt den Abdampfrückstand mit Wasser auf. Zu dieser Lösung fügt man sodann den Niederschlag, der sich ebenfalls in Wasser leicht löst, und säuert die Flüssigkeit mit Essigsäure gerade an. Das Diaminothiopyrimidin scheidet sich hierauf in farblosen, feinen Nädelchen aus.

Die Ausbeuten schwanken beträchtlich, ohne daß es möglich war, den Grund dafür aufzufinden. Aus 5 g Malonitril wurden bis zu 9 g des Kondensationsproduktes gewonnen, bisweilen aber nur 6 g.

Die Verbindung löst sich sehr schwer in kaltem Wasser, sowie kaltem und auch heißem Alkohol. Von kochendem Wasser wird sie reichlich gelöst und kristallisiert beim Erkalten in farblosen Prismen wieder aus, die bei 280° noch nicht schmelzen.

Der Analyse nach enthält die so gewonnene Substanz ein halbes Mol. Kristallwasser.

0.1868 g gaben 0.2203 CO_2 und 0.0656 H_2O.

<table>
<tr><td>Berechnet für $C_4H_6N_4S + \frac{1}{2}H_2O$:</td><td>Gefunden:</td></tr>
<tr><td>C 31.94</td><td>32.16</td></tr>
<tr><td>H 4.03</td><td>3.94</td></tr>
</table>

---

[1]) Zeitschr. f physiol. Chem. **18**, 436 [1894].

Das Kristallwasser entweicht beim Erhitzen des Körpers auf 120°.

1.0476 g verloren 0.0617 g H_2O.

Berechnet für $\frac{1}{2}H_2O$:	Gefunden:
$\frac{1}{2}H_2O$ 5.99	5.89

Analyse der wasserfreien Verbindung:

0.0924 g gaben 30.9 ccm Stickgas bei 16° und 764 mm Druck.

0.2018 „ „ 0.3280 SO_4Ba.

Berechnet für $C_4H_6N_4S$:	Gefunden:
N 39.74	39.20
S 22.65	22.29

Salzsäure löst das Diaminothiopyrimidin sehr leicht unter Bildung eines Chlorhydrates auf, dessen Lösung mit Platinchlorid einen gelben, amorphen Niederschlag gibt.

Das Sulfat ist schwer löslich und kristallisiert aus einer Lösung der Base in nicht zu verdünnter Schwefelsäure in kurzer Zeit aus.

Das Diaminothiopyrimidin löst sich ferner sehr leicht schon in der Kälte in Eisessig und wird auch von Ammoniak und noch leichter von Alkalien aufgenommen.

Bringt man das Diaminothiopyrimidin mit salpetriger Säure in Berührung, so färbt es sich grün, indem es teilweise in ein Isonitrosoderivat übergeführt wird. Eine vollständige Umwandlung in den Isonitrosokörper erfolgt nur, wenn die Verbindung bei Gegenwart von viel verdünnter Essigsäure der Einwirkung der salpetrigen Säure ausgesetzt wird. Sonst bleibt immer ein mehr oder weniger großer Teil des Diaminothiopyrimidins unangegriffen und stört den weiteren Gang der Synthese, da es nur schwierig gelingt, ihn von dem beigemengten Isonitrosoderivate zu trennen.

Folgendes Verfahren liefert ein ohne weitere Reinigung brauchbares Präparat:

6 g Diaminothiopyrimidin werden mit 600 ccm Wasser übergossen, dann gerade soviel Natronlauge zugefügt, daß unter Bildung des Natriumsalzes Auflösung erfolgt und sodann 50 ccm Eisessig zugegeben. Das durch die Säure in Freiheit gesetzte Diaminothiopyrimidin bleibt bei Gegenwart der vielen freien Essigsäure gelöst. Fügt man nunmehr zu der mit Eis gekühlten Flüssigkeit eine Lösung von 5 g Natriumnitrit, so scheidet sich im Verlaufe weniger Stunden die Isonitrosoverbindung als schwerer, tiefgrüner Niederschlag ab. Die darüber stehende Flüssigkeit nimmt dabei rötliche Farbe an.

Der Isonitrosokörper, der in einer Ausbeute von 80—85 Proz. der theoretisch berechneten entsteht, läßt sich leicht absaugen: man wäscht ihn gut mit Wasser, dann mit Alkohol und Äther aus und trocknet ihn auf dem Wasserbade, worauf er zur weiteren Verarbeitung fertig ist.

In Wasser ist der Körper sehr schwer löslich, ebenso in Alkohol, Äther, Ligroïn und Benzol. In heißem Eisessig löst er sich unter Zersetzung. Auch heiße Alkalien zersetzen ihn. Kalte 25-prozentige Salzsäure löst dagegen den Körper in der Kälte unzersetzt zu einer grünen Flüssigkeit, aus welcher er auf Zusatz von Natriumacetat als undeutlich kristallinischer, grün gefärbter Niederschlag wieder ausfällt.

(4.5.6)-Triamino-(2)-thio-pyrimidin, $C_4H_7N_5S$.

Zur Reduktion übergießt man den Isonitrosokörper mit einem starken Überschusse 5—10-prozentiger Schwefelammoniumlösung, in der er sich beim Umschütteln unter Temperaturerhöhung bald auflöst. Bereits nach kurzer Zeit scheidet sich aus der braunen Flüssigkeit das Reduktionsprodukt, das (4.5.6)-Triamino-(2)-thio-pyrimidin, in gut ausgebildeten, glänzenden Kristallen aus, welche gelb gefärbt sind.

Man filtriert sie von der schwefelammoniumhaltigen Mutterlauge ab und kristallisiert sie zur Reinigung aus heißem Wasser um. Die Verarbeitung der Mutterlauge lohnt nicht, da sie nur die bei der Reduktion entstandenen Nebenprodukte aufgelöst enthält.

Aus 10 g Isonitrosokörper erhält man durchschnittlich 6 g Triaminothiopyrimidin.

0.1987 g gaben 0.2152 CO_2 und 0.0941 H_2O.

0.0666 g „ 24.1 ccm Stickgas bei 14° und 755 mm Druck.

Berechnet für $C_4H_7N_5S + \frac{1}{2}H_2O$:	Gefunden:
C 29.02	29.54
H 4.89	5.31
N 42.44	42.27

Das Triamin scheidet sich aus heißem Wasser, in dem es sich reichlich löst, beim langsamen Erhalten in dicken, prismatischen, gelblichen Kristallen ab, die häufig beträchtliche Größe besitzen. Aus heißem Alkohol kristallisiert es in dünnen Prismen.

Es löst sich sowohl in Säuren, wie in fixen Alkalien leicht auf; in Ammoniak ist es dagegen nur sehr wenig löslich. Ammoniakalische Silberlösung wird durch das Triamin sehr leicht reduziert.

Das Sulfat wie das Nitrat des Triaminothiopyrimidins bilden schwer lösliche, feine Nadeln, das Chlorhydrat kristallisiert in durchsichtigen, farblosen Tafeln. Man gewinnt diese Salze sehr einfach durch Zusammenbringen der Base mit nicht zu verdünnten wässerigen Lösungen der betreffenden Säuren.

Um die Base in das Monoformylderivat überzuführen, kocht man sie mit Ameisensäure vom spez. Gew. 1.12 (5 g Base mit 25—30 ccm Ameisensäure) am Rückflußkühler, verjagt die überschüssige Säure durch Erhitzen auf dem Wasserbade und kristallisiert den nur schwach gefärbten Rückstand aus heißem Wasser um. Der Formylkörper wird so in langen, seideglänzenden Nadeln erhalten und zwar 4 g aus 4 g Base.

Auch durch Umkristallisieren aus verdünntem Alkohol kann man ihn reinigen.

Die umkristallisierte Substanz enthält ein Mol. Kristallwasser, welches bei 140° entweicht.

0.3415 g verloren 0.0305 g.

$$\text{Berechnet für 1 Mol } H_2O: \qquad \text{Gefunden:}$$
$$H_2O \quad 8.86 \qquad\qquad\qquad 8.93$$

Die getrocknete Substanz ergab folgende Analysenwerte:

0.1250 g gaben 0.1498 CO_2 und 0.0475 H_2O.

0.1217 g „ 40.5 ccm Stickgas bei 23° und 763 mm Druck.

$$\text{Berechnet für } C_5H_7N_5OS: \qquad \text{Gefunden:}$$

C	32.43	32.64
H	3.80	4.11
N	37.83	37.66

Der Formylkörper besitzt saure Eigenschaften und löst sich in Alkalien unter Salzbildung leicht auf.

Das Natriumsalz ist hygroskopisch und kann deshalb nicht leicht rein erhalten werden, dagegen läßt sich das Kalisalz ohne Schwierigkeit in luftbeständigen Kristallen gewinnen. Man löst dazu den Formylkörper in soviel 8—10-prozentiger Kalilauge, daß auf ein Molekulargewicht des Formylkörpers ein Molekulargewicht Kaliumhydroxyd kommt, und fügt dann vorsichtig Alkohol bis zur völligen Ausfällung des Kaliumsalzes zu. Dieses enthält ein Mol. Kristallwasser und bildet derbe, farblose Kristalle, die an der Luft sich schwach rötlich färben. Aus 4 g Formylverbindung werden etwa 4½ g des Salzes gewonnen. Die wässerige Lösung gibt mit Blei- und Silbersalzen Niederschläge, die sich bei kurzem Erwärmen mit der Mutterlauge nicht sichtbar verändern.

Thioadenin; (6)-Amino-(2)-thio-purin, $C_5H_5N_5S$.

Einige Gramm des nach den obigen Angaben dargestellten Kalisalzes werden fein gepulvert im Luftbade erhitzt, indem man die Temperatur nach und nach bis auf 230° steigert.

Das Salz sintert dabei zusammen, und man tut gut, es, sobald dies eingetreten, vor dem Fortsetzen des Erhitzens von neuem zu pulvern. War das Salz während etwa 40 Minuten der Temperatur von 230° ausgesetzt, so ist die Abspaltung sowohl des Kristallwassers wie des bei der Ringschließung frei werdenden Wassers und damit die Umwandlung in das Natriumsalz des Thioadenins beendet.

2.5030 g verloren 0.3599 g an Gewicht.

$$\text{Berechnet für } C_5H_5N_5OS + H_2O: \qquad \text{Gefunden:}$$
$$2\,H_2O \quad 14.89 \qquad\qquad\qquad 14.41$$

Der nach dem Erhitzen verbleibende Rückstand, der gewöhnlich gelblichbraun gefärbt ist, löst sich sehr leicht schon in kaltem Wasser auf. Zur Gewinnung des Thioadenins erhitzt man die wässerige Lösung des Natriumsalzes zum Sieden und fügt verdünnte Schwefelsäure hinzu, bis der anfangs durch die Säure hervorgerufene Niederschlag sich bis auf wenige Flocken wieder gelöst hat; darauf versetzt man mit Tierkohle, filtriert, macht das Filtrat alkalisch und übersättigt die noch heiße Flüssigkeit mit Essigsäure. Das Thioadenin scheidet sich je nach der Verdünnung der Lösung entweder bald oder erst nach Verlauf einiger Stunden in schwach gelblichen, kristallinischen Krusten ab, die sich fest an die Gefäßwand anlegen. Die Ausbeute beträgt 2.5 g aus 5 g Kalisalz des Formyltriaminothiopyrimidins.

Das Thioadenin ist sehr schwer löslich auch in heißem Wasser und den gewöhnlichen organischen Lösungsmitteln, selbst in kochendem Eisessig. In Alkalien löst es sich leicht schon in der Kälte, in Ammoniak erst beim Erwärmen. Die ammoniakalische Lösung wird durch Silbernitrat nicht entschwefelt; ebensowenig entsteht Schwefelblei beim Erwärmen des Körpers mit alkalischer Bleilösung. Mineralsäuren lösen in der Wärme das Thioadenin auf: aus der Lösung in heißer, verdünnter Schwefelsäure scheidet es sich beim Erkalten in Gestalt des Sulfates als undeutlich kristallinischer Niederschlag aus.

Zur Reinigung wurde das Thioadenin in heißem Ammoniak gelöst und durch Essigsäure wieder abgeschieden und diese Operation wiederholt, bis das Präparat nur noch sehr schwach gefärbt war.

0.1564 g gaben 0.2065 CO_2 und 0.0463 H_2O.

0.1111 „   „   40.8 ccm Stickgas bei 16° und 756 mm Druck.

0.1189 „   „   0.1681 SO_4Ba.

Berechnet für $C_5H_5N_5S$:	Gefunden:
C 35.89	36.01
H 3.02	3.32
N 41.99	41.97
S 19.14	19.38

Adenin, $C_5H_5N_5$.

Daß das Thioadenin in Hypoxanthin übergeht, wenn man es mit Salpetersäure behandelt, wurde bereits in der Einleitung erwähnt. Nach mannigfachen Versuchen wurde schließlich im Wasserstoffhyperoxyd ein Oxydationsmittel gefunden, das sich zur Gewinnung von Adenin aus Thioadenin brauchbar erwies.

In neutraler Lösung wirkt es allerdings nur sehr langsam oxydierend, d. h. den Schwefel in Schwefelsäure überführend, ein und das Gleiche ist der Fall, wenn man das Wasserstoffhyperoxyd in alkalischer Lösung einwirken läßt. Ganz anders ist aber seine Wirkung bei Gegenwart von Säuren; hier erfolgt die Bildung der Schwefelsäure sehr rasch.

Man kann dies leicht konstatieren, wenn man das Thioadenin in schwach salzsaurer Lösung mit Wasserstoffhyperoxyd erwärmt. Da aber aus der Salzsäure beim Erhitzen mit Wasserstoffhyperoxyd sich leicht etwas Chlor entwickelt, wodurch im vorliegenden Falle Nebenreaktionen bewirkt werden können, so arbeitet man besser in schwefelsaurer Lösung.

2 g Thioadenin werden auf einem Uhrglase mit 10 ccm 20-prozentiger Schwefelsäure übergossen, dazu 20 ccm 3-prozentiges Wasserstoffhyperoxyd gegeben und das Gemisch unter zeitweiligem Umrühren auf dem Wasserbade erhitzt, wobei Auflösung erfolgt. Man dampft nunmehr, ebenfalls auf dem Wasserbade, völlig ein, fügt zum Rückstande nochmals 15 ccm Wasserstoff-

hyperoyyd, verdampft wieder und wiederholt erforderlichenfalls das Eindampfen mit einigen Kubikzentimetern des Oxydationsmittels nochmals.

Man erkennt das Ende der Reaktion daran, daß beim Aufnehmen des Abdampfrückstandes mit Wasser eine klare, aber doch nur sehr wenig getrübte Lösung erhalten wird. Dies tritt erst ein nach dem Verschwinden des schwer löslichen Schwefelkörpers.

Um . aus der stark schwefelsauren Lösung das Adenin zu gewinnen, kocht man sie mit Tierkohle auf, filtriert und versetzt nach dem Erkalten das Filtrat mit Ammoniak bis zur neutralen Reaktion. Das Adenin kristallisiert dann aus, meistens in den von Kossel beschriebenen charakteristischen langen, seideglänzenden Nadeln, welche drei Moleküle Kristallwasser enthalten.

Man erhält etwas mehr als die Hälfte vom Gewicht des angewandten Thioadenins an Adenin.

0.4503 g verloren beim Erhitzen auf 120° 0.1276 g an Gewicht.

Berechnet für $C_5H_5N_5 + 3H_2O$:   Gefunden:
$3H_2O$ 28.54   28.34

Die Analyse der getrockneten Substanz lieferte folgende Werte:

0.1681 g gaben 0.2728 CO_2 und 0.0589 H_2O.
0.0716 „   „   32.3 ccm Stickgas bei 19° und 764 mm Druck.

Berechnet für $C_5H_5N_5$:   Gefunden:
C   44.38   44.26
H   3.74   3.90
N   51.92   52.15

Als das Sulfat der synthetischen Base in etwa der hundertfachen Menge Salzsäure gelöst und zu der auf dem Wasserbade erhitzten Lösung fein gekörntes Zink gefügt wurde, trat nach einiger Zeit eine purpurrote, allmählich wieder verschwindende Färbung auf, wie dies charakteristisch ist für das natürlich vorkommende Adenin. Wurde nunmehr die farblose Lösung mit Wasser verdünnt und mit Alkali übersättigt, so färbte sie sich allmählich wieder rot, was ebenfalls vollkommen übereinstimmt mit den Beobachtungen Kossels beim natürlichen Adenin, so daß an der Natur des synthetischen Produktes ein Zweifel nicht bestehen kann.

Herrn Dr. Leo Weber, welcher mich bei den oben beschriebenen Versuchen mit großem Eifer und Geschick unterstützte, sage ich auch an dieser Stelle meinen besten Dank.

Bildungs- und
Zersetzungs-Erscheinungen bei Thioharnstoffen[1]).
Von **A. Hugershoff.**

Vor kurzem hat Kjellin[2]) gefunden, daß durch Erhitzen einiger mono-
meist halogen-substituierter Diphenylthioharnstoffe in alkoholischer Lösung
Zersetzung unter Bildung von Diphenylthioharnstoff eintritt. Die nach der
von Kjellin angegebenen Reaktion:

$$X.C_6H_4.NH.CS.NH.C_6H_5 = X.C_6H_4NH{>}CS + CS{<}NH.C_6H_5$$
$$X.C_6H_4.NH.CS.NH.C_6H_5 \quad X.C_6H_4NH \qquad\qquad NH.C_6H_5$$

gleichzeitig entstehenden disubstituierten Diphenylthioharnstoffe konnten zwar
nicht erhalten werden, es gelang jedoch, Spaltungsprodukte derselben nachzuweisen.

Einen analogen Reaktionsverlauf hatte ich vor etwa zwei Jahren in
Gemeinschaft mit Hrn. Gibson im agr.-chem. Laboratorium zu Göttingen
beim Phenyl-o-nitro-p-tolylthioharnstoff beobachtet. Die Veranlassung,
genannten Thioharnstoff zu untersuchen, gab uns die Angabe, welche Steudemann[3]) über denselben macht, der Thioharnstoff habe zwei Schmelzpunkte,
nämlich bei 143° und 169°, welche Tatsache auf Isomerie zurückführbar sein
konnte.

Die Schmelzpunktsangabe konnten wir bis auf kleine Differenzen bestätigen,
wir fanden 145° und 171°. Eine Schwefelbestimmung zeigte, daß wir den
betr. Thioharnstoff, welcher nach Steudemann aus Phenylsenföl und o-
Nitro-p-toluidin erhalten worden war, in Händen hatten.

$$C_{14}H_{13}O_2N_3S. \quad Ber. S 11.14. \quad Gef. S 10.94.$$

Um nun die Frage, ob Isomerie vorliegt oder nicht, zu entscheiden, erhitzten wir eine Probe des Thioharnstoffs bis etwas über den zweiten Schmelzpunkt. Hatte das Produkt, welches auf diese Weise entsteht, nach Analyse
und Molekulargewichtsbestimmung dieselbe Zusammensetzung und dieselbe
Molekurlargröße wie das Ausgangsprodukt, dann hätte sich unsere Vermutung
bestätigt. Dies war jedoch nicht der Fall. Erhitzt man den Phenylnitrotolylthioharnstoff vorsichtig, bis er zum zweiten Male geschmolzen ist, so bemerkt
man schon deutlich starken Geruch nach Phenylsenföl, und die geschmolzene
Masse hinterläßt beim Behandeln mit heißem Alkohol einen gelben kristallinischen
Körper, welcher bei 205° und nach Kristallisation aus Eisessig (in Alkohol

---

[1]) Vergl. Ber. d. d. chem. Ges. **36**, 1138 [1903].
[2]) Kjellin, Ber. d. d. chem. Ges. **36**, 194 [1903].
[3]) Steudemann, Ber. d. d. chem. Ges. **16**, 2336 [1883].

ist er sehr schwer löslich) bei 207° schmilzt. Die Analyse, der Schmelzpunkt und sonstige Eigenschaften zeigen an, daß Di-*o*-nitro-di-*p*-tolylthioharnstoff, welcher bereits von Steudemann[1]) aus Nitrotolylsenföl und Nitrotoluidin sowohl, wie auch aus Nitrotoluidin und Schwefelkohlenstoff erhalten worden ist, vorliegt.

$$C_{15}H_{14}O_4N_4S. \quad \text{Ber. S } 9.21, \qquad \text{N } 16.18$$
$$\text{Gef. } \text{„ } 9.09, \, 8.99, \text{ „ } 15.94.$$

Noch leichter als durch Schmelzen bildet sich der Dinitroditolylthioharnstoff aus dem Phenylnitrotolylthioharnstoff durch Kristallisation des letzteren aus Eisessig. Entgegen der Angabe von Steudemann konnten wir nicht den Phenylnitrotolylthioharnstoff aus Eisessig unverändert kristallisiert erhalten, sondern es kristallisierte zunächst stets nur Dinitroditolylthioharnstoff aus.

Auch Alkohol wirkt in geringem Grade zersetzend unter Bildung von Dinitroditolylthioharnstoff ein. Dampft man alkoholische Lösungen des Phenylnitrotolylthioharnstoffs auf dem Wasserbade ein, so bildet sich immer etwas des durch seine Schwerlöslichkeit leicht nachweisbaren Dinitroditolylthioharnstoffs.

Die soeben beschriebenen Versuche sollten damals noch auf andere, ungleichartig substituierte Thioharnstoffe übertragen werden, durch äußere Umstände wurde aber die Arbeit unterbrochen. Erst durch die Veröffentlichung des Hrn. Kjellin bin ich wieder auf dieselbe aufmerksam gemacht worden.

Durch teilweise Wiederholung obiger Versuche konnte die Richtigkeit derselben bestätigt werden, und, um ganz sicher zu gehen, habe ich den erhaltenen Dinitroditolylthioharnstoff mit dem nach Steudemann erhältlichen Thioharnstoff verglichen. Er war völlig identisch mit letzterem.

Die Mengen des beim Schmelzen oder durch Erhitzen mit Eisessig aus dem Phenylnitrotolylthioharnstoff sich direkt bildenden Dinitroditolylthioharnstoffs bleiben nach mehreren Versuchen erheblich hinter der theoretischen zurück, wie aus folgenden Versuchen hervorgeht.

Werden 5 g Phenylnitrotolylthioharnstoff mit 20 g Eisessig erhitzt, so tritt zunächst Lösung ein: nach wenigen Minuten weiteren Erhitzens erstarrt jedoch das Ganze zu einem Kristallbrei von Dinitroditolylthioharnstoff. 1.5 g desselben wurden erhalten. Durch Konzentrieren der Mutterlauge wurde ein Gemisch von Kristallen, 0.5 g, erhalten, welches zum größten Teil aus Phenylnitrotolylthioharnstoff, neben geringen Mengen Dinitroditolylthioharnstoff, bestand. Ebenso ließ sich aus der alkoholischen Mutterlauge des durch Schmelzen des Phenylnitrotolylthioharnstoffs erhaltenen Dinitroditolylthioharnstoffs unveränderter Phenylnitrotolylthioharnstoff isolieren.

Das Vorfinden von unverändertem Phenylnitrotolylthioharnstoff in den Reaktionsprodukten der beiden Versuche kann nun auf zweierlei Weise erklärt werden. Einmal kann die Reaktion unvollständig verlaufen sein, andererseits kann sich der Phenylnitrotolylthioharnstoff aus den Spaltungsprodukten — Senföl

---

[1]) Steudemann, Ber. d. d. chem. Ges. **16**, 2338 [1883].

und Amin — wieder zurückgebildet haben. Ist letztere Auffassung die richtige, dann verläuft die Reaktion auch in umgekehrter Richtung, und es müßte dann auch möglich sein, durch Einwirkung von Diphenylthioharnstoff auf Dinitroditolylthioharnstoff den gemischten Thioharnstoff zu erhalten.

Diphenylthioharnstoff und Dinitroditolylthioharnstoff wurden zu dem Zweck im molekularen Verhältnis zusammen verschmolzen und die Schmelze mit Alkohol ausgekocht. Hierbei bleibt eine gewisse Menge Dinitroditolylthioharnstoff ungelöst zurück, und aus der Mutterlauge kristallisiert beim Konzentrieren derselben langsam Phenylnitrotolylthioharnstoff aus. 0.5 g Diphenylthioharnstoff und 0.9 g Dinitroditolylthioharnstoff lieferten so 0.6 g Phenylnitrotolylthioharnstoff, und die Menge des zurückbleibenden Dinitroditolylthioharnstoffs betrug 0.2 g. Der Rest bestand aus Spaltungsprodukten.

Dieser Versuch zeigt demnach, daß die Reaktion auch Gültigkeit im umgekehrten Sinne besitzt, und läßt auf ein ähnliches Verhalten anderer Thioharnstoffe schließen. Zur Prüfung sind die Thioharnstoffe der Anilin-*o*- und -*p*-Toluidin-Reihe untersucht worden.

Di-*p*-tolylthioharnstoff und Diphenyl- bezw.
Di-*o*-tolyl-Thioharnstoff.

Beim Diphenylthioharnstoff und Di-*p*-tolylthioharnstoff einerseits sowohl wie beim Di-*o*-tolylthioharnstoff und Di-*p*-tolylthioharnstoff andererseits konnten keine gemischten Thioharnstoffe, wegen der Schwierigkeit, die Reaktionsprodukte von einander zu trennen, isoliert werden; jedoch ist eine Reaktion hierbei anzunehmen, da auch durch $1—1^{1}/_{4}$-stündiges Erhitzen der gemischten, scharf schmelzenden, aus Phenylsenföl bezw. *p*-Tolylsenföl und dem betr. Amin erhaltenen Thioharnstoffe — Phenyl-*p*-tolylthioharnstoff und *o*-Tolyl-*p*-tolylthioharnstoff — in alkoholischer Lösung auf dem Wasserbade Produkte von sehr unscharfen Schmelzpunkten erhalten wurden.

Die entsprechenden Versuche wurden wie folgt angestellt. Das molekulare Gemisch der betr. Thioharnstoffe wurde mit der 8—10-fachen Menge Alkohol, d. h. einer unzureichenden Menge Alkohol, welche nötig ist, den sehr schwer löslichen Di-*p*-tolylthioharnstoff aufzulösen, am Rückflußkühler erhitzt. Nach und nach trat Lösung ein, welche nach Verlauf von sechs Stunden in beiden Fällen eine vollständige war. Die Lösungen hatten einen nicht unangenehm süßlichen Geruch. Die nach dem Erkalten sich abscheidenden Kristalle zeigten sehr unscharfe Schmelzpunkte; auch aus der Mutterlauge ließen sich keine einheitlichen Körper abscheiden. Es wurde nun versucht, durch Zusammenschmelzen der molekularen Mengen der erwähnten Thioharnstoffe ein besseres Resultat zu erzielen, jedoch vergeblich. Die aus der alkoholischen Lösung der Schmelze sich abscheidenden Kristalle zeigten gleichfalls sehr unscharfe Schmelzpunkte.

Hiernach ist nun nicht direkt nachgewiesen, daß wirklich Reaktion zwischen den Thioharnstoffen eingetreten ist; jedoch spricht das merkwürdige Verhalten der Thioharnstoffe gegen eine unzureichende Menge Alkohol, sowie das bereits besprochene Verhalten der gemischten Thioharnstoffe beim Erhitzen ihrer alkoholischen Lösungen, wobei offenbar eine Umsetzung stattfindet, sehr dafür. Danach ist anzunehmen, daß ein Gleichgewichtszustand beim Sieden der alkoholischen Lösungen verschiedener Thioharnstoffe oder auch beim Zusammenschmelzen derselben eintritt, wie ein solcher beim Phenylnitrotolylthioharnstoff beobachtet worden ist.

Diphenylthioharnstoff und Di-o-tolylthioharnstoff.

Ganz überraschend war nun die jetzt zu beschreibende glatte Bildung von Phenyl-o-tolylthioharnstoff aus dem Diphenyl- und Di-o-tolyl-Thioharnstoff. Durch Zusammenschmelzen der letzteren und sogar schon durch $1—1^1/_2$-stündiges Erhitzen der alkoholischen Lösung tritt quantitative Umsetzung ein. Auch diese Lösung zeigte einen eigentümlich süßlichen Geruch. Aus 13 g Diphenylthioharnstoff, 15 g Di-o-tolylthioharnstoff und 100 g Alkohol erhält man leicht 26—27 g Phenyl-o-tolylthioharnstoff von scharfem Schmp. 139°. Letzterer verändert sich nicht bei mehrmaligem Umkristallisieren aus Alkohol. Eine Kohlenwasserstoffbestimmung bestätigte das Vorliegen des Thioharnstoffs.

$$C_{14}H_{14}N_2S. \quad \text{Ber. C } 69.34, \text{ H } 5.83.$$
$$\text{Gef. „ } 69.18, \text{ „ } 6.08.$$

Außerdem wurde die Identität mit auf anderem Wege erhältlichem Phenyl-o-tolylthioharnstoff durch Darstellung des später noch zu beschreibenden Disulfides und dessen Acetylderivates festgestellt.

Nach den vorstehenden Versuchen ist demnach nachgewiesen, daß die Reaktion zwischen Thioharnstoffen:

$$X.C_6H_4.NH.CS.NH.C_6H_5 \xrightarrow{\ \ } X.C_6H_4.NH{>}CS + \genfrac{}{}{0pt}{}{C_6H_5.NH}{C_6H_5.NH}{>}CS$$
$$X.C_6H_4.NH.CS.NH.C_6H_5 \xleftarrow{\ \ } X.C_6H_4.NH$$

eine umkehrbare ist, und der Verlauf derselben in der einen oder anderen Richtung je von der Natur der entsprechenden Thioharnstoffe oder richtiger deren Komponenten Senföl und Amin abhängt.

Einwirkung von Brom auf aromatische Thioharnstoffe[1].
Von **A. Hugershoff**.

In einer vorläufigen Mitteilung habe ich[2] vor einiger Zeit auf den Unterschied aufmerksam gemacht, der sich zeigt, wenn Halogene auf Thioharnstoffe in verschiedenen Lösungsmitteln einwirken. So wurde aus Phenylthioharnstoff und Brom in Chloroformlösung in glatter Reaktion ein Produkt erhalten, welches als ein Derivat des Disulfides, $C_{14}H_{14}N_4S_2$, des Phenylthioharnstoffs angesprochen wurde. Die Einwirkung von Brom auf denselben Thioharnstoff in alkoholischer Lösung verlief jedoch ganz anders. Es bildete sich hierbei das bromwasserstoffsaure Salz einer Base, welche die Zusammensetzung $C_{14}H_{11}N_4BrS$ hatte und ein Bromsubstitutionsprodukt des von Hector durch Einwirkung von Wasserstoffsuperoxyd auf Phenylthioharnstoff erhaltenen Miazthiolderivates $C_{14}H_{12}N_4S$ war.

Diese zunächst mit dem Phenylthioharnstoff vorgenommene Untersuchung wurde auch in Gemeinschaft mit Hrn. J. Peim, auf einige andere monosubstituierte Thioharnstoffe, sowie auf den *as.*-Methylphenylthioharnstoff und den *as.*-Aethylphenylthioharnstoff ausgedehnt. Außerdem wurden auch einige symmetrisch disubstituierte Thioharnstoffe auf ihr Verhalten gegen Brom in Chloroform und alkoholischer Lösung geprüft. Die entsprechenden Versuche sind unten beschrieben.

Was nun zunächst die Konstitution des durch Einwirkung von Brom auf Phenylthioharnstoff in Chloroformlösung erhaltenen Körpers betrifft, so ist als naheliegend angenommen worden, daß das Brom auf die Thioharnstoffe oxydierend unter Bildung eines Disulfides eingewirkt hat, z. B.

$$2\,C\underset{\diagdown SH}{\overset{\diagup NC_6H_5}{\underset{}{\diagup}}NH_2} + Br_2 = \left(C\underset{\diagdown S-}{\overset{\diagup NC_6H_5}{\underset{}{\diagup}}NH_2}\right)_2 + 2\,HBr.$$

Die basischen Eigenschaften, welche das Produkt im Gegensatz zu den schwach sauren Eigenschaften der Thioharnstoffe hatte, sowie Molekulargewichts-Bestimmungen, welche ausgeführt wurden, schienen diese Annahme zu bestätigen.

Auffallend war jedoch das mit Hrn. W. Chr. König[3] untersuchte verschiedenartige Verhalten des Acetyldiphenylthioharnstoffs in Chloroform-

---

[1] Vergl. Ber. d. d. chem. Ges. **36**, 3121 [1903].

[2] Ber. d. d. chem. Ges. **34**, 3130 [1901].

[3] Ber. d. d. chem. Ges. **34**, 3136 [1901].

lösung Brom gegenüber, wobei ein Körper erhalten wurde, welcher beim Behandeln mit Natronlauge oder schwefliger Säure in ein Produkt von der Formel $C_{15}H_{14}O_2N_2S$ überging. Nach Analyse und Molekulargewichts-Bestimmungen schien folgender Reaktionsverlauf eingetreten zu sein:

$$HS.C\!\!<^{N.C_6H_5}_{N<^{CO.CH_3}_{C_6H_5}} + 2\,Br_2 = HBr + Br_2S:C\!\!<^{NBr.C_6H_5}_{N<^{CO.CH_3}_{C_6H_5}}$$

$$Br_2S:C\!\!<^{NBr.C_6H_5}_{N<^{CO.CH_3}_{C_6H_5}} + 3\,H_2O = (HO)_2S:C\!\!<^{NH.C_6H_5}_{N<^{CO.CH_3}_{C_6H_5}} + 2\,HBr + HOBr$$

$$(HO)_2S:C\!\!<^{NH.C_6H_5}_{N<^{CO.CH_3}_{C_6H_5}} \longrightarrow OS:C\!\!<^{NH.C_6H_5}_{N<^{CO.CH_3}_{C_6H_5}} + H_2O.$$

Ferner sprach die außerordentlich große Beständigkeit der für Disulfide gehaltenen Verbindungen gegenüber Alkalien und Säuren gegen die aufgestellte Konstitution. Es gelang auch nicht, durch Reduktion dieser Körper, wie bei anderen Disulfiden, wieder zu den Thioharnstoffen oder deren Zersetzungsprodukten zu gelangen. Selbst die stärksten Reduktionsmittel, wie Zinn und Salzsäure, Natriumamalgam etc., ließen die Körper unverändert.

Erneute Untersuchungen, welche auch mit einigen symmetrisch disubstituierten Thioharnstoffen durchgeführt wurden, ergaben nunmehr, daß die Konstitution der aus Phenylthioharnstoff und Acetyldiphenylthioharnstoff erhaltenen Körper eine andere als die ihnen zugeschriebene ist.

Es zeigte sich zunächst, daß kein quantitativer Reaktionsverlauf statt hatte, wenn ein Molekül Brom auf zwei Moleküle des Thioharnstoffs einwirkte, was der Fall sein sollte, wenn sich ein Disulfid gebildet hätte. Sowohl bei Versuchen, welche mit Phenylthioharnstoff als auch mit Diphenylthioharnstoff angestellt wurden, konnte das Ausgangsmaterial im Reaktionsprodukt in beträchtlicher Menge unverändert nachgewiesen werden. Erst die Einwirkung von einem Molekül Brom auf ein Molekül Phenylthioharnstoff ließ in glatter Reaktion das bromwasserstoffsaure Salz der für ein Disulfid gehaltenen Base entstehen.

Bei einiger Überlegung, wie in diesem Falle die Reaktion verlaufen könnte, wurde ich auf das von A. W. v. Hofmann[1]) beschriebene sogenannte Amidosenföl aufmerksam. Dieses entsteht nach dem genannten Forscher aus dem Phenylsenföl durch Einwirkung von Phosphorpentachlorid und Behandlung des so gewonnenen sogenannten Chlorphenylsenföls mit alkoholischem Ammoniak nach folgendem Reaktionsverlauf:

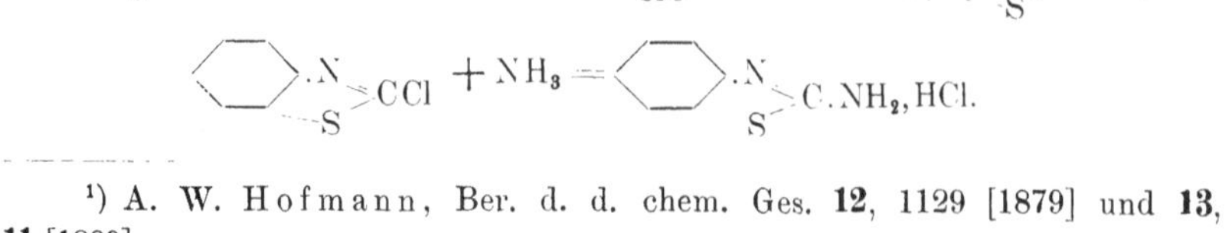

$$\bigcirc\!\cdot\!N\!\!>_S^{}\!C + PCl_5 = PCl_3 + \bigcirc\!\cdot\!N_{ClS}\!\!>CCl \longrightarrow \bigcirc\!\cdot\!N_{S}\!\!>CCl + HCl$$

$$\bigcirc\!\cdot\!N_{S}\!\!>CCl + NH_3 = \bigcirc\!\cdot\!N_{S}\!\!>C.NH_2,HCl.$$

---

[1]) A. W. Hofmann, Ber. d. d. chem. Ges. **12**, 1129 [1879] und **13**, 11 [1880].

Die so entstehenden Körper

$$\langle\ \rangle.\overset{N}{\underset{S}{}}\!\!>\!CCl \quad \text{und} \quad \langle\ \rangle.\overset{N}{\underset{S}{}}\!\!>\!C.NH_2,$$

welchen der Atomkomplex: $\overset{C-N}{\underset{C-S}{}}\!\!>\!C.$ gemeinsam ist, hat Hantzsch mit dem Namen „Thiazole" belegt. In der Folge werde ich mich dieser Ausdrucksweise bedienen.

Das nach obiger Reaktion dargestellte Amidobenzothiazol hat nun nach der Beschreibung, die ihm A. W. v. Hofmann gibt, dieselben Eigenschaften, Kristallform etc. wie das aus dem Phenylthioharnstoff und Brom erhaltene Produkt. Zum Vergleich wurde der Hofmannsche Körper dargestellt, und es zeigte sich hierbei, daß dieser mit jenem vollkommen identisch ist.

Ebenso konnte nachgewiesen werden, daß das nach A. W. v. Hofmann aus dem Chlorbenzothiazol und Anilin

$$\langle\ \rangle.\overset{N}{\underset{S}{}}\!\!>\!CCl + NH_2.C_6H_5 = \langle\ \rangle.\overset{N}{\underset{S}{}}\!\!>\!C.NH.C_6H_5 + HCl,$$

erhältliche Anilidobenzothiazol, welches auch nach Jacobson und Frankenbacher[2]) aus Phenylsenföl und Azobenzol dargestellt werden kann, mit dem Reaktionsprodukt von Brom auf Diphenylthioharnstoff identisch ist.

Das Anilidobenzothiazol liefert ein Acetylderivat, welches schon von Jacobson und Frankenbacher[1]) beschrieben worden ist. Dieses ist identisch mit dem aus dem Bromprodukt des Acetyldiphenylthioharnstoffs und schwefliger Säure von König und mir erhaltenen Körper.

Die Einwirkung von Brom auf die Thioharnstoffe läßt sich danach wie folgt formulieren:

$$\text{I.} \quad \langle\ \rangle.\overset{NH}{\underset{S}{}}\!\!>\!C.NH_2 + Br_2 = \langle\ \rangle.\overset{NH}{\underset{BrS}{}}\!\!>\!C\!<\!^{Br}_{NH_2}$$

$$\rightarrow \left\{ \begin{array}{c} \langle\ \rangle.\overset{N}{\underset{S}{}}\!\!>\!C.NH_2,\ HBr \\ \text{oder} \\ \langle\ \rangle.\overset{NH}{\underset{S}{}}\!\!>\!C\!:\!NH,\ HBr \end{array} \right\} + HBr.$$

$$\text{II.} \quad \langle\ \rangle.\overset{N(CH_3)}{\underset{S}{}}\!\!>\!C.NH_2 + Br_2 = \langle\ \rangle.\overset{N(CH_3)}{\underset{BrS}{}}\!\!>\!C\!<\!^{Br}_{NH_2}$$

$$\rightarrow \langle\ \rangle.\overset{N(CH_3)}{\underset{S}{}}\!\!>\!C\!:\!NH,\ HBr + HBr.$$

---

[1]) P. Jacobson und A. Frankenbacher, Ber. d. d. chem. Ges. 24, 1410 [1891].

III. $\langle\ \rangle\!\cdot\!\dfrac{NH}{S}\!\!>\!C.NH.C_6H_5 + Br_2 = \langle\ \rangle\!\cdot\!\dfrac{NH}{BrS}\!>\!C\!<\!\dfrac{Br}{NH.C_6H_5}$

$$\longrightarrow \left\{ \begin{array}{c} \langle\ \rangle\!\cdot\!\dfrac{N}{S}\!\!>\!C.NH.C_6H_5 \\[4pt] \text{oder} \\[4pt] \langle\ \rangle\!\cdot\!\dfrac{NH}{S}\!>\!C\!:\!N.C_6H_5 \end{array} \right\} + 2\,HBr.$$

IV. $\langle\ \rangle\!\cdot\!\dfrac{N(COCH_3)}{S}\!\!>\!C.NH.C_6H_5$

$\qquad + Br_2 = \langle\ \rangle\!\cdot\!\dfrac{N(COCH_3)}{BrS}\!>\!C\!<\!\dfrac{Br}{NH.C_6H_5}$

$\qquad\qquad \longrightarrow \langle\ \rangle\!\cdot\!\dfrac{N(COCH_3)}{S}\!>\!C\!:\!N.C_6H_5 + 2\,HBr.$

Hierbei ist angenommen, daß das Brom zunächst addierend auf die Thioharnstoffe einwirkt, wie es A. W. v. Hofmann bei der Reaktion von Phosphorpentachlorid auf Phenylsenföl angenommen hat, und daß dann erst die Thiazolbildung eintritt.

Über die Konstitution der Thiazole.

Für die Thiazole lassen sich nun, wie aus den Gleichungen hervorgeht, zwei Konstitutionsformeln ableiten. Neben der von Hofmann für das Amidobenzothiazol und das Anilidobenzothiazol angeführten Formeln:

$$C_6H_4\!\!\underset{S}{\overset{N}{\diamondsuit}}\!\!C.NH_2 \quad\text{und}\quad C_6H_4\!\!\underset{S}{\overset{N}{\diamondsuit}}\!\!C.NH.C_6H_5,$$

welche sich aus der Darstellung derselben aus dem Chlorbenzothiazol ergeben, haben auch noch die folgenden Formeln:

$$C_6H_4\!\!\underset{S}{\overset{NH}{\diamondsuit}}\!\!C\!:\!NH \quad\text{und}\quad C_6H_4\!\!\underset{S}{\overset{NH}{\diamondsuit}}\!\!C\!:\!N.C_6H_5$$

ihre Berechtigung. Für das Methylamidobenzothiazol,

$$C_6H_4\!\!\underset{S}{\overset{N(CH_3)}{\diamondsuit}}\!\!C\!:\!NH$$

ist schon eine Konfiguration, wie sie Hofmann gibt, nicht möglich. Außerdem kann man aus dem Verhalten von Jodmethyl gegen Amidobenzothiazol, wobei dasselbe Methylamidobenzothiazol entsteht wie aus dem as-Methylphenylthioharnstoff, annehmen, daß auch Amidobenzothiazol nach der anderen Formel:

$$C_6H_4\!\!\underset{S}{\overset{NH}{\diamondsuit}}\!\!C\!:\!NH + JCH_3 - C_6H_4\!\!\underset{S}{\overset{N.CH_3}{\diamondsuit}}\!\!C\!:\!NH + HJ$$

reagiert hat.

Nach dem oben mitgeteilten Verhalten der Thioharnstoffe gegen Brom reagieren dieselben, einerlei, ob mono-, di- oder tri-substituierte Thioharnstoffe vorliegen, in Chloroformlösung in glatter Weise unter Bildung von Thiazolderivaten. Es zeigt sich auch hier die große Tendenz des Schwefels, in o-Stellung zur Amidogruppe in den Benzolkern einzugreifen, auf die schon Jacobson, welcher auf anderen Wegen zu Thiazolderivaten[1]) gelangt ist, aufmerksam gemacht hat.

Erinnert sei an die Bildung der letzteren aus den aromatischen Thiacetamiden oder Thiourethanen durch rotes Blutlaugensalz, sowie aus Phenylsenföl oder Schwefelkohlenstoff und Azobenzol, und aus Phenylsenföl und Schwefel.

Während nun die Thiacetamide leicht mit einer alkalischen Lösung von Kaliumferricyanat unter Bildung von Thiazolen reagieren, gelang es Jacobson auf diesem Wege nicht, ein entsprechendes Thiazol aus dem Diphenylthioharnstoff zu erhalten.

Auch mit Brom in alkoholischer Lösung reagiert der Diphenylthioharnstoff in anderer Weise wie in Chloroform-Lösung. Otto[2]), welcher zuerst die Einwirkung von Brom auf diesen Thioharnstoff untersucht hat, gibt an, bromsubstituierte Harnstoffe unter Abspaltung von Schwefel erhalten zu haben. Die Bildung von Harnstoffderivaten ist mir nun nicht gelungen nachzuweisen, und es mag dieses seinen Grund darin haben, daß ich vielleicht mit geringeren Mengen von Brom wie Otto arbeitete und die Bromierung in absolut-alkolischer Lösung vornahm. Bei meinen Versuchen entstand unter Schwefelabscheidung neben anderen Zersetzungsprodukten das von Hector aus Diphenylthioharnstoff und Wasserstoffsuperoxyd erhaltene Miazthiolderivat. Daneben scheint auch in geringem Grade die Bildung des betreffenden Thiazols stattgefunden zu haben. Eine Bromsubstitution ist danach nicht eingetreten, sondern es hat das Brom oxydierend gewirkt.

Bei der Einwirkung von Brom auf Di-o-tolylthioharnstoff beobachtete ich wie Otto keine Schwefelabscheidung. Unter den Reaktionsprodukten konnte jedoch kein Miazthiolderivat erhalten werden; dagegen hatte sich, neben großen Mengen einer Schmiere, welche nicht weiter untersucht wurde, auch das betreffende Thiazol gebildet.

Auf Di-p-tolylthioharnstoff in alkoholischer Lösung wirkt Brom in analoger Weise wie auf Diphenylthioharnstoff ein. Es entstanden als Hauptprodukt das Miazthiolderivat und als Nebenprodukt das betreffende Thiazol, daneben aber auch Schmieren, wenn auch in geringerem Grade als beim Di-o-tolylthioharnstoff.

---

[1]) P. Jacobson, Ber. d. d. chem. Ges. **19**, 1067, 1811 [1886]; **20**, 1895 [1887]; **21**, 2624 [1888]; **22**, 904 [1889]; Jacobson und Frankenbacher, Ber. d. d. chem. Ges. **24**, 1400 [1891]; Jacobson und Klein, Ber. d. d. chem. Ges. **26**, 2363 [1893].

[2]) W. Otto, Ber. d. d. chem. Ges. **2**, 410 [1869].

Experimenteller Teil.

Bromprodukt des Phenylamidobenzothiazols.

20 g Diphenylthioharnstoff werden eingetragen in 100 g Chloroform und hierzu 48 g Brom, verdünnt mit 50 g Chloroform, hinzugesetzt. Es tritt sofort starke Erwärmung ein, und es löst sich zunächst alles zu einer dunkelroten Flüssigkeit auf, welche fortwährend Bromwasserstoff abgibt. Zur Beendigung der Bromwasserstoff-Entwickelung erwärmt man etwa eine halbe Stunde auf dem Wasserbade und läßt, um die schon in der Wärme eingetretene Abscheidung von Kristallen zu vermehren, erkalten. Der so erhaltene Körper besteht aus Nadeln, die eine ziegelrote Farbe haben. Beim Liegen an der Luft verändert er sich, es geht nach kurzer Zeit ein Teil des Broms fort, und die Kristalle zerfallen in ein orangegelbes Kristallpulver. Die Ausbeute kommt derjenigen der Theorie sehr nahe. Schmp. 136°. Die Analyse zeigt folgende Zusammensetzung an: $C_{13}H_{10}N_2SBr_4$.

0.1015 g Sbst.: 0.1393 g AgBr. — 0.2237 g Sbst.: 0.0978 g SO_4Ba.

$C_{13}H_{10}N_2SBr_4$.   Ber. Br 58.61, S 5.86.

Gef.   „ 58.39, „ 6.00.

Dieser Körper ist sehr beständig und hält sich lange Zeit, in geschlossenen Gefäßen aufbewahrt, ohne sich zu verändern. Mit schwefliger Säure oder Bisulfitlauge übergossen, entsteht ein Salz des Phenylamidobenzothioazols. Beim Behandeln mit Wasser oder besser mit verdünnter Natronlauge tritt unter Abscheidung von Bromwasserstoff Substitution von Brom in den Kern ein, und es bildet sich ein Dibromsubstitutionsprodukt des Phenylamidobenzothiazols. Derselbe Körper entsteht auch, wenn das Bromprodukt aus Alkohol umkristallisiert wird.

Phenylamido-benzothiazol.

Aus dem Bromprodukt entsteht dieses Thiazol, wenn dasselbe mit schwefliger Säure oder Bisulfitlauge ordentlich durchgerührt wird. Es bildet sich hierbei zunächst unter Entfärbung eine schmierige Masse, welche beim Verdünnen mit etwas Wasser nach einigen Stunden bröckelig wird und sich zerreiben läßt. Die so resultierende Masse stellt ein Salz des Thiazols dar. Durch Erhitzen desselben mit Natronlauge erhält man die freie Base, welche sich mit Wasser gut auswaschen läßt. Noch leichter erhält man die Base, wenn man direkt vom Diphenylthioharnstoff ausgeht. 4.5 g Diphenylthioharnstoff, in ca. 50 g Chloroform gelöst, werden mit 3.2 g Brom — ein Molekül auf ein Molekül — versetzt. Die auf den ersten Zusatz von Brom entstehende Fällung löst sich, sobald alles Brom eingetragen ist, zu einer goldgelben Flüssigkeit auf, und eine Bromwasserstoff-Entwickelung setzt ein. Nach etwa $\frac{1}{2}$-stündigem Erwärmen auf dem Wasserbade wird das Chloroform abdestilliert und der schmierige Rückstand, wenn nötig mit etwas Bisulfit entfärbt, sogleich mit Natronlauge behandelt. Es empfiehlt sich, vor dem Absaugen der Base dieselbe tüchtig zu verreiben und dann etwa 1 Stunde lang mit Natronlauge auf dem Wasserbade zu erwärmen. Man erhält so 4.2 g der Base, welche nach Kristallisation aus Alkohol den von v. Hofmann, sowie von Jacobson und Frankenbacher angegebenen Schmp. 159° und dieselbe Kristallform hat.

0.1702 g Sbst.: 0.4330 g CO$_2$, 0.0693 g H$_2$O. — 0.1513 g Sbst.: 0.1562 g SO$_4$Ba.

$$C_{13}H_{10}N_2S. \quad \text{Ber. C } 69.03, \text{ H } 4.42, \text{ S } 14.16.$$
$$\text{Gef. } \text{„ } 68.96, \text{ „ } 4.52, \text{ „ } 14.18.$$

Molekulargewichtsbestimmung:
0.248 g Sbst. gaben, in 30 g Benzol gelöst, eine Depression von 0.16°.
$$\text{Ber. M } 226. \quad \text{Gef. M } 253.$$

In den gebräuchlichen organischen Lösungsmitteln löst sich der Körper auf. Mit Salzsäure auf dem Wasserbade abgedampft, hinterbleibt eine chlorwasserstoffhaltige, glasige Masse, welche bei wiederholtem Abdampfen mit Alkohol sämtliche Salzsäure wieder verliert und die freie Base zurückläßt. Ein beständiges salzsaures Salz konnte daher nicht erhalten werden. Der Schwefel läßt sich wie bei allen Thiazolen durch Erhitzen der alkoholischen Lösung des Körpers mit alkalischer Bleilösung oder Quecksilberoxyd nicht entfernen.

Acetylderivat des Phenylamido-benzothiazols.

Dieser Körper ist bereits von Jacobson und Frankenbacher erhalten worden. Beim Erwärmen von Phenylamidobenzothiazol mit der gleichen Menge Essigsäureanhydrid im Wasserbade löst sich dasselbe zunächst auf, bald darauf scheidet sich aber das Acetylderivat ab. Dieses schmilzt bei 162—163°, und der Schmelzpunkt wird auch durch mehrfaches Umkristallisieren aus Alkohol nicht verändert. Kurze Stäbchen aus Alkohol. Der Körper ist unlöslich in verdünnten Säuren, Wasser und Natronlauge, löslich in Schwefelkohlenstoff, Eisessig, konzentrierter Salzsäure und konzentrierter Schwefelsäure in der Kälte, Benzol, Chloroform und in heißem Alkohol, schwer löslich in Äther, Ligroïn und kaltem Alkohol.

0.2002 g Sbst.: 0.1746 g SO$_4$Ba.
$$C_{15}H_{12}ON_2S. \quad \text{Ber. S } 11.94. \quad \text{Gef. S } 11.97.$$

Dasselbe Acetylderivat entsteht nun auch aus dem Acetyldiphenylthioharnstoff und Brom. Dem zunächst entstehenden Bromprodukt kommt jetzt die Zusammensetzung $C_{15}H_{15}ON_2SBr_3$ zu, anstatt wie früher angegeben $C_{15}H_{13}ON_2SBr_3$. Die Analysen berechnen sich dann wie folgt:

$$C_{15}H_{15}ON_2SBr_3. \quad \text{Ber. S } 6.29, \text{ Br } 47.24.$$
$$\text{Gef. } \text{„ } 6.10, \text{ „ } 47.24.$$

Aus diesem Bromprodukt wurde durch Natronlauge oder durch schweflige Säure das Acetylderivat abgeschieden. Es hat sich nun gezeigt, daß beim Gebrauch von Natronlauge sich nebenbei etwas von dem bei 165° schmelzenden Monobromsubstitutionsprodukt bildet, was bei Anwendung von schwefliger Säure nicht der Fall ist. Andererseits entsteht bei dem durch Einwirkung von

Wasser auf das Bromprodukt erhaltenen Bromsubstitutionsprodukt nebenbei eine geringe Menge des bromfreien Acetylderivates. Da nun das Acetylderivat sowohl wie das Monobromsubstitutionsprodukt gegen Lösungsmittel ein nahezu gleiches Verhalten zeigen und daher sich äußerst schwer durch Kristallisation von einander trennen lassen, so ist dieses der Grund, weshalb die Analysen nicht stimmten. Das aus dem Bromprodukt und schwefliger Säure erhaltene Acetylderivat gibt bessere analytische Zahlen.

$$0.1496 \text{ g Sbst.}: 0.3690 \text{ g } CO_2, \ 0.0565 \text{ g } H_2O.$$

$$C_{15}H_{12}ON_2S. \quad \text{Ber. C } 67.16. \text{ H } 4.47.$$
$$\text{Gef. } \text{„ } 67.27, \text{ „ } 4.19.$$

Dibromsubstitutionsprodukt des Phenylamido-benzothiazols.

Wie schon erwähnt, bildet sich dieser Körper aus dem Bromprodukt des Phenylamidobenzothiazols. Werden 3 g desselben mit 20 g 10-prozentiger Natronlauge übergossen, so ist in der Kälte so gut wie keine Reaktion zu bemerken; beim Erwärmen auf dem Wasserbade tritt jedoch nach wenigen Minuten Entfärbung ein, und es resultiert ein graues Pulver (2.5 g). Durch mehrfache Kristallisation aus Eisessig und zuletzt aus Chloroform erhält man 1.2 g eines sehr lockeren, voluminösen, weißen Pulvers, welches bei 195° schmilzt und aus mikroskopisch kleinen Nädelchen besteht.

$$C_{13}H_8N_2S Br_2. \quad \text{Ber. Br. } 41.67, \text{ S } 8.33.$$
$$\text{Gef. } \text{„ } 41.74, \text{ „ } 8.68.$$

$$o\text{-Tolylamido-}o\text{-toluthiazol}, \quad \left\langle \ \right\rangle \begin{array}{c} -N \\[-2pt] -S \end{array} \!\!\! \begin{array}{c} CH_3 \\[6pt] C.NH.C_6H_4.CH_3. \end{array}$$

Übergießt man Di-o-tolylthioharnstoff in Chloroform-Lösung mit Brom, so treten genau dieselben Erscheinungen auf wie beim Diphenylthioharnstoff. Bei einem Überschuß von Brom scheiden sich unter Bromwasserstoff-Entwickelung rote Kristalle aus, welche nach kurzem Liegen an der Luft etwas Brom verlieren und eine gelbe Farbe annehmen. Trägt man dieses Bromprodukt in schweflige Säure ein, so verschwindet die Farbe, und durch Natronlauge läßt sich dann das Thiazol gewinnen. Aus der Chloroform-Mutterlauge läßt sich noch ein großer Teil durch Abdestillieren des Lösungsmittels etc. erhalten. Die Ausbeute kommt der theoretischen sehr nahe.

Das o-Tolylamido-o-toluthiazol kristallisiert aus Alkohol in kurzen, dicken Prismen und schmilzt bei 136—137°.

Es löst sich in den gebräuchlichen, organischen Lösungsmitteln und ist unlöslich in Wasser und Natronlauge.

Mit Salzsäure liefert die alkoholische Lösung des Körpers ein in Nadeln sich abscheidendes Salz, welches bei 245—248° schmilzt. In kaltem Wasser ist es unlöslich und wird von heißem Wasser unter Abspaltung von Salzsäure zersetzt. Auch ein bromwasserstoffsaures Salz bildet das Thiazol.

$$C_{15}H_{14}N_2S. \quad \text{Ber. S } 12.59, \text{ N } 11.02.$$
$$\text{Gef. ,, } 12.53, \text{ ,, } 11.16.$$

Molekulargewichtsbestimmung: 0.3502 g Sbst. gaben, in 30 g Benzol gelöst, eine Depression von 0.215^0.

$$\text{Ber. M } 254. \quad \text{Gef. M } 265.$$

Mit Essigsäureanhydrid bildet es ein Acetylderivat, welches schon bei 77^0 schmilzt, und auch aus dem nun zu beschreibenden Bromprodukt aus Brom und Acetyldi-o-tolylthioharnstoff zu erhalten ist.

Brom und Acetyldi-o-tolylthioharnstoff.

Werden 19 g Acetyldi-o-tolylthioharnstoff, gelöst in 65 g Chloroform, mit 44 g Brom, gelöst in 130 g Chloroform, übergossen, so tritt eine lebhafte Reaktion ein, und unter Bromwasserstoff-Entwickelung scheiden sich aus der zuerst braunroten Lösung schöne, ziegelrote Kristalle ab. Beim Liegen an der Luft verlieren diese einen Teil des addierten Broms und verwandeln sich in ein gelbes Kristallpulver vom Schmp. 141^0 unter Zersetzung. Erhalten wurden 29.5 g desselben. Die Mutterlauge enthält jedoch noch von dem Bromprodukt, welches am besten durch Abdestillieren des Chloroforms und Behandeln des Rückstandes mit schwefliger Säure in Form des Thiazols ge-wonnen werden kann.

$$0.2430 \text{ g Sbst} : 0.0904 \text{ g SO}_4\text{Ba}. \quad — \quad 0.1096 \text{ g Sbst.}: 0.1331 \text{ g Ag Br}.$$
$$C_{17}H_{16}ON_2SBr_4. \quad \text{Ber. Br } 51.94, \text{ S } 5.19.$$
$$\text{Gef. ,, } 51.68, \text{ ,, } 5.11.$$

Merkwürdig ist, wie die Analyse zeigt, daß dieses Bromprodukt 4 Atome Brom, während dasjenige des Acetyldiphenylthioharnstoffs nur 3 Atome Brom im Molekül enthält.

Wird dieses Bromprodukt mit schwefliger Säure übergossen, so wird die Masse teigig und entfärbt sich nach und nach. Nach eintägigem Stehen wird sie bröcklig und läßt sich gut verreiben und mit Wasser auswaschen. Erhalten wurden 4.5 g aus 10 g˙ des Bromproduktes. Beim Lösen dieses Rohproduktes in möglichst wenig heißem Alkohol und längerem Stehenlassen scheiden sich große, derbe Kristalle aus, die krustenartig sich am Boden des Gefäßes festsetzen. Der Schmp. 77^0 und das äußere Aussehen zeigen, daß dieser Körper identisch ist mit dem durch Acetylieren des o-Tolylamido-o-toluthiazols erhaltenen Acetylderivate.

p-Tolylamido-p-toluthiazol, $CH_3.C_6H_3 {<}^{N}_{S}{>} C.NH.C_6H_4.CH_3$.

Das Bromprodukt dieser Verbindung scheidet sich unter lebhafter Brom-wasserstoff- und großer Wärme-Entwickelung in großen, roten, prismatischen Kristallen ab, wenn der Thioharnstoff, in Chloroform suspendiert, mit einem Überschuß von Brom behandelt wird. An der Luft zerfallen die roten Kristalle unter Abgabe von Brom zu einem orangegelben Pulver. Wird dieses mit Bisulfitlauge übergossen, so wird das addierte Brom entfernt, und aus dem Rückstand läßt sich mit Natronlauge die Base abscheiden. Das p-Tolylamido-p-toluthiazol kristallisiert aus Alkohol in langen, dünnen, asbestähnlichen Härchen, welche bei 162° schmelzen.

$$C_{15}H_{14}N_2S.\quad \text{Ber. S } 12.59,\ N\ 1102.$$
$$\text{Gef. } „\ 12.69,\ „\ 10.66.$$

Die Substanz löst sich in Chloroform, Schwefelkohlenstoff, Äther, Eisessig und auch etwas in Ligroïn. Beim Eindampfen mit Salzsäure entsteht eine glasige Masse, welche leicht in Alkohol löslich ist, und aus der Lösung scheidet sich beim Konzentrieren die freie Base wieder ab. Ein kristallisiertes Salz konnte nicht erhalten werden.

Acetylderivat. Beim Erwärmen der soeben beschriebenen Verbindung mit der gleichen Menge Essigsäure-Anhydrid tritt Lösung ein, und beim Erkalten erstarrt diese zu einem Kristallbrei des Acetylderivates. Durch Umkristallisieren aus Alkohol erhält man kurze Stäbchen vom Schmp. 158°.

$$0.1030 \text{ g Sbst.}: 0.0827 \text{ g } SO_4Ba.$$
$$C_{17}H_{16}ON_2S.\quad \text{Ber. S } 10.81.\quad \text{Gef. S } 11.02.$$

Dieses Acetylderivat löst sich in Schwefelkohlenstoff, Benzol und Chloroform leicht, schwer in Äther, Ligroïn und kaltem Alkohol, unlöslich ist es in verdünnten Säuren, Wasser und Natronlauge.

Brom und Diphenylthioharnstoff in alkoholischer Lösung.
(3.5)-Diphenylimino-(4.2)-Diphenyl-Tetrahydro-(1.2.4)-Thiodiazol.

15 g Diphenylthioharnstoff wurden in 225 g Alkohol in der Wärme gelöst und hierzu allmählich soviel Brom hinzugefügt, bis eine bleibende Gelbfärbung sich bemerkbar macht; 16 g Brom waren erforderlich. Die Reaktion verläuft sehr stürmisch, und es scheidet sich gleich beim ersten Bromzusatz, wie bereits Otto bemerkt hat, Schwefel milchförmig ab. Wenn alles Brom eingetragen ist, schüttelt man kräftig um. Der Schwefel ballt sich hierbei zusammen, und man kann die Flüssigkeit davon abgießen. Letztere wurde mit der 4—5-fachen Menge Wasser verdünnt und darauf mit Ammoniak alkalisch gemacht. Es entsteht zuerst eine schmierige Fällung, welche nach mehrstündigem Stehen hart wird und sich dann gut verreiben und auswaschen läßt. Es empfiehlt sich nicht, die so erhaltene Masse aus Alkohol umzukristallisieren, denn die Kristalle zeigen in diesem Falle noch einen sehr unscharfen Schmelzpunkt, welcher erst bei mehrfacher Kristallisation aus Alkohol konstant wird. Ferner hinterließ die Mutterlauge der ersten Kristallabscheidung beim Abdestillieren des Alkohols eine Schmiere, mit der nicht viel anzufangen war. Die Bestimmung der Ausbeute an dem Hauptreaktionsprodukt war daher nicht gut durchzuführen. Folgendes Verfahren war zweckmäßiger: Die nach dem Trocknen an der Luft erhaltene Masse wird mit Äther behandelt. Hierbei tritt scheinbar zunächst Lösung ein, jedoch fast momentan scheidet sich ein weißes, kristallinisches Pulver ab, welches nach dem Umkristallisieren aus Alkohol, in welchem es ziemlich schwer löslich ist, bei 135—136° schmilzt. Erhalten wurden 8 g desselben. Die ätherische Lösung wurde verdampft und hinterließ bei nochmaliger Behandlung mit Äther noch einen Rückstand, welcher

z. T. bei 130° und z. T. bei 155—165° schmolz. Die Mutterlauge der letzten Abscheidung lieferte beim Abdestillieren des Äthers eine Schmiere, welche beim Behandeln mit kaltem Alkohol noch 1.1 g des bei 135—136° schmelzenden Körpers ungelöst zurückließ.

Dieser bei 135—136° schmelzende Körper ist das von Hector[1] beschriebene Miazthiolderivat. Hector hat denselben aus Diphenylthioharnstoff und Wasserstoffsuperoxyd erhalten und gibt als Schmp. 131° an. Um nun zu konstatieren, daß der durch Oxydation des Diphenylthioharnstoffs mittels Wasserstoffsuperoxyd erhaltene mit dem durch Einwirkung von Brom gewonnenen Körper identisch ist, wurde derselbe nach der von Hector angegebenen Methode dargestellt und nach Kristallisation aus Alkohol der Schmelzpunkt genommen. Derselbe lag ebenfalls bei 135—136°. Eine Kohlenwasserstoff- und eine Schwefel-Bestimmung bestätigen weiter das Vorliegen des Hectorschen Miazthiolderivates.

0.1270 g Sbst.: 0.3461 g CO_2, 0.0596 g H_2O. — 0.1598 g Sbst.: 0.0890 g SO_4Ba.

$$C_{26}H_{20}N_4S. \quad \text{Ber. C } 74.21, \text{ H } 4.80, \text{ S } 7.62.$$
$$\text{Gef. } „ \ 74.32, „ \ 5.21, „ \ 7.65.$$

Die Substanz löst sich ziemlich schwer in Alkohol, ist fast unlöslich in Äther und Ligroin, löst sich aber schon in der Kälte sehr leicht in Eisessig und in Benzol.

Die z. T. bei 130° und die z. T. bei 155—165° schmelzende Abscheidung scheint ein Gemisch des Miazthiols und des betr. Thiazols zu sein. Durch Behandlung desselben mit Alkohol ließen sich nämlich Kristalle erhalten, welche annähernd den Schmelzpunkt und das Aussehen des Phenylamidobenzothiazols hatten.

Brom und Di-*o*-tolylthioharnstoff in alkoholischer Lösung.

Zu 15 g Di-*o*-tolylthioharnstoff, gelöst in 200 g absolutem Alkohol, wurden in der Wärme 15 g Brom allmählich hinzugegeben. Es trat unter heftiger Reaktion eine nur ganz geringe Trübung ein. Beim Abkühlen schieden sich 4.1 g eines bromwasserstoffsauren Salzes in Nadeln ab. Durch Natronlauge wurde aus demselben eine Base abgeschieden, welche nach dem Umkristallisieren aus Alkohol den Schmp. 136—137° und die Kristallform des *o*-Tolylamido-*o*-toluthiazols hatte.

0.2220 g Sbst.: 0.2026 g SO_4Ba.

$$C_{15}H_{14}N_2S. \quad \text{Ber. S } 12.59. \quad \text{Gef. S } 12.53.$$

Die Mutterlauge des bromwasserstoffsauren Salzes gab mit der 4—5-fachen Menge verdünnten Ammoniaks eine zähe Fällung, welche nach dem Trocknen an der Luft mit Äther angerührt wurde, wobei der größte Teil in Lösung ging. Zurück blieb eine sehr geringe Menge eines in Alkohol schwer löslichen und daraus in langen, feinen Härchen kristallisierenden Körpers. Dieser schmolz sehr unscharf bei 238—242°. Die Menge desselben war jedoch zur

---

[1] Hector, Ber. d. d. chem. Ges. **23**, 357 [1890].

Analyse zu gering. Die ätherische Lösung hinterließ beim Abdestillieren des Lösungsmittels eine Schmiere, mit welcher nicht viel anzufangen war.

Brom und Di-*p*-tolylthioharnstoff in alkoholischer Lösung.
(3.5)-Di-*p*-tolylimino-(4.2)-Di-*p*-tolyl-Tetrahydro-(1.2.4)-Thiodiazol.

Beim Eintragen von 15 g Brom in eine Lösung von 15 g Di-*p*-tolylthioharnstoff in 250 g absolutem Alkohol in der Wärme traten dieselben Erscheinungen auf wie beim Diphenylthioharnstoff. Nachdem vom abgeschiedenen Schwefel abgegossen worden war, wurde die Lösung in ammoniakalisches Wasser eingegossen. Die sich bald zusammenballende, schmierige Masse wurde nach mehrstündigem Stehen fest und ließ sich dann gut verreiben. An der Luft getrocknet, wurde das Produkt mit Äther erwärmt. Ebenso wie beim Diphenylthioharnstoff trat auch hier zunächst Lösung ein, welche aber sofort einen weißen, kristallinischen Körper fallen ließ. Die Menge desselben betrug 8.8 g, und der Schmelzpunkt lag nach dem Umkristallisieren aus Alkohol, in welchem der Körper schwer löslich war, bei 139°.

$$0.2450 \text{ g Sbst.}: 0.1132 \text{ g SO}_4\text{Ba.}$$
$$\text{C}_{30}\text{H}_{28}\text{N}_4\text{S. Ber. S 6.72. Gef. S 6.40.}$$

Dieser Körper zeigt gegen Lösungsmittel dasselbe Verhalten wie das aus dem Diphenylthioharnstoff gewonnene Miazthiolderivat; in Alkohol ist er schwer löslich, in Ligroin und Äther fast unlöslich; in Benzol und Eisessig löst er sich schon in der Kälte sehr leicht.

Es liegt demnach ein Miazthiolderivat vor.

Die ätherische Mutterlauge wurde durch Abdestillieren vom Äther befreit und der erhaltene schmierige Rückstand mit wenig Äther verrieben. Hierbei blieben 2.2 g des Miazthiolderivates zurück.

Von dem Äther wurde, außer der Schmiere, noch eine Substanz aufgenommen, welche beim Verdunsten des Äthers und Aufnehmen des Rückstandes mit wenig Alkohol zurückblieb. Es waren 0.5 g. Beim Umkristallisieren dieses Körpers aus Alkohol wurden lange, asbestähnliche, dünne Härchen vom Schmp. 158° erhalten. Nach dem Aussehen und den sonstigen Eigenschaften war derselbe das *p*-Tolylamido-*p*-toluthiazol, welches bei der Einwirkung von Brom auf Di-*p*-tolylthioharnstoff in Chloroform-Lösung als Hauptprodukt entsteht.

Über die Identität der Thiocarbizine mit den Thiazolen[1].
Von **A. Hugershoff**.

Ähnlich wie bei der Einwirkung von Halogen auf Thioharnstoffe, die, wie in der vorstehenden Abhandlung gezeigt, zur Bildung von Benzothiazolen führt, läßt sich erwarten, daß auch die Thioharnstoffe der Hydrazine in analoger Weise mit Halogen reagieren. Aus Letzteren hätte man dann als Reaktionsprodukte Substanzen zu erwarten, welche anstatt eines Fünfringes einen Sechsring an den Benzolrest gekettet enthalten. So könnte z. B. aus dem Phenylthiosemicarbazid folgender Körper

$$\text{NH} \quad \text{NH} \quad \text{C:NH} \quad \text{S}$$

entstehen.

Im Begriff, entsprechende Versuche, über welche später berichtet werden soll, anzustellen, fiel mir bei der Beschreibung des von E. Fischer und Besthorn[2] dargestellten Phenylthiosemicarbazids dessen Verhalten gegen Salzsäure auf. Beim längeren Erhitzen von Phenylthiosemicarbazid mit 20-prozentiger Salzsäure auf 125—130° entsteht nach Angabe der erwähnten Autoren unter Ammoniak-Abspaltung eine Base, welche Phenylthiocarbizin genannt wurde.

Die Beschreibung, welche Fischer und Besthorn von dieser Base liefern, zeigt nun mit dem von Peim und mir aus Phenylthioharnstoff und Brom dargestellten Amidobenzothiazol eine so große Ähnlichkeit, daß man an eine Identität mit letzterem und folglich auch mit dem Hofmannschen Körper denken mußte.

Um hierin eine Entscheidung zu treffen, habe ich Phenylthiocarbizin dargestellt und mit dem nach der Hofmannschen Methode[3] sowohl, wie mit dem aus Phenylthioharnstoff erhaltenen Amidobenzothiazol verglichen.

Schon durch das äußere Aussehen, Kristallform, Löslichkeit etc. waren die so verschieden dargestellten Körper nicht zu unterscheiden. Den von

---

[1] Vgl. Ber. d. d. chem. Ges. **36**, 3134 [1903].

[2] E. Fischer und E. Besthorn, Ann. d. Chem. **212**, 326.

[3] A. W. Hofmann, Ber. d. d. chem. Ges **12**, 1126 [1879].

Fischer und Besthorn angegebenen Schmp. 129° haben auch die beiden anderen Körper, und der Schmelzpunkt ändert sich nicht, wenn die Substanz mit den beiden anderen vermischt wird.

Fischer und Besthorn erwähnen als charakteristische Reaktion die Einwirkung von unterchlorigsaurem Calcium oder Alkali, wobei eine blauviolette Fällung entsteht. Fromm[1]) gibt dieselbe Reaktion für den Hofmannschen Körper an, und auch der aus Phenylthioharnstoff erhaltene zeigt diese Reaktion.

Ebenso deckt sich die Beschreibung der salzsauren Salze und Platinchloriddoppelsalze mit einander.

Durch Einwirkung von Jodmethyl auf Phenylthiocarbizin haben Fischer und Besthorn ein Methylderivat vom Schmp. 123° erhalten. Auch das Amidobenzothiazol geht nach derselben Methode in ein Produkt von demselben Aussehen und Schmelzpunkt über. Beide sind identisch mit dem aus *as.*-Methylphenylthioharnstoff und Brom erhaltenen Reaktionsprodukt.

Das von Fischer und Besthorn beschriebene Bromsubstitutionsprodukt des Phenylthiocarbizins schmilzt bei 210°. Durch Eintragen des Bromadditionsproduktes des Amidobenzothiazols in Wasser konnte von Peim und mir ein Bromsubstitutionsprodukt vom Schmp. 209—211° erhalten werden.

Schließlich seien noch das Acetyl- und Benzoyl-Derivat des Amidobenzothiazols beschrieben, welche gleiche Schmelzpunkte haben wie die entsprechenden Derivate des Phenylthiocarbizins.

Acetylderivat. Amidobenzothiazol löst sich in der Wärme in der gleichen Menge Essigsäureanhydrid auf. Beim Erkalten erstarrt das Ganze zu einem Kristallbrei. Das aus Alkohol umkristallisierte Acetylderivat schmilzt bei 186—187°.

0.1410 g Sbst.: 0.1690 g SO$_4$Ba.

$C_9H_8ON_2S$. Ber. S. 16.66. Gef. S 16.46.

Als Eigentümlichkeit sei noch angegeben, daß sich das Acetylderivat im Gegensatz zu seinem Ausgangsprodukt in verdünnter Natronlauge löst und daraus durch verdünnte Säuren unverändert wieder abgeschieden wird.

Beim Erhitzen mit starkem Alkali wird die Acetylgruppe abgespalten unter Rückbildung von Amidobenzothiazol.

Verhalten von Amidobenzothiazol gegen Benzoësäureanhydrid.

Benzoësäureanhydrid reagiert mit Amidobenzothiazol beim Erwärmen im Wasserbade zunächst unter Bildung eines Additionsproduktes, $C_{21}H_{16}O_3N_2S$.

0.1106 g Sbst.: 0.067 g SO$_4$Ba.

$C_{24}H_{16}O_3N_2S$. Ber. S. 8.51. Gef. S 8.32.

Dieses schmilzt bei 156° und ist gegen kalten Alkohol beständig und darin schwer löslich. Beim Umkristallisieren aus Alkohol tritt Abspaltung von Benzoësäure ein, und es kristallisiert das Benzoylderivat in prismatischen

---

[1]) E. Fromm, Ann. d. Chem. 275, 48.

Kristallen aus, welches, wie das von Fischer und Besthorn mittels Benzoylchlorids aus dem Phenylthiocarbizin erhaltene, bei 186° schmilzt.

0.1605 g Sbst.: 0.3891 g CO_2, 0.0542 g H_2O.

$C_{14}H_{10}ON_2S$. Ber. C 66.14, H 3.93.
Gef. „ 66.12, „ 3.75.

Beim Eindampfen einer alkoholischen Lösung der Benzoylverbindung
mit einem Überschuß von Benzoësäure und Auswaschen des Rückstandes mit
kaltem Alkohol bildet sich das bei 156° schmelzende Additionsprodukt wieder
zurück.

Nach dem soeben erwähnten gleichartigen Verhalten des Phenylthiocarbizins und des Amidobenzothiazols ist wohl an der Identität der beiden
Verbindungen nicht mehr zu zweifeln.

Da nun Hofmann die Konstitution der Thiazole durch Spaltung derselben mittels schmelzenden Alkalis in o-Amidothiophenol und umgekehrt
durch Synthese aus Letzterem einwandsfrei nachgewiesen hat, so gilt dieser
Beweis auch für die Thiocarbizine.

Die Formel $C_6H_5.N{<}{\overset{NH}{\underset{CS}{\cdot}}}$, welche Fischer und Besthorn dem Phenylthiocarbizin gaben, ist nun schon von Harries und Loewenstein[1] ab-
geändert worden. Auf Grund des Verhaltens des Phenylthiocarbizins und des
Methylphenylthiocarbizins gegen schmelzende Alkalien, wobei o-Amidothiophenol und o-Methylamidothiophenol bezw. deren Disulfide erhalten wurden,
erteilten Harries und Loewenstein denselben die Konstitutionsformel:

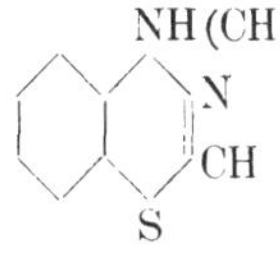

$$\text{NH(CH}_3\text{)}$$

Nach dieser Formel läßt sich jedoch die Bildung des Amidobenzothiazols
aus dem Hofmannschen Chlorbenzothiazol

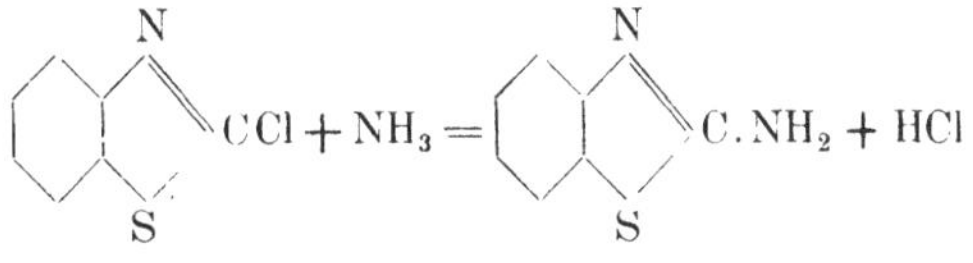

nicht erklären. Man muß daher annehmen, daß bei der Einwirkung von Salzsäure auf das Phenylthiosemicarbazid ein Stickstoffatom des Hydrazinrestes
als Ammoniak ausscheidet:

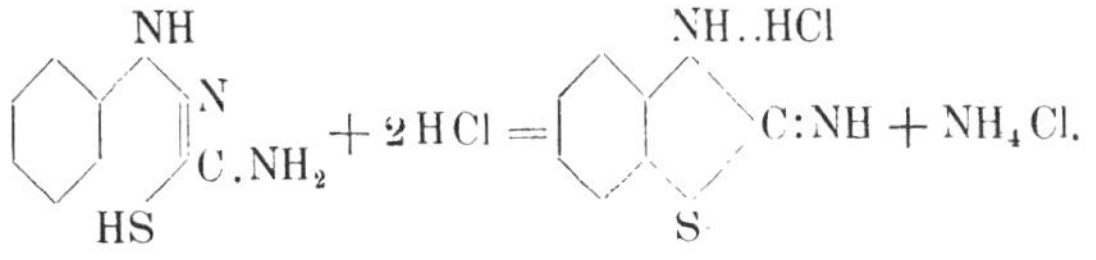

[1] Harries und Loewenstein, Ber. d. d. chem. Ges. 27, 862 [1894].

Ein Analogon zu dieser merkwürdigen Reaktion bietet die Fischersche Indolsynthese aus einigen Hydrazinderivaten[1]), z. B.:

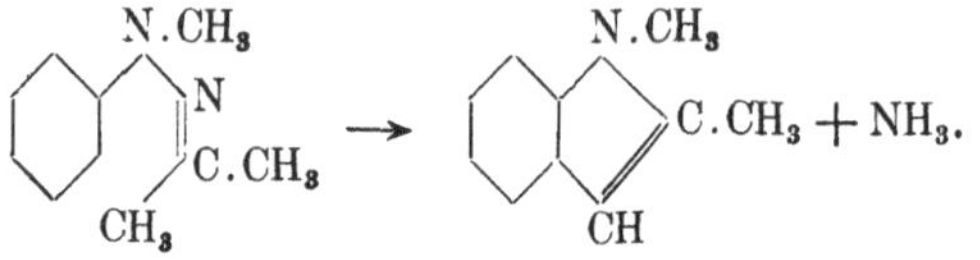

Fischer hat hierbei nachgewiesen, daß das mit dem Methankohlenstoffatom verbundene Stickstoffatom des Hydrazinrestes als Ammoniak austritt.

Eine derartige Erklärung des Reaktionsverlaufes stößt jedoch auf Schwierigkeiten, wenn man die Bildung des Methylphenylthiocarbizins aus Diphenyldimethylthiosemicarbazid:

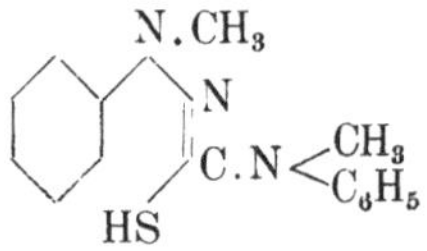

in Betracht zieht. Harries und Loewenstein[2]), welche dieses Carbizin aus dem erwähnten Thiosemicarbazid durch Einwirkung von Salzsäure erhielten, geben an, daß die Reaktion quantitativ verläuft. Sie konnten Methylanilin beinahe in der berechneten Menge erhalten.

Eine Abspaltung von Methylanilin, welche zur Formel

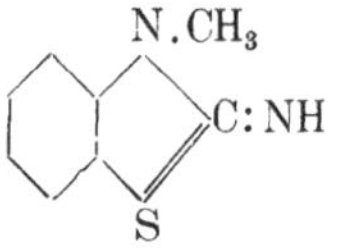

führt, kann aber nur zu Stande kommen, wenn zunächst eine Atomverschiebung statt hat. Am einfachsten läßt sich die Reaktion auf folgende Weise:

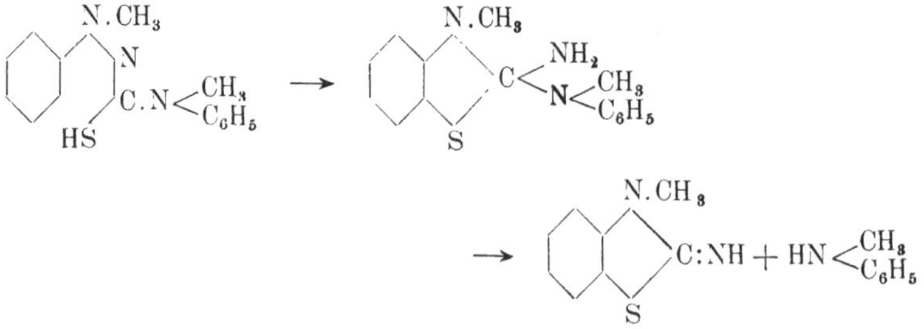

erklären.

Analog kann man dann auch die Bildung aller anderen Benzothiazole, z. B. die des Amidobenzothiazols:

---

[1]) E. Fischer und Hess, Ber. d. d. chem. Ges. **17**, 559 [1884]; E. Fischer, Ber. d. d. chem. Ges. **19**, 1563 [1886]; E. Fischer, Ann. d. Chem. **236**, 116.

[2]) Harries und Loewenstein, Ber. d. d. chem. Ges. **27**, 864 [1894].

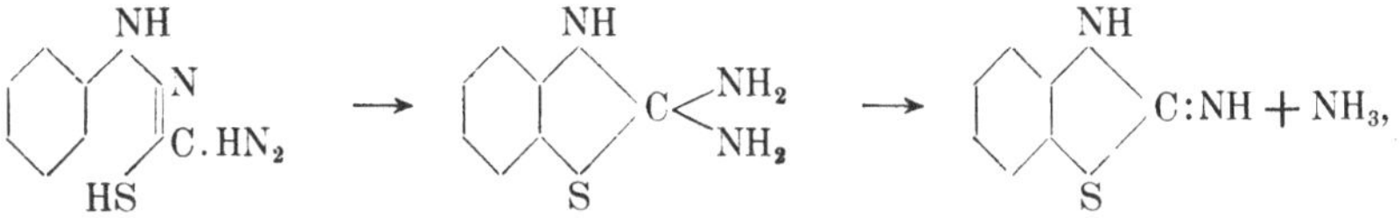

sowohl wie diejenige der Indole, z. B.

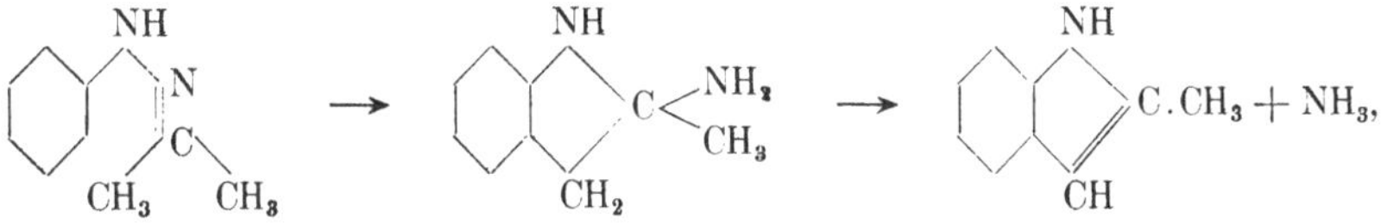

auffassen.

Über die Richtung der Wasserabspaltung
aus hochmolekularen sekundären Alkoholen [1].
Von **H. Thoms** und **C. Mannich.**

Anläßlich einer Arbeit über die Ketone des ätherischen Rautenöles [2],
das Nonylmethylketon und das von dem einen von uns [3] aufgefundene Heptylmethylketon, wurden Darstellung, Eigenschaften und Reaktionen der zu-
gehörigen sekundären Alkohole näher untersucht. Über die Ergebnisse dieser
Arbeit soll in folgendem berichtet werden:

Das Nonylmethylcarbinol ist bereits von Giesecke [4] durch Reduktion
aus dem Nonylmethylketon dargestellt worden. Er gibt an, daß die Reduktion
„äußerst schwierig" ist, so daß er den Alkohol nur durch wochenlanges
Schütteln mit Natriumbisulfit von unverändertem Keton befreien konnte. Nach
dem unten angegebenen Verfahren verläuft indessen die Reaktion sehr glatt,
so daß man das Nonylmethylcarbinol leicht in einer Ausbeute bis zu 75 Proz.
der Theorie erhält. Nach derselben Methode konnte mit gleich gutem Erfolge
aus dem Heptylmethylketon das Heptylmethylcarbinol gewonnen werden.

Bei der Reduktion sowohl des Heptylmethylketons, wie des Nonylmethylketons entstehen hochsiedende Öle, die bei der Destillation mit Wasserdämpfen
im Rückstande verbleiben. Diese Produkte sind nicht einheitlich. Wegen
des geringen Sauerstoffgehaltes können sie nur zum kleinsten Teil aus dem
zu erwartenden Pinakon $C_{22}H_{46}O_2$ bestehen. Wahrscheinlich wirkt das Natriumalkoholat kondensierend auf die Ketone ein, so daß — unter Zusammentritt
von 2 oder 3 Molekülen — Körper entstehen, die dem von Markownikoff
und Zuboff beschriebenen Di- und Tri-Caprylalkohol [5] an die Seite zu stellen
sind. —

Am Nonylmethylcarbinol und Heptylmethylcarbinol wurde nun zu ermitteln
versucht, in welcher Richtung eine Wasserabspaltung aus diesen Alkoholen
vor sich geht. Theoretisch sind dafür zwei Möglichkeiten vorhanden:

1. $CH_3.CH.(OH).CH_2.C_8H_{17} = CH_2:CH.CH_2.C_8H_{17} + H_2O$
2. $CH_3.CH.(OH).CH_2.C_8H_{17} = CH_3.CH:CH.C_8H_{17} + H_2O$.

---

[1] Vgl. Ber. d. d. chem. Ges. **36**, 2544 [1903].
[2] C. Mannich, Ber. d. d. chem. Ges. **35**, 2144 [1902].
[3] H. Thoms, Ber. d. d. pharm. Ges. **11**, 3 [1901].
[4] Giesecke, Zeitschr. für Chem. **1870**, 428.
[5] Ber. d. d. chem. Ges. **34**, 3246 [1901].

Man war bisher darüber im Unklaren, welche der zwei angeführten Gleichungen bei hochmolekularen sekundären Alkoholen den hauptsächlichen Verlauf der Reaktion wiedergibt. So sind denn auch im „Beilstein" die wenigen Olefine, die bisher durch Wasserabspaltung aus Alkoholen erhalten wurden, entweder ohne Angabe der Konstitution angeführt, oder es findet sich der Hinweis, daß sie „vielleicht" identisch mit den normalen Olefinen seien, daß sich also die doppelte Bindung am Ende der Kette befindet. Dieser Auffassung kann auf Grund unserer am Nonylmethylcarbinol und Heptylmethylcarbinol gemachten Erfahrungen widersprochen werden. Die doppelte Bindung tritt fast ausschließlich zwischen das zweite und dritte Kohlenstoffatom der Kette.

Als wasserabspaltendes Mittel benutzt man zweckmäßig 60-prozentige Schwefelsäure. Kocht man z. B. Nonylmethylcarbinol 8 Stunden lang mit der 5-fachen Menge 60-prozentiger Schwefelsäure, so erhält man in einer Ausbeute von 70—80 Proz. der Theorie einen Kohlenwasserstoff der Formel $C_{11}H_{22}$. Nebenher entsteht in kleinerer Menge der dem Nonylmethylcarbinol entsprechende Äther der Zusammensetzung $C_{22}H_{46}O$. Äther sekundärer Alkohole von auch nur annähernd so großem Molekül sind übrigens bisher nicht bekannt geworden.

Zur Bestimmung der Konstitution des erhaltenen Kohlenwasserstoffs $C_{11}H_{22}$ wurde dieser durch zweitägiges Schütteln mit kalter 4-prozentiger Kaliumpermanganatlösung oxydiert. Wie F. und O. Zeidler[1]) gezeigt haben, zerreißt hierbei die Kette an der Stelle der doppelten Bindung. Die aus dem Reaktionsprodukt isolierten Säuren wurden über die Chloride hinweg in die Amide verwandelt.

Je nach der Konstitution des vorliegenden Olefins waren in dem einen Fall Ameisensäure bezw. Kohlensäure und Caprinsäure, im anderen Fall Essigsäure und Pelargonsäure zu erwarten. Das nach wiederholtem Umkristallisieren rein erhaltene Amid mußte sich mithin entweder als Caprinsäure- oder Pelargonsäureamid erweisen, event. nebenher vorhandenes Acetamid wäre durch das Umkristallisieren beseitigt gewesen. Das erhaltene Säureamid schmolz bei 98—99°, wie für Pelargonsäureamid angegeben wird. Nach Zusammenmischen mit der gleichen Menge des ebenfalls bei 98° schmelzenden Caprinsäureamids schmolz die Substanz zwischen 65 und 80°. Ebenso lieferte die Analyse Zahlen, die nur auf Pelargonsäureamid bezogen werden können. Hieraus geht unzweideutig hervor, daß das durch Wasserabspaltung aus dem Nonylmethylcarbinol entstehende Olefin die Konstitution

$$CH_3.CH:CH.C_8H_{17}$$

besitzt.

Immerhin war es möglich, daß bei der Wasserabspaltung aus dem Nonylmethylcarbinol zum kleineren Teile die doppelte Bindung zwischen das erste und zweite Kohlenstoffatom der Kette tritt.

---

[1]) Ann. d. Chem. **197**, 243.

In diesem Falle mußte das soeben beschriebene (2)-Undecylen mit einem isomeren Kohlenwasserstoff der Formel $CH_2:CH.C_9H_{19}$ verunreinigt sein. Betrug der Gehalt an dieser Verunreinigung nur einige Prozent, so konnte sie sich bei der Oxydation naturgemäß nicht zu erkennen geben. An eine Trennung der beiden Kohlenwasserstoffe durch fraktionierte Destillation war nicht zu denken. Um die Anwesenheit von (1)-Undecylen zu erweisen und seine Menge event. quantitativ zu bestimmen, war es daher nötig, einen anderen Weg einzuschlagen. Dieser wurde, wie folgt, gefunden:

Das (1)-Undecylen gibt bei der Behandlung mit Brom ein Dibromid von der Formel $CH_2Br.CHBr.C_9H_{19}$, (2)-Undecylen dagegen ein Dibromid $CH_3.CHBr$ $CHBr.C_8H_{17}$. Beim Erhitzen mit Kalihydrat entsteht, wie bekannt, aus dem ersten Dibromid ein Undekin der Formel $CH:C.C_9H_{19}$. Aus dem zweiten Dibromid kann HBr in verschiedener Weise abgespalten werden, jedenfalls kann sich aber nicht dasselbe Undekin, wie aus dem isomeren Dibromid bilden. Als empfindliches Reagens auf Kohlenwasserstoffe, die eine dreifache Bindung am Ende der Kette enthalten, kennt man die ammoniakalische Silbernitrat- oder Kupferchlorür-Lösung.

Der nach dem erwähnten Verfahren erhaltene Kohlenwasserstoff $C_{11}H_{20}$ gab keinerlei Fällung mit genannten Reagenzien. A. Béhal[1]) hat nun als noch empfindlicheres Reagens auf Kohlenwasserstoffe mit dreifacher Kohlenstoffbindung am Ende der Kette die gesättigte alkoholische Silbernitratlösung erkannt. Mit diesem Reagens entstand ein weißer Niederschlag, und zwar fallen etwa 4 Proz. des Kohlenwasserstoffs aus. Scheidet man aus dem Filtrat von der Silberfällung durch Zusatz von Wasser die Hauptmenge des Kohlenwasserstoffs wieder ab, so reagiert dieser Teil dann nicht mehr mit alkoholischer Silbernitratlösung.

Durch diese Untersuchung wurde also festgestellt, daß beim Kochen von Nonylmethylcarbinol mit 60-prozentiger Schwefelsäure in geringer Menge der zum Nonylmethylcarbinol gehörende Äther $C_{22}H_{46}O$ und in einer Ausbeute von 70—80 Proz. der Theorie ein Öl von der Zusammensetzung $C_{11}H_{22}$ entsteht. Letzteres erweist sich als ein Gemisch zweier isomerer Undecylene; und zwar besteht es zu etwa 96 Proz. aus dem Kohlenwasserstoff $CH_3.CH:CH.C_8H_{17}$ und zu etwa 4 Proz. aus dem Kohlenwasserstoff $CH_2:CH.C_9H_{19}$.

Bei dem Heptylmethylcarbinol liegen die Verhältnisse ganz ähnlich. Auch hier wirkt 60-prozentige Schwefelsäure wasserabspaltend ein. Das entstandene Nonylen lieferte bei der in gleicher Weise wie beim Undecylen bewirkten Oxydation Oenanthylsäure, die ebenfalls durch das Amid charakterisiert wurde. Da die Schmelzpunkte der in Frage kommenden Amide, des Oenanthylsäureamids und des Caprylsäureamids, um $11°$ auseinander liegen, so ist hier die Unterscheidung sehr erleichtert. Das aus dem Heptylmethylcarbinol entstandene Nonylen besitzt demnach die Konstitution

$$CH_3.CH:CH.C_6H_{13}.$$

[1]) A. Béhal, Ann. de chimie et phys. [6] **15**, 429.

Ob und in welchem Maße dieser Körper mit dem isomeren (1)-Nonylen verunreinigt ist, ließ sich aus Mangel an Material nicht feststellen.

Experimenteller Teil.

Die als Ausgangsmaterial dienenden Ketone, das Nonylmethylketon und das Heptylmethylketon wurden aus deutschem Rautenöl nach dem Verfahren des einen von uns (Th.)[1] dargestellt. Aus 1 kg Öl wurden 26 g Heptylmethylketon vom Kp.$_{14}$ 82—84° gewonnen. Siedepunkt des Nonylmethylketons bei 14 mm Druck 113°.

Einige neue Derivate dieser Ketone seien hier kurz erwähnt. Das Nonylmethylketon kondensiert sich leicht mit Amidoguanidin zu einer stark alkalisch reagierenden, in feinen fettigen Schuppen vom Schmp. 79° kristallisierenden Verbindung. Die wässerige Lösung dieser Base ist auch bei großer Verdünnung noch dick und schleimig. Das Pikrat der Base schmilzt bei 148—149° Die Amidoguanidinverbindung des Heptylmethylketons schmilzt bei 66—67°, ihr Pikrat bei 154°.

Die Reduktion des Nonylmethylketons zum Nonylmethylcarbinol vollzieht sich ohne Schwierigkeiten, wenn man nach folgender Vorschrift arbeitet:

100 g Keton werden in einem Kolben von 1 l Inhalt mit 200 g Alkohol verdünnt und nach und nach 33 g metallisches Natrium eingetragen; die zur Reduktion theoretisch erforderliche Menge beträgt 28 g. Im Anfang der Reaktion ist Kühlung erforderlich, später längeres Erhitzen auf dem Wasserbade. Das nach dem Erkalten feste, braune Reaktionsprodukt wird vorsichtig mit Wasser zerlegt, die untere, das gebildete Natriumhydroxyd enthaltende Schicht beseitigt, das Öl nochmals gewaschen und dann der Destillation mit Wasserdampf unterworfen. Zweckmäßig versetzt man vorher noch mit einigen Tropfen Schwefelsäure; man vermeidet so das lästige Schäumen im Kolben. Wenn nichts mehr übergeht, wozu man etwa 4 l abdestillieren muß, sammelt man das oben schwimmende Öl, trocknet es mit geglühtem Natriumsulfat und rektifiziert es im Vakuum. Durch das Übertreiben mit Wasserdämpfen wird eine vollständige Trennung des Carbinols von den anwesenden hochsiedenden Anteilen erzielt; das nach diesem Verfahren gewonnene Carbinol ging bei der ersten Destillation fast bis zum letzten Tropfen konstant über (120° bei 14 mm Druck). Keton konnte durch 10-tägiges Schütteln mit Natriumbisulfitlösung nicht mehr nachgewiesen werden. Die Ausbeuten betrugen 63—76 g, also bis zu 75 Proz. der Theorie.

Nimmt man die Reduktion in amylalkoholischer Lösung vor, so sinkt die Menge des gebildeten Carbinols: es entstehen aber dieselben Körper.

Das Nonylmethylcarbinol ist eine farblose, optisch inaktive Flüssigkeit von schwachem, eigentümlichem, aber nicht unangenehmem Geruch, seine Konsistenz gleicht der des Glyzerins. Es ist mit den organischen Lösungs-

---

[1] Ber. d. d. pharm. Ges. **11**, 17.

mitteln mischbar, nicht aber in Wasser löslich. Das spez. Gewicht wurde bei 18° zu 0.8263 bestimmt.

Die Reduktion des Heptylmethylketons verläuft in der gleichen Weise, Siedepunkt des Carbinols 193—194°, bei 10 mm 87.5°.

Einwirkung von 60-prozentiger Schwefelsäure auf Nonylmethylcarbinol.

Nonylmethylcarbinol wird mit der 5-fachen Menge 60-prozentiger Schwefelsäure 8 Stunden lang gekocht; man isoliert dann das oben schwimmende Öl, schüttelt es mit Natriumcarbonatlösung und fraktioniert es nach dem Trocknen wiederholt im Vakuum. Es zerfällt in zwei Teile, einen größeren vom Sdp. 78.5° bei 14 mm Druck und einen kleineren vom Sdp. 198—200° bei 10 mm Druck. Die niedrigere Fraktion ist annähernd reines (2)-Undecylen und besitzt den eigentümlichen Geruch der Kohlenwasserstoffe dieser Reihe.

Analysen des (2)-Undecylens:

0.1135 g Sbst.: 0.3562 g CO_2, 0.1465 g H_2O. — 0.1640 g Sbst.: 0.5133 g CO_2, 0,2086 g H_2O.

$C_{11}H_{22}$.　　Ber. C 85.59,　　　　H 14.41.

Gef. „ 85.59, 85.36,　„ 14.47, 14.26.

Oxydation des (2)-Undecylens mit 4-prozentiger Kaliumpermanganatlösung.

Die hierbei erhaltene Säure wurde in das Chlorid und weiterhin in das Amid nach bekannten Methoden übergeführt. Der Schmelzpunkt von 98—99° und die Analyse bewiesen, daß es sich um Pelargonsäureamid handelt:

0.1267 g Sbst.: 0.3199 g CO_2, 0.1392 g H_2O.

$C_8H_{17}CONH_2$.　　Ber. C 68.69, H 12.21.

Gef. „ 68.86, „ 12.32.

Die höher siedende Fraktion bildet eine schwach gelbliche, ölige Flüssigkeit von schwachem Geruche. Sie ist der Äther, $C_{22}H_{46}O$, von der

Konstitution $\begin{matrix} CH_3 & & CH_3 \\ >CH.O.HC< & \\ C_9H_{19} & & C_9H_{19} \end{matrix}$. Eine Hydroxylgruppe ist in dem Körper

nicht enthalten, da er sich nicht acetylieren läßt.

0.1141 g Sbst.: 0.3370 g CO_2, 0.1426 g H_2O. — 0.1467 g Sbst.: 0.4339 g CO_2, 0.1833 g H_2O.

$C_{22}H_{46}O$.　　Ber. C 80.87,　　　　H 14.23.

Gef. „ 80.55, 80.67, „ 14.01, 14.01.

Bromierung des (2)-Undecylens.

Das (2)-Undecylen nimmt in Chloroformlösung unter Erwärmung glatt 2 Atome Brom auf. Das entstehende Dibromid bildet eine farblose, eigentümlich riechende Flüssigkeit vom Sdp. 145—146° (9 mm Druck).

0.1806 g Sbst.: 0.2777 g CO_2, 0.1140 g H_2O. — 0.1907 g Sbst.: 0.2273 g AgBr.

$C_{11}H_{22}Br_2$.　　Ber. C 42.02, H 7.07, Br 50.91.

Gef. „ 41.94, „ 7.08, „ 50.72.

Abspaltung von Bromwasserstoff aus dem (2)-Undecylendibromid.

Erwärmt man das Dibromid, $C_{11}H_{22}Br_2$, auf dem Wasserbade kurze Zeit mit 10-prozentiger, alkoholischer Kalilauge, so scheidet sich bald Kaliumbromid in reichlicher Menge ab. Nach beendeter Reaktion isoliert man das Öl. Es besitzt die Zusammensetzung $C_{11}H_{21}Br$ und siedet bei 20 mm zwischen 122—127°. Wahrscheinlich ist es nicht einheitlicher Natur. Um nochmals 1 Mol. Bromwasserstoff abzuspalten, mischt man das so gewonnene Monobromundecylen mit der doppelten Menge gepulvertem Kali und erhitzt am Rückflußkühler, der mit einem Kalihydratrohr verschlossen ist, im Glyzerinbade 2 Tage lang auf 150°.

Nach den Arbeiten von Faworsky, Béhal, Krafft und Reuter treten unter diesen Bedingungen Verschiebungen von dreifachen Bindungen nicht ein. Man löst dann das Kalihydrat in Wasser und unterwirft das oben schwimmende Öl einer oft wiederholten Rektifikation, um alle halogenhaltigen Anteile zu entfernen. Die bromhaltigen Fraktionen werden dann nochmals derselben Behandlung mit Kalihydrat unterworfen. Das reine halogenfreie Öl siedet bei 199—200°, unter 10.5 mm bei 81.5°. Es besitzt einen sehr unangenehmen, Kopfschmerz verursachenden Geruch und ist schon bei gewöhnlicher Temperatur ziemlich flüchtig. Reaktion mit ammoniakalischer Silbernitrat- oder Kupferchlorür-Lösung tritt nicht ein, beim Lösen in Alkohol und Versetzen mit einer alkoholischen Silbernitratlösung fallen indessen etwa 4 Proz. des Öls als weißer Niederschlag aus. Danach enthält das Öl 4 Proz. eines Kohlenwasserstoffes der Konstitution $HC:C.C_9H_{19}$. Der mit alkoholischer Silbernitratlösung nicht reagierende Teil besitzt, wie in der folgenden Abhandlung gezeigt werden wird, die Konstitution $CH_3.C\ C.C_8H_{17}$.

Einwirkung von 60-prozentiger Schwefelsäure auf Heptylmethylcarbinol.

60-prozentige Schwefelsäure wirkt in derselben Weise wasserabspaltend auf das Heptylmethylcarbinol ein, wie auf das Nonylmethylcarbinol. Das zur Trennung von höher siedenden Reaktionsprodukten mehrfach rektifizierte Nonylen bildet eine wenig angenehm riechende Flüssigkeit vom Sdp. 147—148°.

0.1040 g Sbst.: 0.3270 g CO_2, 0.1339 g H_2O.

C_9H_{18}. Ber. C 85.59, H 14.41.

Gef. C 85.75, H 14.43.

Die Stelle der doppelten Bindung in diesem Nonylen wurde durch Oxydation mit kalter 4-prozentiger Kaliumpermanganatlösung bestimmt. Die entstandenen Fettsäuren wurden in die Amide übergeführt und diese öfters umkristallisiert, um das vorhandene leicht lösliche Acetamid zu beseitigen. Das so gereinigte Amid erwies sich durch den Schmp. 94.5° und folgende Analyse als Oenanthylsäureamid.

0.0781 g Sbst.: 0.1856 g CO_2, 0.0812 g H_2O.

$C_6H_{13}CONH_2$. Ber. C 65.92, H 11.73.

Gef. „ 64.81, „ 11.65.

6*

Überführung
des Nonylmethylketons in das isomere Octyläthylketon[1].
Von **C. Mannich**.

In der vorstehenden Abhandlung ist gezeigt worden, daß durch Wasserabspaltung mittels 60-prozentiger Schwefelsäure aus dem Nonylmethylcarbinol
ein Gemisch von zwei isomeren Kohlenwasserstoffen der Formel $C_{11}H_{22}$ entsteht.
Durch Addition von Brom und nachfolgende Bromwasserstoffentziehung mittels
Kalihydrat wurde ein Öl der Zusammensetzung $C_{11}H_{20}$ erhalten, in welchem
sich etwa 5 Proz. eines Kohlenwasserstoffs der Konstitution $CH:C.C_9H_{19}$
nachweisen ließen. Ein sicherer Schluß auf die Konstitution des mit alkoholischer Silbernitratlösung nicht reagierenden Teiles des Kohlenwasserstoffs
ist auch bei Berücksichtigung der über ähnliche Fälle vorliegenden Literaturangaben nicht möglich. Zur Ermittelung der Konstitution wurden daher
10 g mit kalter 4-prozentiger Permanganatlösung oxydiert. Die Einwirkung
verlief ziemlich langsam, sodaß mehrere Tage vergingen, bis die berechnete
Menge MnO_4K verbraucht war. Das Filtrat wurde eingeengt, mit verdünnter
Schwefelsäure angesäuert und die ausgeschiedene Fettsäure von der wässerigen
Lösung, die zum Nachweis der Essigsäure benutzt wurde, getrennt. Die ausgeschiedene Fettsäure wurde in das Amid übergeführt, das sich durch den
Schmelzpunkt von 98—99° und nachstehende Analyse als Pelargonsäureamid
erwies.

0.1472 g Sbst.: 0.3713 g CO_2, 0.1598 g H_2O.

$C_9H_{19}NO$. Ber. C 68.69, H 12.21.

Gef. „ 68.79, „ 12.20.

Die von der ausgeschiedenen Pelargonsäure getrennte wässerige Lösung
wurde der Destillation mit Wasserdämpfen unterworfen. Das Destillat wurde
mit Natronlauge versetzt und auf ein kleines Volum eingedampft. Nach genauer Neutralisation mit Salpetersäure wurde mit Silbernitrat gefällt; eine
erste kleine Fraktion wurde verworfen, da diese durch Chloride und pelargon-
saures Silber hätte verunreinigt sein können. Die nächste Fraktion wurde
aus heißem Wasser umkristallisiert: das erhaltene Salz zeigte das charakteristische Aussehen des Silberacetates und gab bei einer Silberbestimmung
folgende Zahlen:

[1] Vgl. Ber. d. d. chem. Ges. **36**, 2551 [1903].

0.1281 g Sbst.: 0.0826 g Ag.

$C_2H_3O_2Ag$.   Ber. Ag 64.64.   Gef. Ag 64.48.

Durch das Resultat dieser Oxydation erweist sich der untersuchte Kohlenwasserstoff als (2)-Undekin $CH_3.C:C.C_8H_{17}$; ein Undekadiën, es sei konstituiert, wie es wolle, hätte niemals diese beiden Säuren nebeneinander liefern können.

Das (2)-Undekin bildet eine farblose, schon bei gewöhnlicher Temperatur ziemlich flüchtige Flüssigkeit von unangenehmem Geruch. Es siedet zwischen 199 und 201°, oder unter 10.5 mm bei 81.5°.

0.0924 g Sbst.: 0.2940 CO_2, 0.1095 g H_2O. — 0.1383 g Sbst. 0.4393 g CO_2. 0.1627 g H_2O.

$C_{11}H_{20}$.   Ber. C 86.73,   H 13.27.
Gef. „ 86.78, 86.63, „ 13.28, 13.19.

Das (2)-Undekin nimmt in Chloroformlösung nur 2 Atome Brom auf. Es entsteht dabei das flüssige Dibromid $CH_3.CBr:CBr.C_8H_{17}$ vom Sdp. 137·—139° bei 11 mm Druck.

0.1814 g Sbst.: 0.2798 g CO_2, 0.1044 g H_2O. — 0.3536 g Sbst.: 0.4266 g AgBr.

$C_{11}H_{20}Br_2$.   Ber. C 42.29, H 6 47, Br 51.24.
Gef. „ 42.07, „ 6.45, „ 51.34.

An das (2)-Undekin läßt sich mit Hilfe von Schwefelsäure Wasser anlagern, wobei zwei isomere Ketone entstehen:

$$CH_3.C:C.C_8H_{17} \longrightarrow CH_3.CO.CH_2.C_8H_{17} \text{ und } CH_3.CH_2.CO.C_8H_{17}.$$

Das eine Keton erweist sich als Nonylmethylketon, das andere als Octyläthylketon. Da das (2)-Undekin aus dem Nonylmethylketon gewonnen wird, so ist auf diesem Wege eine Überführung des Nonylmethylketons in das isomere Octyläthylketon möglich. Besonders günstig ist dabei der Umstand, daß bei der Anlagerung von Wasser an das (2)-Undekin der Sauerstoff in der Hauptsache an das dritte Kohlenstoffatom der Kette tritt; denn das Reaktionsprodukt besteht aus einem Gemisch von etwa 18 Proz. Nonylmethylketon und 82 Proz. Octyläthylketon.

Die experimentelle Ausführung gestaltete sich wie folgt:

30 g (2)-Undekin gießt man unter Eiskühlung langsam in 75 g 94-prozentige Schwefelsäure. Nach einigem Schütteln tritt Reaktion ein, die man event. durch Kühlung mäßigt. Es entsteht eine braune, gleichmäßige, dicke Flüssigkeit, die man nach 10 Minuten in Wasser gießt. Das dadurch ausgeschiedene Öl wird dann im Vakuum destilliert. Es gingen bei 10 mm 22 g zwischen 101—108° über, der Rest blieb als braune Masse im Kolben. Das Destillat wurde mehrere Wochen mit Natriumbisulfitlösung geschüttelt, wobei sich eine kristallinische Verbindung abschied. Aus dieser Verbindung wurden 4 g reines Nonylmethylketon wieder gewonnen. Der nicht an Natriumbisulfit sich bindende Teil in Menge von 18 g besteht aus Octyläthylketon; er siedet unter 11 mm bei 104—106° und bildet eine sehr angenehm und stärker als Nonylmethylketon riechende Flüssigkeit vom Erstarrungspunkt + 4.5°.

0.1232 g Sbst.: 0.3502 g CO_2, 0.1431 g H_2O.

$C_{11}H_{22}O$. Ber. C 77.55, H 13.05.

Gef. „ 77.52, „ 13.02.

Das Octylätylketon reagiert gut mit Hydroxylamin und Semicarbazid-chlorhydrat. Indessen scheint weder das Oxim noch das Semicarbazon einheitlich zu sein; denn trotz häufigen Umkristallisierens wurde der Schmelzpunkt des Semicarbazons nicht konstant, und das Oxim konnte überhaupt nicht fest erhalten werden. Wahrscheinlich entstehen je zwei Stereoisomere, die beim Arbeiten mit kleineren Mengen sich nicht trennen lassen.

Zum Beweise, daß das fragliche Keton wirklich Octyläthylketon ist, wurde es der Oxydation unterworfen. Bromlauge, die beim Nonylmethylketon sehr glatt wirkt, ist in diesem Falle nicht anwendbar, da Brom substituierend eintritt. Auch Kaliumdichromat und Schwefelsäure greifen nur langsam an, sodaß langes Kochen erforderlich ist, wobei ein großer Teil des Ketons verharzt. Die schließlich isolierte Fettsäure wurde in neutraler, verdünnter Lösung mit Silbernitrat gefällt. Eine kleine erste Fraktion wurde verworfen, um eventuell vorhandene Chloride zu beseitigen. Die darauf erhaltene zweite Fraktion lieferte bei einer Silberbestimmung Zahlen, die auf caprylsaures Silber sich beziehen lassen.

0.1248 g Sbst.: 0.0538 g Ag.

$C_8H_{15}O_2Ag$. Ber. Ag 43.03. Gef. Ag 43.11.

Die bei der Oxydation des fraglichen Ketons entstehende höhere Fettsäure ist mithin Caprylsäure, die tatsächlich als Hauptoxydationsprodukt des Octyläthylketons erwartet werden muß.

Auf dem in der vorigen und in dieser Abhandlung beschriebenen Wege ist es also möglich, das Nonylmethylketon in das isomere Octyläthylketon überzuführen. Dieser Weg führt vom Nonylmethylketon über das Nonyl-methylcarbinol, das (2)-Undecylen, das (2)-Undecylendibromid zum (2)-Undekin; aus letzterem entsteht dann durch Wasseranlagerung das Octyläthylketon. Bei sorgfältigem Arbeiten beträgt die Ausbeute an Octyläthylketon gegen 25 Proz. der Menge des angewandten Nonylmethylketons.

Über (2)-Aminoundekan und (2)-Aminononan[1].

Von **H. Thoms** und **C. Mannich**.

Das (2)-Aminoundekan und das (2)-Aminononan entstehen durch Reduktion der Oxime des Nonylmethylketons bezw. Heptylmethylketons mit Natrium in alkoholisch-essigsaurer Lösung.

10 g Nonylmethylketoxim vom Schmp. 46° werden in 100 g Alkohol gelöst und allmählich 15 g metallisches Natrium eingetragen. Dabei wird durch bisweiligen Zusatz von Essigsäure stets für stark saure Reaktion gesorgt und die Temperatur auf 70—75° erhalten. Wenn alles Natrium gelöst ist, wird in 500 ccm Wasser eingegossen, wodurch nach einigen Stunden ein Teil des Oxims unverändert auskristallisiert und durch Filtration entfernt werden kann.

Man setzt Kalilauge zum Filtrat und treibt das ausgeschiedene Öl mit Wasserdämpfen in vorgelegte, verdünnte Salzsäure. Das Destillat hinterläßt beim Eindunsten einen gallertartigen, nach dem Erkalten kristallinischen Rückstand von salzsaurem (2)-Undecylamin. Eine Trennung von Ammoniumchlorid gelingt leicht durch Lösen in absolutem Alkohol oder Äther.

Aus der konzentrierten, wässerigen Lösung des salzsauren Salzes scheidet Kalilauge ein farbloses, spezifisch leichtes Öl ab, das bei der Destillation im Vakuum unter 26 mm Druck bei 113—114° überging. Die so erhaltene freie Base reagiert stark alkalisch, sie zieht rasch Kohlensäure an und wird dabei in dünner Schicht fest. Der Geruch ist bei gewöhnlicher Temperatur erträglich, verflüchtigt man aber einen Tropfen, etwa durch Kochen mit Wasser, so werden die Atmungsorgane äußerst heftig gereizt.

Ein Teil der Base wurde durch Lösen in Salzsäure und Fällen mit Platinchlorid in das Doppelsalz umgewandelt, das aus heißem Wasser in schönen Nadeln oder Blättchen kristallisiert. Es ist in kaltem Wasser sehr schwer, in Alkohol ziemlich gut löslich. Bei raschem Erhitzen schwärzt es sich bei 240°, ohne zu schmelzen, doch genügt schon halbstündiges Trocknen bei 130°, um es stark zu zersetzen. Auch Kochen mit reinem Wasser führt bald Platinabscheidung herbei.

0.1081 g Sbst.: 0.1392 g CO_2, 0.0670 g H_2O. — 0.1175 g Sbst.: 0.0304 g Pt.

$C_{22}H_{52}N_2PtCl_6$. Ber. C 35.10, H 6.98, Pt 25.90.

Gef. „ 35.12, „ 6.95, „ 25.87.

[1] Vgl. Ber. d. d. chem. Ges. **36**, 2554 [1903].

Das in Wasser kaum lösliche Pikr.at der Base kristallisiert aus verdünntem Alkohol in Nadeln oder Blättchen vom Schmp. 111°.

0.1515 g Sbst.: 0.2841 g CO_2, 0.0981 g H_2O. — 0.1277 g Sbst.: 15.15 ccm N (15°, 768 mm).

$C_{17}H_{28}N_4O_7$. Ber. C 50.95, H 7.06, N 14.02.

Gef. „ 51.14, „ 7.26, „ 14.14.

Das (2)-Aminononan wurde analog dem vorigen durch Reduktion des Heptylmethylketoxims dargestellt. Da letzteres bei Zimmertemperatur flüssig ist, so wurde gleich das Rohprodukt reduziert.

Das salzsaure Salz ist zerfliesslich und in Alkohol, Äther und Aceton leicht löslich. Das mit Wasser nicht mischbare freie (2)-Nonylamin bildet ein farbloses, stark alkalisches Öl vom Sdp. 69—69.5° bei 11 mm Druck. Über seinen Geruch gilt das beim (2)-Undecylamin Gesagte.

Das Platindoppelsalz kristallisiert aus salzsäurehaltigem Wasser in schönen Nadeln, die sich bei raschem Erhitzen zwischen 210° und 220° schwärzen, ohne zu schmelzen.

0.0950 g Sbst.: 0.1090 g CO_2, 0.0547 g H_2O. — 0.1601 g Sbst.: 0.0449 g Pt.

$C_{18}H_{44}N_2PtCl_6$. Ber. C 31.03, H 6.39, Pt 27.99.

Gef. „ 31.29, „ 6.46, „ 28.05.

Das Pikrat der Base kristallisiert aus verdünntem Alkohol in gelben Nadeln oder Blättchen vom Schmp. 108.5—109.5°.

0.1292 g Sbst.: 0.2301 g CO_2, 0.0757 g H_2O. — 0.0898 g Sbst.: 11.6 ccm N (18°, 773 mm).

$C_{15}H_{24}N_4O_7$. Ber. C 48.33, H 6.51, N 15.08.

Gef. „ 48.57, „ 6.57, „ 15.18.

Über die Kondensation hochmolekularer aliphatischer Ketone zu Verbindungen vom Typus des Mesityloxyds[1].

Von H. Thoms und C. Mannich.

Durch Kondensation zweier Moleküle Aceton entsteht bekanntlich unter Austritt eines Moleküls Wasser Mesityloxyd. In analoger Weise verlaufende Kondensationen von hochmolekularen Homologen des Acetons sind bisher nicht bekannt geworden. Indessen sind auch diese, wenn die Carbonylgruppe auf der einen Seite mit einer Methylgruppe verbunden ist, einer analogen Kondensation fähig, wie in nachstehendem gezeigt werden soll. So entsteht z. B. aus dem Nonylmethylketon ein ungesättigtes Keton der Formel $C_{22}H_{42}O$ und der Konstitution:

$$CH_3$$
$$C_9H_{19}.C:CH.CO.C_9H_{19},$$

ebenso aus dem Heptylmethylketon ein ungesättigtes Keton der Zusammensetzung $C_{18}H_{34}O$.

50 g Nonylmethylketon wurden mit trocknem Chlorwasserstoffgas gesättigt und dann 6 Wochen stehen gelassen. Das rotbraun gefärbte Reaktionsprodukt wurde durch Schütteln mit Wasser und Natriumcarbonatlösung von überschüssiger Salzsäure befreit und der Destillation im Vakuum unterworfen, $^1/_3$ ging bei 10 mm Druck zwischen 102 und 110° über; dieser Teil erwies sich, nachdem geringe Verunreinigungen durch öftere Rektifikation entfernt waren, als unverändertes Nonylmethylketon. Wurden die im Kolben zurückgebliebenen, bei dieser Temperatur noch nicht flüchtigen zwei Drittel des Reaktionsproduktes stärker erhitzt, so begann bald eine lebhafte Chlorwasserstoffentwickelung. Diese hört nach einiger Zeit auf, und es geht bei 210—218° unter 10 mm Druck eine zweite Fraktion über, wobei kaum ein Rückstand verbleibt. Dieser hochsiedende Anteil ist ganz halogenfrei; bei nochmaliger Destillation ging er fast völlig zwischen 214 und 216° über (10 mm Druck). Er bildet eine fast farblose, ölige Flüssigkeit von schwachem Geruche und dem spez. Gewicht 0.8514 bei 15°.

Seine Zusammensetzung entspricht der Formel $C_{22}H_{42}O$:

0.1636 g Sbst.: 0.4901 g CO_2, 0.1902 g H_2O. — 0.1410 g Sbst.: 0.4232 g CO_2, 0,1642 g H_2O.

---

[1] Vgl. Ber. d. d. chem. Ges. 36, 2555 [1903].

$$C_{22}H_{42}O. \quad \text{Ber. C } 81.88, \qquad \text{H } 13.16.$$
$$\text{Gef. }_{\text{„}} \ 81.70, \ 81.86, \ _{\text{„}} \ 13.03, \ 13.05.$$

Das Kondensationsprodukt ist demnach aus zwei Molekülen Nonylmethylketon durch Austritt eines Moleküls Wasser entstanden. Da auch bei wochenlangem Schütteln mit Natriumbisulfitverbindung keine feste Verbindung entsteht, so ist es unwahrscheinlich, daß die Gruppe $CH_3.CO.$ im Molekül enthalten ist. Es muß daher bei der Kondensation eine neben der Carbonylgruppe stehende Methylgruppe in Reaktion getreten sein. Man hat also anzunehmen, daß die Kondensation in folgender Weise verläuft:

$$\overset{\displaystyle CH_3}{} \qquad\qquad\qquad \overset{\displaystyle CH_3}{}$$
$$C_9H_{19}.\overset{.}{C}O + CH_3.CO.C_9H_{19} = C_9H_{19}.\overset{.}{C}{:}CH.CO.C_9H_{19}$$

Da der Körper eine olefinische Bindung enthält, ist er imstande, Salzsäure zu addieren. Die Chlorwasserstoffverbindung entsteht auch zunächst beim Einleiten von Salzsäure in Nonylmethylketon; da sie aber nicht unzersetzt flüchtig ist, so zerfällt sie bei der Destillation in Salzsäure und das Keton $C_{22}H_{42}O$. Leitet man in letzteres wiederum Salzsäure, so tritt abermals Addition ein. Da eine Reinigung der Verbindung durch Destillation nicht möglich ist, so wurden in dem durch Schütteln mit Natriumcarbonatlösung von freier Säure befreiten Öle bei der Analyse nur 8.3 statt 9.9 Proz. Chlor gefunden.

Um das Vorhandensein einer Carbonylgruppe in dem Kondensationsprodukt nachzuweisen, haben wir versucht, ein Semicarbazon, Hydrazon oder Oxim zu gewinnen. Diese Derivate bleiben indes flüssig; es wurde, um einen analysierbaren Körper zu haben, daher das Pikrat der Amidoguanidinverbindung auf folgende Weise dargestellt: 1 g salzsaures Amidoguanidin wurde mit möglichst wenig Wasser und einer Spur Salzsäure in Lösung gebracht, darauf 3 g des Ketons und 30 g Alkohol zugefügt und eine Stunde lang in schwachem Sieden erhalten. Dann wurde durch reichlichen Zusatz von Wasser und einer genügenden Menge Natronlauge die Amidoguanidinverbindung des Ketons abgeschieden, in heißem Wasser suspendiert und mit 2 g Pikrinsäure in 1-prozentiger Lösung versetzt. Das beim Erkalten erstarrende Pikrat wurde zweimal aus Methylalkohol umkristallisiert, es bildet dann sehr weiche, gelbe Kristalle von etwas fettartigem Charakter; sein Schmelzpunkt liegt bei 125—126°.

0.1320 g Sbst.: 0.2762 g CO_2, 0.0959 g H_2O. — 0.1332 g Sbst.: 18.25 ccm N (10°, 754 mm).

$$C_{29}H_{49}N_7O_7. \quad \text{Ber. C } 57.26, \ \text{H } 8.14, \ \text{N } 16.17.$$
$$\text{Gef. }_{\text{„}} \ 57.07, \ _{\text{„}} \ 8.14, \ _{\text{„}} \ 16.32.$$

Ähnlich wie das Mesityloxyd durch stark verdünnte Schwefelsäure in Aceton zurückverwandelt wird, so läßt sich auch das aus dem Nonylmethylketon erhaltene Kondensationsprodukt durch Wasseraufnahme wieder in Nonylmethylketon überführen. Verdünnte Schwefelsäure ist allerdings fast ohne Einwirkung, dagegen findet durch 3-stündiges Kochen mit 60-prozentiger

Schwefelsäure ziemlich vollständige Überführung in Nonylmethylketon statt. Es wurden so aus 5 g des Kondensationsproduktes 3 g Nonylmethylketon gewonnen.

Ein Unterschied gegenüber dem Mesityloxyd zeigt sich in dem Verhalten bei der Oxydation. Während nach Pinner[1]) bei der Oxydation des Mesityloxyds mit Kaliumpermanganat Oxyisobuttersäure, wenn auch nur in kleiner Menge entsteht, konnte in diesem Falle eine Oxysäure, die 12 Atome Kohlenstoff hätte enthalten müssen, nicht beobachtet werden. Es wurden bei der Oxydation mit der berechneten Menge Kaliumpermanganat an Oxydationsprodukten nur Caprinsäure, Kohlensäure und kleine Mengen von Essigsäure erhalten. Die Gegenwart der letzteren läßt vermuten, daß bei der Oxydation auch etwas Pelargonsäure entsteht. Der erzielte Effekt ist also wesentlich derselbe, als ob man Nonylmethylketon oxydiert hätte. Dieses scheint auch tatsächlich zurückgebildet zu werden, da während der Oxydation dessen angenehmer Geruch deutlich wahrzunehmen ist.

Das Heptylmethylketon ist derselben Kondensation fähig, wobei ein ungesättigtes Keton der Formel $C_7H_{15}.C:CH.CO.C_7H_{15}$ (mit CH_3) entsteht. Als einziger Unterschied ergab sich, daß die beim Einleiten von HCl in das Heptylmethylketon entstehende Salzsäureverbindung $C_{18}H_{35}ClO$ bei der Destillation den Chlorwasserstoff nicht quantitativ abgibt. Wohl findet auch hier lebhafte Salzsäureentwickelung statt, das unter 14 mm Druck zwischen 184 und 187° übergehende Destillat war aber nicht völlig chlorfrei. Auch durch öftere Rektifikation und durch Kochen mit dünner, alkoholischer Kalilauge konnte nicht alles Halogen entfernt werden. Indessen erwies sich das aus dem Keton dargestellte Pikrat der Amidoguanidinverbindung nach dem Umkristallisieren vollständig halogenfrei. Es bildet weiche, fettartige Kristalle vom Schmp. 130—131°.

0.1509 g Sbst.: 0.2998 g CO_2, 0.1016 g H_2O. — 0.1275 g Sbst.: 19.7 ccm N (19° und 762 mm).

$C_{25}H_{41}N_7O_7$.   Ber. C 54.38, H 7.50, N 17.81.
Gef. „ 54.18, „ 7.54, „ 17.82.

Durch vorstehende Arbeit ist erwiesen, daß auch höher molekulare, aliphatische Ketone mit normaler Kette, welche die Gruppe $CH_3.CO.$ enthalten, sich unter dem Einfluß gasförmiger Salzsäure zu ungesättigten Ketonen vom Typus des Mesityloxyds kondensieren lassen.

---

[1]) Ber. d. d. chem. Ges. 15, 591 [1883].

Über einige Derivate des Asarons[1].
Von R. Beckstroem.

In einer Mitteilung der Untersuchungsergebnisse über die Bestandteile des Kalmusöles[2]) war die Vermutung ausgesprochen worden, daß
der an Natriumbisulfit sich bindende Riechkörper des Kalmusöles wahrscheinlich ein Zwischenprodukt der Oxydation des Asarons zum Asarylaldehyd
sei. Zur Herstellung des Riechkörpers wurde das Asaron daher verschiedenen
Oxydationsversuchen unterworfen. Sie führten zwar nicht zu dem gewünschten
Riechkörper; die gemachten Beobachtungen sowie einige Derivate des dabei
erhaltenen Asarylaldehyds mögen jedoch im folgenden beschrieben werden.

Oxydation des Asarons mit Kaliumpermanganat.

Die Oxydation des Asarons mit Kaliumpermanganat führte stets direkt
zum Asarylaldehyd. Trotzdem Kaliumpermanganat in theoretischer, zur
Bildung eines Glykols nötigen Menge unter den verschiedensten Versuchsbedingungen angewendet wurde, — es wurde in neutraler, auch zur Bindung
entstehenden Kaliumhydroxyds mit Magnesiumsulfat versetzter Lösung bei
gewöhnlicher Temperatur und bei 0°, sowie in verschiedenen Verdünnungs-
graden gearbeitet —, stets bildete sich der Aldehyd neben unverändertem
Asaron. Das Auftreten eines Zwischenproduktes, sei es eines Glykols oder
Ketons, konnte nicht beobachtet werden.

Oxydation des Dihydroasarons mit Chromylchlorid.

Nach den Angaben von v. Miller und Rohde[3]) geht Propylbenzol durch
Oxydation mit Chromylchlorid in Benzylmethylketon über, weshalb ich hoffte,
durch dieselbe Reaktion aus dem Dihydroasaron, dem Propyltrimethoxybenzol,
ein entsprechendes Keton, das Trimethoxybenzylmethylketon erhalten zu können.

Zu dem Zwecke versetzte ich eine Lösung von 10.0 g Dihydroasaron
in 100.0 g Schwefelkohlenstoff allmählich unter Abkühlung mit einer Lösung
von 14.35 g Chromylchlorid in 100.0 g Schwefelkohlenstoff und zersetzte die
ausgeschiedene Verbindung nach dem Auswaschen mit Schwefelkohlenstoff
durch Eintragen in kaltes Wasser unter gleichzeitigem Zusatz von schwefliger

[1]) Vgl. Arch. Pharm. 1904, Heft II.
[2]) H. Thoms und R. Beckstroem, Ber. d. d. chem. Ges. **35**, 3187 (1902).
[3]) Ber. d. d. chem. Ges. **23**, 1070 |1890|.

Säure, um die abgespaltene Chromsäure zu zerstören. Es resultierte ein plastisches Harz, dessen ätherische Lösung ich zunächst mit Natriumbisulfit ausschüttelte, wodurch eine geringe Menge von Asarylaldehyd gewonnen wurde. Der Aldehyd wurde durch seinen Schmelzpunkt von 114^{0} sowie dadurch identifiziert, daß ein inniges Gemisch mit reinem Asarylaldehyd keine Schmelzpunktsdepression zeigte.

Darauf wurde das Harz der Destillation mit überhitzten Wasserdämpfen unterworfen. Das Destillat enthielt goldgelbe, vanillinartig riechende Kristalle, die nach dem Umkristallisieren aus verdünntem Alkohol den Schmp. 110.5^{0} zeigten.

Die Analyse lieferte Werte, welche auf die Formel $C_{10}H_{12}O_3$ stimmten:

0.0997 g Substanz lieferten 0.2427 g CO_2 und 0.0614 g H_2O.

Berechnet für $C_{10}H_{12}O_3$: Gefunden:

B 66.62 °/o 66.39 °/o

H 6.72 „ 6.89 „ .

Die Analyse, der Schmelzpunkt und die sonstigen Eigenschaften des Körpers ließen vermuten, daß ich es mit dem von Ciamician und Silber[1]) zuerst durch Einwirkung von Salpetersäure auf Dihydroasaron dargestellten Chinon $C_{10}H_{12}O_3$ zu tun hatte. Es stellte sich heraus, daß der Körper mit dem Chinon tatsächlich identisch war. Ein Gemisch beider erlitt keine Schmelzpunktsdepression.

H. Thoms und J. Herzog[2]) haben die Bildung dieses Chinons durch Einwirkung von Salpetersäure auf Dihydroasaron näher beschrieben und seine Konstitution als (1)-Propyl-(4)-Methoxy-(2.5)-Chinon

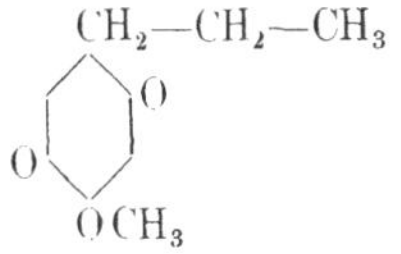

CH$_2$—CH$_2$—CH$_3$

O

O

OCH$_3$

zweifellos festgestellt.

H. Thoms und F. Zernik[3]) erhielten dasselbe Chinon auch durch Einwirkung von Salpetersäure auf Dihydromethyleugenol, Reduktion der Nitroverbindung und Diazotieren des entstandenen Amins.

Aus dem Dihydroasaron bildet sich das Chinon also nicht nur durch Einwirkung von Salpetersäure, sondern auch durch Chromylchlorid. Es ist eine neue Bestätigung, daß durch Chromylchlorid aliphatische Seitenketten aromatischer Verbindungen unangegriffen bleiben können, dafür aber der Kern unter Bildung von Chinonen angegriffen wird.

Aus dem bei der Wasserdampfdestillation zurückbleibenden Harze schieden sich bei längerem Stehen unter Wasser noch wiederholt geringe Mengen des Chinons ab. Die Ausbeute war jedoch im ganzen äußerst gering.

<hr>

[1]) Ber. d. d. chem. Ges. **23**, 2294 [1890].
[2]) Ber. d. d. chem. Ges. **36**, 856 [1903].
[3]) Ber. d. d. chem. Ges. **36**, 859 [1903].

Einwirkung von Natriummethylat auf Dibromasaron.

Eine Lösung von 5 g Dibromasaron in wenig Methylalkohol wurde mit einer Lösung von 0.75 g Natrium in 20.0 g Methylalkohol versetzt und einige Tage beiseite gestellt. Nach dem Verdünnen mit wenig Wasser schieden sich bei starker Abkühlung Kristalle aus, die nach mehrmaligem Umkristallisieren aus verdünntem Alkohol den Schmelzpunkt 77.5° zeigten. Es sind seidenglänzende, in Alkohol, Äther, Chloroform und Eisessig leichtlösliche, blätterige Nadeln, die bei längerem Stehen am Lichte grau, schließlich schwarz werden.

Die Analyse ergab Werte, welche auf die Formel $C_{13}H_{19}O_4Br$ stimmten:

0.1216 g Substanz lieferten 0.2174 g CO_2 und 0.0637 g H_2O.

0.1242 „ „ „ 0.0744 „ AgBr.

Berechnet für $C_{13}H_{19}O_4Br$:	Gefunden:
C 48.89 %	48.76 %
H 5.99 „	5.86 „
Br 25.06 „	25.49 „ .

Es ist also durch die Einwirkung des Alkoholats auf Dibromasaron in der Kälte nur ein Br-Atom durch die Methoxylgruppe ersetzt. Da nach den Untersuchungen von K. Auwers und O. Müller[1] in dem Isoeugenoldibromid sich das α-Brom-Atom durch lebhaftere Reaktionsfähigkeit auszeichnet und nur dieses durch Einwirkung von Alkoholaten in der Kälte substituiert wird, so ist anzunehmen, daß auch hier das α-Brom-Atom in Reaktion getreten ist und dem erhaltenen Körper die Formel $C_6H_3\!<^{(OCH_3)_3}_{CH.OCH_3-CHBr-CH_3}$ zugeschrieben werden kann.

C. Hell[2] und O. Wallach und F. J. Pond[3] hatten gezeigt, daß Phenoläther, deren Propenyl-Seitenkette mit Brom gesättigt ist, durch Einwirkung von überschüssigem Natriumalkoholat in der Hitze Ketone mit der Seitenkette $-CO-CH_2-CH_3$ liefern. Ein derartiges Keton konnte aus dem Dibromasaron nicht erhalten werden. Es resultierte nach dieser Reaktion ein bei 176—177° unter 9.5 mm Druck siedendes dickes Öl, aus dem nach sehr langem Stehen eine geringe Menge von Kristallen (Schmp. 106°) sich abschied, die jedoch zur Analyse nicht reichte. Das Öl selbst konnte der geringen Menge wegen durch Rektifikation nicht analysenrein erhalten werden.

Auf die äußerst leichte Zersetzbarkeit des Dibromasarons sei hier noch kurz eingegangen. Selbst im evakuierten Exsikkator zersetzte sich ein reines bei 86° schmelzendes Präparat in wenigen Tagen. Die entstandene dunkel gefärbte Masse wurde noch mehrere Wochen sich selbst überlassen, und es konnte daraus nach dem Auswaschen mit Petroläther, Lösen in Äther und Abscheiden mit Petroläther ein farbloses Produkt erhalten werden, welches nach dem Umkristallisieren aus verdünntem Alkohol feine Nadeln vom Schmp. 109.5° bildete. Sie enthalten 16.22 % Brom.

---

[1] Ber. d. d. chem. Ges. **35**, 114 [1902].

[2] Ber. d. d. chem. Ges. **28**, 2082 [1895].

[3] Ber. d. d. chem. Ges. **28**, 2714 [1895].

0.1018 g Substanz lieferten 0.0388 g Ag Br.

Berechnet für $C_{24}H_{31}O_6Br$:   Gefunden:

Br 16.15 %   16.22 %.

Eine weitere Analyse konnte der geringen Menge wegen nicht ausgeführt werden; es geht aber aus dem Bromgehalt ohne Zweifel hervor, daß wir es mit einem Kondensationsprodukte des Asarons zu tun haben, in welchem auf 2 Mol. Asaron 1 Atom Brom vorhanden ist. Eine Doppelbindung enthält der Körper nicht, denn er entfärbt nicht verdünnte Bromlösung.

Kondensationsprodukte des Asarylaldehyds.

1. Mit Aceton.

(2.4.5)-Trimethoxybenzalaceton, Methyl-(2.4.5)-trimethoxy-
cinnamylketon,

$$C_6H_2 {<}^{(OCH_3)_3}_{CH = CH - CO - CH_3}.$$

1.0 g Asarylaldehyd wurde in 50.0 g Alkohol gelöst, 2.0 g Aceton hinzugefügt und mit 1.0 g 10-prozentiger Natronlauge versetzt. Nach fünftägigem Stehen wurde mit Wasser verdünnt. Die ausgeschiedenen Kristalle bilden, aus verdünntem Alkohol umkristallisiert, derbe, gelbe, bei 96.5° schmelzende Kristalle, löslich in Alkohol, Äther, Benzol, Eisessig.

Die Analyse lieferte auf $C_{13}H_{16}O_4$ stimmende Werte:

0.1203 g Substanz ergaben 0.2909 g CO_2 und 0.0747 g H_2O.

Berechnet für $C_{13}H_{16}O_4$:   Gefunden:

C 66.07 %   66.95 %

H 6.83 „   6.95 „ .

Das Oxim des Ketons, $C_6H_2{<}^{(OCH_3)_3}_{CH = CH - C(N.OH) - CH_3}$, bildet, aus verdünntem Alkohol umkristallisiert, hellgelbe, derbe Kristalle vom Schmp. 145°.

Analyse:

0.0727 g Substanz lieferten 3.6 ccm N bei 761 mm und 18°.

Berechnet für $C_{13}H_{17}O_4N$:   Gefunden:

N 5.59 %   5.81 %.

2. Mit Methylnonylketon.

(2.4.5)-Trimethoxybenzal-methylnonylketon, Nonyl-(2.4.5)-tri-
methoxycinnamylketon,

$$C_6H_2 {<}^{(OCH_3)_3}_{CH = CH - CO - C_9H_{19}}.$$

Eine Lösung von 1.0 g Asarylaldehyd und 1.0 g Methylnonylketon in 50.0 g Alkohol wurde mit 1.0 g 10-prozentiger Natronlauge versetzt und längere Zeit beiseite gestellt. Nach einigen Wochen kristallisierte das Kondensationsprodukt allmählich aus. Aus Alkohol umkristallisiert bildet es hellgelbe, feine Nadeln vom Schmp. 97.5°. Sie sind in kaltem Alkohol schwer, in heißem leicht löslich.

Die Analyse bestätigte die Formel $C_{21}H_{32}O_4$.

1. 0.1606 g Substanz lieferten 0.4254 g CO_2 und 0.1297 g H_2O.

2. 0.1534 „   „   „   0.4063 „ CO_2 „ 0.1237 „ H_2O.

$$\text{Berechnet für:} \qquad \text{Gefunden:}$$
$$C_{21}H_{32}O_4: \qquad\qquad 1. \qquad\quad 2.$$
$$C\ \ 72.36\,\% \qquad\quad 72.24\,\% \quad 72.23\,\%$$
$$H\ \ 9.26\ _{„} \qquad\qquad 9.04\ _{„} \quad\ 9.02\ _{„}\,.$$

Da das Keton mit Natriumbisulfit keine Verbindung gibt, ist die Kondensation des Methylnonylketons mit dem Asarylaldehyd in der CH_3-Gruppe des Ketons erfolgt, so daß die Konstitutionsformel die obige sein muß. Wäre die Kondensation in der Nonyl-Gruppe erfolgt, so hätte das entstandene Keton

der Formel $C_6H_2\!<\!{}^{(OCH_3)_3}_{CH\,=\,C_9H_{18}-CO-CH_3}$ mit der $CH_3{-}CO$-Gruppe sich an Natriumbisulfit wahrscheinlich gebunden.

Das Oxim des Ketons kristallisiert äußerst träge, auch beim Umkristallisieren scheidet es sich aus dem Lösungsmittel zunächst ölig aus. Erst nach mehreren Wochen erstarrt das Öl zu einem Kristallbrei, der nach dem Abwaschen mit Alkohol den Schmp. 86° zeigt.

Leichter kristallisierbar ist das Semikarbazon

$$C_6H_2\!<\!{}^{(OCH_3)_3}_{CH\,=\,CH-C<^{C_9H_{19}}_{N-NH-CO-NH_2}}.$$

Aus verdünntem Alkohol bildet es gelbe derbe Blättchen vom Schmp. 151—152°.

Analyse:

0.0925 g Substanz lieferten 11.7 ccm N bei 758 mm und 16°.

$$\text{Berechnet für } C_{22}H_{35}O_4N_3 \qquad \text{Gefunden:}$$
$$N\ \ 14.67\,\% \qquad\qquad\qquad 14.90\,\%$$

3. Mit Aethylalkohol.

(2.4.5)-Trimethoxybenzylidendiäthyläther.

$$C_6H_2\!<\!{}^{(OCH_3)_3}_{CH<^{OC_2H_5}_{OC_2H_5}}.$$

Die Bildung des Acetals erfolgt durch direkte Vereinigung des Asarylaldehyds mit Aethylalkohol, und zwar durch Sättigen der absolut-alkoholischen Lösung mit trocknem Salzsäuregas bei 0°.

Zu dem Zwecke wurde starker Alkohol völlig entwässert und direkt in das den Asarylaldehyd enthaltende Gefäß destilliert. Nach dem Sättigen mit trocknem Salzsäuregas bei 0° wurde die Lösung 24 Stunden beiseite gestellt und darauf mit Wasser verdünnt. Der alsbald entstehende Niederschlag wurde aus Alkohol umkristallisiert. Derbe, rhombische, in starkem Alkohol leicht, in verdünntem schwer lösliche Kristalle vom Schmp. 101.5°.

Die Analyse bestätigte die Formel $C_{14}H_{22}O_5$.

0.1237 g Substanz lieferten 0.2816 g CO_2 und 0.0892 g H_2O.

$$\text{Berechnet für } C_{14}H_{22}O_5: \qquad \text{Gefunden:}$$
$$C\ \ 62.18\,\% \qquad\qquad\qquad 62.09\,\%$$
$$H\ \ \ 8.20\ _{„} \qquad\qquad\qquad\ 8.07\ _{„}\,.$$

Über die Zusammensetzung des ätherischen Lorbeeröles aus Blättern[1].

Von **H. Thoms** und **B. Molle**.

Unter dem Namen Lorbeeröl befinden sich drei verschiedene Arten im Handel. Die eine stammt vom kalifornischen Lorbeerbaume Umbellularia californica Nutt. (Oreodaphne californica Nees, Tetranthera californica Hook. et Arn.; Mountain Laurel, California Bay tree) und wird als Kalifornisches Lorbeeröl gehandelt. Die beiden anderen Arten stammen von Laurus nobilis L, einem zur Familie der Lauraceae gehörenden Baume. Sie werden nach ihrer Gewinnung als Lorbeeröl aus Früchten und Lorbeeröl aus Blättern unterschieden.

Das Lorbeerblätteröl wird durch Destillation in einer Ausbeute von 1—3 Prozent gewonnen[2]. Es stellt eine hellgelbe Flüssigkeit dar, deren angenehmer kräftiger Geruch anfangs an Cajeputöl erinnert. Bei einem spezifischen Gewichte von 0.920—0.930 zeigt das Öl eine Linksdrehung von α_D — 15 bis — 18°.

Nachdem schon früher das ätherische Öl der Früchte einer eingehenderen Untersuchung von verschiedenen Seiten unterzogen war[3], scheinen Wallach[4] und Barbaglia[5] fast gleichzeitig die ersten gewesen zu sein, die auch das ätherische Öl der Blätter einer genaueren Prüfung unterworfen haben[6]. Wallach fand in den von 158° bis 168° siedenden Anteilen Pinen, in der bei 176° siedenden Fraktion Cineol und vermutete in den über 180° siedenden Anteilen Anethol oder, da ein süßer Geschmack nicht wahrzunehmen war, das diesem isomere Methylchavicol. Zu denselben Resultaten gelangte auch Barbaglia.

In dem Aprilheft 1899 pag. 31 ihrer Berichte erwähnen Schimmel & Co., daß das Lorbeeröl kleine Mengen Eugenol, nachgewiesen als Benzoyleugenol, Schmelzpunkt 70°, enthalte.

---

[1] Vgl. Arch. Pharm. 1904, Heft 3.

[2] E. Gildemeister u. Fr. Hoffmann, Die ätherischen Öle pag. 524 [1899].

[3] Flückiger, Pharmacognosie 930 [1891]; Gladstone (Jahresber. d. Chem. 547 [1863]); Blas (Annal. **134**, [1865]; (Jahresber. 23, [1865]); Wallach (Annal. **252**, 97 [1889]).

[4] Wallach, Annal. **252**, 95 [1889].

[5] Barbaglia, Atti della societa Toscana di Szienze naturali 1889; Ref. im Pharm. Journ. (London) III **9**, 824 [1889]; Chem. Centrbl. 290 [1889].

[6] Schimmel & Co., Berichte, Aprilheft 31 [1899].

Da eine vorläufige Prüfung einer von der Firma Schimmel & Co. zur Verfügung gestellten Probe einen interessanten Beitrag zur Kenntnis des Lorbeeröles versprach, haben wir die eingehendere Untersuchung aufgenommen. Das dazu benötigte Öl wurde von der Firma Schimmel & Co. unter der Garantie der Reinheit und Echtheit bezogen.

Es gelangten 2400 g Lorbeeröl zur Verarbeitung.

Das „Lorbeeröl aus Blättern" besitzt eine hellgelbe Farbe und einen anfangs angenehm kräftigen, aromatischen, die Schleimhäute etwas reizenden, späterhin süßlich-weichlich werdenden Geruch. Der Geschmack ist brennendscharf und etwas bitterlich. Bei deutlich saurer Reaktion und einem optischen Drehungsvermögen von a_D — 15.95° bei 17° im 100 mm-Rohr zeigt das Öl ein spezifisches Gewicht von 0.9215 bei 17°. Ein Öl, welches etwa ein Jahr älter war, hatte ein spezifisches Gewicht von 0.9257 bei 17°.

$$\begin{array}{ll}
\text{Verseifungszahl} & 49.84 \\
\text{Säurezahl} & 2.74 \\
\text{Esterzahl} & 47.10
\end{array}$$

Die freien Säuren.

Um die vorhandenen freien Säuren zu isolieren, wurde das Öl mit dem doppelten Volumen säurefreien Äthers verdünnt und mit einer zweiprozentigen Natriumcarbonatlösung geschüttelt.

Die vereinigten wässerigen Anteile wurden mittels Äther von suspendiertem Öle befreit, der Äther durch Einleiten von Kohlensäure und gelindes Erwärmen entfernt und das Ganze auf dem Wasserbade eingeengt.

Da eine Probe beim Ansäuern mit verdünnter Schwefelsäure eine deutliche Trübung erkennen ließ, wurde die Gesamtmenge in derselben Weise behandelt und der Destillation mit Wasserdämpfen unterworfen. Hierbei wurde die Flüssigkeit, bis auf ganz geringe Harzmengen, vollkommen blank, und mit Wasserdämpfen nicht flüchtige Säuren ließen sich nicht nachweisen.

Das Destillat wurde mit Natriumcarbonat möglichst genau neutralisiert, auf dem Wasserbade zur Trockene gebracht und mehrere Male mit absolutem Alkohol behandelt.

Die nach dem Verdunsten des Alkohols zurückgebliebenen, unangenehm riechenden Natronsalze wurden in destilliertem Wasser gelöst und mit etwas Silbernitratlösung versetzt; der entstandene Niederschlag wurde sofort abfiltriert, zum Filtrat abermals Silbernitrat zugegeben und diese Operation nochmals wiederholt. Als keine Fällung mehr erfolgte, wurde die Flüssigkeit möglichst schnell unter Lichtabschluß eingedampft. Auf diese Weise erhielten wir vier Fraktionen von Silbersalzen, welche sich beim nachfolgenden fraktionierten Kristallisieren auf drei reduzierten.

Fraktion I.

a) 0.1054 Substanz lieferten 0.0558 Silber entsprechend 52.94 °/₀ Ag.

Nach nochmaligem Umkristallisieren:

   b) 0.0988 Substanz lieferten 0.0515 Ag entsprechend 52.13 % Ag

   c) 0.1326 Substanz lieferten 0.0689 Ag entsprechend 51.96 % Ag

   d) 0.1352 Substanz lieferten 0.1412 CO_2 und 0.0541 H_2O entsprechend
      C 28.48 %; H 4.48 %.

Für valeriansaures Silber $C_5H_9O_2$ Ag:

     Ber. C 28.71, H 4.34, Ag 51.64.

     Gef. C 28.48, H 4.48, Ag b) 52.13, c) 51.96.

Fraktion II.

0.1236 Substanz lieferten 0.0692 Ag entsprechend 55.99 % Ag

Für buttersaures Silber $C_4H_7O_2$ Ag:

     Ber. C 24.62, H 3.62, Ag 55.36.

     Gef. C — H — Ag 55.99.

Fraktion III.

   a) 0.0986 Substanz lieferten 0.0641 Ag entsprechend 65.01 % Ag

   b) 0.1034 Substanz lieferten 0.0670 Ag entsprechend 64.79 % Ag

   c) 0.1238 Substanz lieferten 0.0800 Ag entsprechend 64.62 % Ag

   d) 0.1522 Substanz lieferten 0.0792 CO_2 und 0.0256 H_2O entsprechend
      C 14.19 %; H 1.88 %.

Für essigsaures Silber $C_2H_3O_2$ Ag:

     Ber. C 14.37, H 1.81, Ag 64.65.

     Gef. C 14.19, H 1.88, Ag a) 65.01, b) 64.79, c) 64.62.

Diese Zahlen besagen, daß mit Sicherheit Essigsäure und Valeriansäure nachgewiesen sind; daneben scheint aber auch Isobuttersäure vorhanden zu sein, wofür auch die Löslichkeit der Silbersalze spricht.

Von einer Destillation der freien Säuren, um durch Feststellung der Siedepunkte weiteren Aufschluß zu erhalten, mußte abgesehen werden, da die isolierte Menge eine allzu geringe war. —

Das freie Phenol.

Die von den freien Säuren befreite ätherische Lösung des Öles wurde zunächst mit Wasser gewaschen und alsdann mehrmals mit 5-prozentiger Natronlauge ausgeschüttelt. Die vereinigten alkalischen Ausschüttelungen wurden mit Äther gewaschen und sodann mit Kohlendioxyd gesättigt. Hierbei schied sich ein gelbliches Öl aus, welches der Flüssigkeit mit Äther entzogen wurde.

Der das Phenol enthaltende Äther wurde mit entwässertem Natriumsulfat getrocknet und vorsichtig im Vakuum abgedunstet. Es wurden auf diese Weise ca. 40.0 g aus 2400.0 g Lorbeeröl erhalten. Beim Fraktionieren im Luftbade siedete das Öl fast bis auf den letzten Tropfen bei 247°, dem Siedepunkt für Eugenol.

Die Analysen ergaben folgende, auf Eugenol stimmende Werte:

   a) 0.2152 Substanz lieferten 0.5781 CO_2 und 0.1377 H_2O entsprechend
      C 73.26 %; H 7.16 %

7*

b) 0.2104 Substanz lieferten 0.5640 CO_2 und 0.1405 H_2O entsprechend
C 73.11 %; H 7.47 %.

Für Eugenol $C_{10}H_{12}O_2$:
Ber. C 73.13, H 7.37.
Gef. C a) 73.26, b) 73.11, H a) 7.16, b) 7.47.

Zur weiteren Stütze der Annahme, daß Eugenol vorliege, stellten wir
nach bekannter Methode die Benzoylverbindung dar, deren Schmelzpunkt zutreffend bei 70.5° gefunden wurde.

Da ein Versuch, durch Schütteln der von den freien Säuren und dem
Phenol befreiten ätherischen Lösung des Öls mit konzentrierter Natriumbisulfitlösung Aldehyde oder Ketone abzuscheiden, negativ ausfiel, wurde die
ätherische Lösung des Öles mit Wasser bis zur Neutralität desselben gewaschen, von diesem möglichst befreit und der Äther durch vorsichtige, langsame Destillation entfernt.

Verseifung des Öles.

Die oben angegebene Verseifungszahl und die nach Abzug der Säurezahl
verbleibende Esterzahl, welche ungefähr 17mal so groß ist wie die Säurezahl,
machten eine Verseifung des Öles unumgänglich.

Zu diesem Zwecke wurde das Öl portionsweise mit etwa der doppelten
Menge ziemlich konzentrierter alkoholischer Kalilauge drei bis vier Stunden
am Rückflußkühler gekocht. Die einzelnen Portionen wurden vereinigt. Nach
einiger Zeit hatte sich ein ganz erhebliches Kristallkonglomerat gebildet, das
abgesaugt und mit Äther ausgewaschen wurde.

Ein orientierender Versuch, Erwärmen mit einigen Tropfen Alkohol und
etwas verdünnter Schwefelsäure, ließ deutlich Essigestergeruch wahrnehmen.
Es wurde ein Teil der Abscheidung aus Alkohol mehrere Male umkristallisiert,
mit verdünnter Schwefelsäure zerlegt und mit Wasserdämpfen übergetrieben.
Das Destillat wurde mit Ammoniakflüssigkeit abgesättigt und eingedampft.
Das Ammonsalz, in Wasser gelöst und mit Silbernitrat zerlegt, schied ein
weißes Silbersalz aus, das nach zweimaligem Umkristallisieren die folgenden
Werte gab:

a) 0.2582 Substanz lieferten 0.1667 Ag entsprechend 64.56 % Ag
b) 0.1322 Substanz lieferten 0.0688 CO_2 und 0.0217 H_2O entsprechend
C 14.19 %; H 1.84 %.

Für Silberacetat $C_2H_3O_2Ag$:
Ber. C 14.37, H 1.81, Ag 64.65.
Gef. C 14.19, H 1.84, Ag 64.56.

Diese Daten beweisen, daß sich Essigsäure auch als Estersäure im
Lorbeeröl befindet und zwar in ziemlich erheblicher Menge.

Die beim Absaugen des Kaliumacetats erhaltene Flüssigkeit wurde durch
Destillation auf dem Wasserbade von der Hauptmenge des Alkohols befreit und
nach dem Erkalten mehrere Male mit destilliertem Wasser ausgeschüttelt, die
vereinigten wässerigen Lösungen wurden mit Äther behandelt, um suspendiertes

Öl zu entfernen, auf dem Wasserbade auf ca. 500 ccm eingedampft und mit Kohlendioxyd gesättigt.

Das hierbei sich abscheidende Phenol erwies sich nach der Reinigung als Eugenol.

0.1932 Substanz lieferten 0.5192 CO_2 und 0.1257 H_2O.

Für Eugenol $C_{10}H_{12}O_2$:

Ber. C 73.13, H 7.37 %.

Gef. C 73.28, H 7.28 %.

Es konnte also in dem Lorbeeröle neben freiem auch verestertes Eugenol nachgewiesen werden.

Die veresterten Säuren.

Zur eingehenderen Prüfung dieser wurde die vom ausgeschiedenen Kaliumacetat abfiltrierte und vom Alkohol befreite Lösung mit verdünnter Schwefelsäure angesäuert, mit Filtrierpapierschnitzeln geschüttelt und filtriert. Das Filtrat, welches unangenehm und nach ranziger Butter roch, wurde der Destillation mit Wasserdampf unterworfen, das Destillat mit Kochsalz gesättigt und mit Äther ausgeschüttelt. Nach dem Trocknen mit entwässertem Magnesiumsulfat und Verdunsten des Äthers im Vakuum wurde fraktioniert. Es wurden dabei bis 125° etwa 2 ccm eines fast farblosen, stechend-scharf riechenden Vorlaufs erhalten, der als Essigsäure erkannt wurde; dann stieg das Thermometer schnell bis 160° und nun langsam ständig weiter, bis bei etwa 200° alles überdestilliert war. Da es bei der geringen Menge aussichtslos erschien, auf dem Wege des Fraktionierens eine Trennung zu erreichen, wurde alles, bis auf den Vorlauf, mit Wasser angeschüttelt und mit Ammoniakflüssigkeit neutralisiert. Nach Entfernung des geringen Ammoniaküberschusses wurde eine fraktionierte Fällung mit Silbernitrat vorgenommen.

Das zwischen 160° und 200° siedende Säuregemisch.

a) 0.1846 Substanz lieferten 0.4092 CO_2 und 0.1618 H_2O entsprechend C 60 46 %; H 9.80 %.

b) 0.1870 Substanz lieferten 0.4162 CO_2 und 0.1640 H_2O entsprechend C 60.70 %; H 9.81 %.

Berechnet für Valeriansäure $C_5H_{10}O_2$:   Capronsäure $C_6H_{12}O_2$:

C   58.78   62.02

H   9.87   10.42

Gefunden: C a) 60.46; b) 60.70.

H a)   9.80; b) 9.81.

Drei Fraktionen Silbersalze.

Fraktion I.

a) 0.0456 Substanz lieferten 0.0226 Ag entsprechend Ag 49.56 %.

b) 0.0364 Substanz lieferten 0.0178 Ag entsprechend Ag 48.90 %.

Fraktion II.

a) 0.0328 Substanz lieferten 0.0160 Ag entsprechend Ag 48.78 %.
b) 0.0188 Substanz lieferten 0.0092 Ag entsprechend Ag 48.94 %.
c) 0.0200 Substanz lieferten 0.0098 Ag entsprechend Ag 49.00 %.

Fraktion III.

a) 0.0294 Substanz lieferten 0.0150 Ag entsprechend Ag 51.02 %.
b) 0.0412 Substanz lieferten 0.0210 Ag entsprechend Ag 50.97 %.
c) 0.0726 Substanz lieferten 0.0824 CO_2 und 0.0290 H_2O entsprechend
C 30.95 %; H 4.47 %.

Berechnet für

Essigsaures Silber $C_2H_3O_2$ Ag:	Valeriansaur. S. $C_5H_9O_2$ Ag:	Capronsaur. S. $C_6H_{11}O_2$ Ag:
C 14.37	28.71	32.28
H 1.81	4.34	4.97
Ag 64.65	51.64	48.40

Berücksichtigt man einerseits die Prozentzahlen für Silber und andererseits die Analysen des Säuregemisches, ferner auch noch den Geruch und den Siedepunkt zwischen 160° und 200°, so ergibt sich mit ziemlicher Wahrscheinlichkeit, daß hier ein Gemisch von einer Valeriansäure und Capronsäure vorliegt. Daraufhin ausgerechnet, würde nach den Kohlenstoff- und Wasserstoffbestimmungen ein Gemisch vorliegen von:

$$40.89 \% \ C_5H_{10}O_2 \text{ und } 59.11 \% \ C_6H_{12}O_2,$$

nach dem Durchschnitt sämtlicher Silberbestimmungen von:

$$39.27 \% \ C_5H_{10}O_2 \text{ und } 60.73 \% \ C_6H_{12}O_2.$$

Legt man der Berechnung die bei der III. Silbersalzfraktion erhaltenen Zahlen zu Grunde, so gestaltet sich das Verhältnis

$$36.23 \% \ C_5H_9O_2 \text{ Ag zu } 63.77 \% \ C_6H_{11}O_2 \text{ Ag}.$$

Ein derartiges Silbersalzgemisch erfordert 49.61 % Silber.

Die beim Schütteln mit den Filtrierpapierschnitzeln von diesen festgehaltenen Anteile der Säuren wurden durch Extraktion mit Äther und Verdunsten desselben wiedergewonnen. Sie stellten eine bräunliche, plastische Masse dar. Es wurden einige ccm absoluten Alkohols hinzugegeben und das Ganze ungefähr vierzehn Tage sich selbst überlassen. Als sich nach Ablauf dieser Zeit deutlich seidenglänzende Kristalle erkennen ließen, wurde die Masse auf Ton gestrichen und auf diesem zweimal zur Verdrängung der gröbsten Verunreinigungen mit wenig absolutem Alkohol behandelt. Durch successives Auskochen der vom Tonteller losgelösten Kristallmassen mit Wasser und wiederholtes Abkühlen nach dem Filtrieren konnten 1.66 g (aus 2.4 kg Öl) einer Säure vom Schmelzpunkt 146° bis 147° erhalten werden.

Diese Estersäure lieferte bei der Verbrennung auf die Formel $C_{10}H_{14}O_2$ stimmende Werte.

a) 0.1072 Substanz lieferten 0.2828 CO_2 und 0.0806 H_2O entsprechend
C 71.95 %; H 8.41 %.

b) 0.1288 Substanz lieferten 0.3394 CO_2 und 0.0966 H_2O entsprechend C 71.86 %; H 8.39 %.

c) 0.1164 Substanz lieferten 0.3064 CO_2 und 0.0864 H_2O entsprechend C 71.79 %; H 8.30 %.

Für $C_{10}H_{14}O_2$:

Ber. C 72.24; H 8.49.

Gef. C a) 71.95, b) 71.86, c) 71.79; H a) 8.41, b) 8.39, c) 8.30.

Um die Basizität der Säure zu bestimmen, wurden 0.2042 g Substanz in alkoholischer Lösung mit einer alkoholischen $\frac{n}{10}$ Kalilauge titriert. Hierbei wurden bis zum Endpunkte der Reaktion 12.3 ccm verbraucht. Diese 12.3 ccm entsprechen 0.0690768 g festen Kalihydrats. Vergleicht man nun das Molekulargewicht von $C_{10}H_{14}O_2$ mit dem des Kalihydrates, 166.106 zu 56.16, so zeigt sich, daß ein Molekül KOH zur Sättigung eines Moleküls $C_{10}H_{14}O_2$ verbraucht worden ist. Daraus ergibt sich, daß die Säure einbasisch ist und ferner, daß ihr das Molekulargewicht 166.106 zukommt.

Des weiteren wurden das Silber-, Blei- und Kupfersalz dargestellt und analysiert.

Salze der Säure $C_{10}H_{14}O_2$.

1. Silbersalz:

0.5038 Substanz lieferten 0.2004 Ag entsprechend Ag 39.78 %.

Für $C_{10}H_{13}O_2$ Ag:

Ber. Ag 39.53.
Gef. Ag 39.78.

2. Bleisalz. Wie bei der Dartellung des Silbersalzes, wurde auch bei der Bildung der Bleiverbindung ein Überschuß an Fällungsmittel sorgfältigst vermieden.

Zur wässerigen Säurelösung wurden einige Tropfen Essigsäure und dann tropfenweise Bleiacetatlösung gegeben. Die Bleiverbindung schied sich in weissen Flocken aus, welche abgesaugt und aus Äther-Alkohol kristallisiert wurden.

0.1262 Substanz lieferten 0.0708 SO_4Pb entsprechend Pb 38.31 %.

Für $(C_{10}H_{13}O_2)_2$ Pb:

Ber. Pb 38.52.
Gef. Pb 38.31.

3. Kupfersalz. Zwecks Bereitung des Kupfersalzes wurde die Säure in etwas Natriumkarbonatlösung gelöst und soviel verdünnte Schwefelsäure zugegeben, daß gerade eine schwache Opaleszenz auftrat. Hierauf wurde ein kleiner Überschuß an Kupfersulfatlösung zugesetzt. Da sich das abgesaugte und getrocknete Kupfersalz als in Chloroform löslich erwies, wurde es mit diesem Lösungsmittel behandelt. Es gelang nicht, ein kristallisiertes Produkt zu erhalten. Daher wurde das grün gefärbte, pulverige, amorphe, aus Chloroform erhaltene Salz analysiert.

a) 0.2138 Substanz lieferten 0.4762 CO_2 und 0.1254 H_2O entsprechend C 60.75 %; H 6.56 %.

b) 0.6106 Substanz lieferten 0.1222 CuO entsprechend Cu 15.99 %.

Für $(C_{10}H_{13}O_2)_2$ Cu:

Ber. C 60.94; H 6.65; Cu 16.15.
Gef. C 60.75; H 6.56: Cu 15.99.

Versuche zur Feststellung der Konstitution der Säure $C_{10}H_{14}O_2$.

Die Säure erwies sich als ungesättigt. Sie nahm 1 Mol. Gew. Brom auf.

Für die ungesättigte Natur des Körpers spricht ferner, daß ihn Kaliumpermanganat schon in der Kälte sehr energisch angreift. Ein irgendwie charakteristisches Reaktionsprodukt konnte jedoch nicht isoliert werden, weder als in wässeriger noch als in Acetonlösung gearbeitet wurde. Auch ein Oxydationsversuch mit Ferricyankalium in alkalischer Lösung nach der von Villiger[1]) gegebenen Vorschrift verlief resultatlos, da das gewonnene Produkt nach dem Umkristallisieren aus verdünntem Alkohol den Schmelzpunkt 146° bis 147°, also den des Ausgangsmaterials, zeigte.

Leider mußten weitere Versuche, die Konstitution aufzuklären, wegen Materialmangels aufgegeben werden. Die Vermutung soll aber ausgesprochen sein, daß ein genetischer Zusammenhang der Säure $C_{10}H_{14}O_2$ mit dem Camphen zu bestehen scheint.

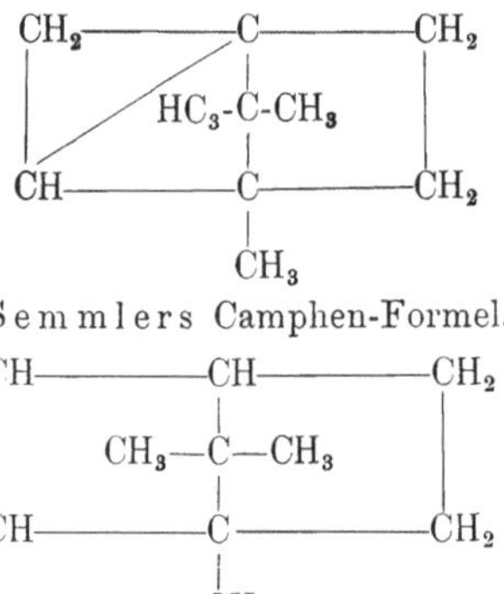

Semmlers Camphen-Formel.

Bredts Camphen-Formel.

Bei der Oxydation mit Kaliumferricyanid war Dihydrokuminsäure nicht entstanden. Es war daher daran zu denken, daß unsere Säure $C_{10}H_{14}O_2$ vielleicht identisch war mit der von 1. Majewski und Wagner[2]) beschriebenen Dehydrocamphenylsäure $C_{10}H_{14}O_2$ vom Schmelzpunkt 147.5° bis 148°. Von dieser wird allerdings im Gegensatz zu unserer Säure Kaliumpermanganat, selbst bei längerem Stehen damit, nicht entfärbt, und die Verfasser ziehen daraus den Schluß, daß die Dehydratation der Camphenylsäure (Camphenilolsäure) nicht in der Richtung einer Aethylenbindung vor sich geht, sondern

[1]) V. Villiger, Ber. d. d. chem. Ges. **29**, 1926 [1896].
[2]) I. Majewski und Wagner. Journ. d. russ. chem. Ges. **20**, 124—132.

unter Bildung eines neuen Ringes, so daß die Dehydrocamphenylsäure zu
den Tricyclenen gehören würde.

$$
\begin{array}{c}
CH_3 \underline{\hspace{2em}} C \\
\diagdown \quad CH_3.C.CH_3 \quad C(OH).COOH \\
CH_2 \underline{\hspace{2em}} C \\
| \\
CH_3
\end{array}
$$

Camphenylsäure

$$
\begin{array}{c}
CH_2 \underline{\hspace{2em}} C \\
CH_3.C.CH_3 \quad CH.COOH \\
HC \underline{\hspace{2em}} C \\
| \\
CH_3
\end{array}
$$

Dehydrocamphenylsäure.

Nehmen wir für unsere Säure das folgende Bild an, abgeleitet von der
Bredtschen Camphenformel:

$$
\begin{array}{c}
CH \underline{\hspace{2em}} CH \\
CH_3.C.CH_3 \quad CH.COOH \\
CH \underline{\hspace{2em}} C \\
| \\
CH_3
\end{array}
$$

so würde sich das verschiedene Verhalten gegen Kaliumpermanganat erklären
lassen.

Unter Berücksichtigung der Mengenverhältnisse der nach dem Verseifen des Öles aufgefundenen Säuren wird man annehmen dürfen, daß als
Estersäuren eigentlich nur Essigsäure, Valeriansäure und Capronsäure an-
zusehen sind, daß dagegen die Säure $C_{10}H_{14}O_2$ erst bei der Behandlung mit
alkoholischem Kali sich aus anderen Bestandteilen des Öles gebildet hat.

Zu dieser Auffassung gibt eine Beobachtung, die im Laufe der Be-
arbeitung gemacht wurde, eine gewisse Berechtigung.

In der Literatur findet sich nämlich die Angabe, im ätherischen Öle der
Lorbeerblätter habe Wallach[1]) Pinen nachgewiesen. Es war uns nun aber
nicht möglich unter Befolgung unseres Arbeitsganges Pinen aufzufinden. Als
wir jedoch aus ursprünglichem, noch mit keinem Reagens behandeltem Öle
derselben Provenienz die betreffenden Anteile herausfraktionierten, zeigten
sich kleine Differenzen gegenüber dem vorbereiteten Öle. Das Öl fing schon
um etwa zehn Grade niedriger, als das andere, an zu sieden (bei 150°).
Die bis 170° übergegangenen Anteile wurden der Nitrosierung mit Amylnitrit
und konzentrierter Salzsäure unter Kühlung unterworfen, wobei sich nach
kurzem Kristalle ausschieden, welche sich noch vermehrten, als mit absolutem
Alkohol verdünnt wurde. Das so gewonnene Produkt wurde abgesaugt, mit

---

[1]) Wallach, Annal. 252, 95 [1889].

etwas Alkohol gewaschen und aus Benzol umkristallisiert. Nach zweimaligem Wiederholen zeigte es den Schmelzpunkt 103°, welcher dem Pinennitrosochlorid zukommt.

Somit konnte die Angabe Wallachs bestätigt werden, daß im ursprünglichen, d. h. noch nicht mit Alkalien vorbehandelten Öle Pinen enthalten war.

Verarbeitung des Öles nach der Verseifung.

Das nach den vorangegangenen Operationen hinterbliebene Öl wurde nochmals mit Wasser gewaschen und, nachdem es auf das sorgfältigste mit entwässertem Natriumsulfat getrocknet war, der fraktionierten Destillation unterworfen. Da nach ca. zwanzigmaligem Durchdestillieren, wobei die Grenzen immer enger gezogen wurden, noch keine einheitlichen und gleichmäßig konstanten Siedepunkte erhalten werden konnten, wurde aufgehört und mit folgenden Fraktionen gearbeitet.

Vorlauf, aus geringen Mengen Aethylalkohol, von der Verseifung herrührend, bestehend.

Siedepunkt:

1.	ca.	158°	bis	167°	
2.	von	167°	„	170°	
3.	„	170°	„	180°	
4.	„	180°	„	197°	
5.	„	197°	„	203°	
6.	„	203°	„	205°	bei Barometer-
7.	„	205°	„	212°	druck
8.	„	212°	„	215°	
9.	„	215°	„	220°	
10.	„	220°	„	225°	
11.	„	225°	„	230°	
12.			„	140°	bei 25 mm.
13.			„	155°	„ 18 „
14.	Rückstand.				

Der braune, zähflüssige, angenehm aromatisch riechende Rückstand wurde mit Äther verdünnt und tagelang in einer Kältemischung aufbewahrt. Da weder hierdurch noch beim Stehen mit Alkohol oder Petroläther kristallinische Abscheidungen erhalten werden konnten, wurde er mit Wasserdampf behandelt. Hierbei ging sehr langsam, so daß nach zehntägigem Destillieren etwa 20.0 g erhalten wurden, ein grün gefärbtes und eigentümlich weichlich riechendes Öl über, das ausgeäthert, getrocknet und bei gewöhnlichem Drucke fraktioniert wurde.

14ᵃ von 273° bis 285°
14ᵇ „ 285° „ 294°.

Der nun nach der Wasserdampfdestillation zurückgebliebene, noch ca. 100.0 g betragende Rückstand ist dunkelbraun, harzartig, in der Kälte spröde und besitzt immer noch einen angenehm aromatischen, etwas an Benzoë erinnernden Geruch.

Die physikalischen Konstanten der einzelnen Fraktionen.

Nr.	Fraktion	Spezifisches Gewicht bei 17°		Drehungswinkel α_D	Rohr-länge mm
1	158° bis 167°		+	3° 13′ 48″	20
2	167° „ 170°			inaktiv	
3	170° „ 180°	0.9225		inaktiv	
4	180° „ 197°		—	3° 15′; 3° 15′	200
5	197° „ 203°	0,8975	—	22° 20′ 48″; 22° 21′	100
6	203° „ 205°	0.9118	—	32° 12′; 32° 11′	100
7	205° „ 212°	0.9200	—	40° 15′; 40° 20′	100
8	212° „ 215°	0.9298	—	45° 36′; 45° 34′ 48″	100
9	215° „ 220°	0.9343	—	44° 54′ 12″; 44° 54′ 36″	100
10	220° „ 225°	0.9371			
11	225° „ 230°	0.9370		5° 45′; 5° 42′	20
12	bei 25 mm bis 140°				
13	bei 18 mm bis 155°		+	0° 24′	20

Analysen der einzelnen Fraktionen.

Nr.	Fraktion	An-gewandte Substanz-menge	Gebildete Menge		% C	% H
			Kohlen-säure	Wasser		
1	158° bis 167°					
2	167° „ 170°	0.1747	0.5038	0.1781	78.65	11.40
3	170° „ 180°	0.1534	0.4387	0.1630	78.00	11.89
4	180° „ 197°	0.1210	0.3446	0.1251	77.67	11.57
5	197° „ 203°	0.1072	0.3022	0.1120	76.88	11.68
	„	0.1383	0.3902	0.1440	76.95	11.64
6	203° „ 205°	0.1216	0.3420	0.1265	76.71	11.64
7	205° „ 212°	0.1396	0.3982	0.1422	77.79	11.39
8	212° „ 215°	0.1068	0.3069	0.1088	78.37	11.39
9	215° „ 220°	0.1499	0.4300	0.1504	78.23	11.23
10	220° „ 225°	0.1810	0.5272	0.1790	79.44	11.06
11	225° „ 230°	0.1562	0.4563	0.1502	79.67	10.75
12	bei 25 mm bis 140°					
13	bei 18 mm bis 155°	0.2720	0.8083	0.2549	81.05	10.48
„	„	0.2279	0.6799	0.2127	81.37	10.44
14a	273° bis 285°	0.1822	0.5438	0.1844	81.40	11.32
14b	285° „ 294° oder bei 18 mm über 155°	0.1608	0.5031	0.1636	85.33	11.38
„	„	0.2026	0.6346	0.2065	85.43	11.40

Fraktion 170—180°.

Diese Fraktion, welche gegen 50 Proz. des Öles ausmacht, bestand, wie gemäß den Literaturangaben vermutet wurde, aus fast reinem Cineol (Eucalyptol) $C_{10}H_{18}O$.

Zum Nachweise wurde, nach der von Wallach und Gildemeister gegebenen Vorschrift[1]), in Petroläther gelöst und unter starker Abkühlung trockenes Bromwasserstoffgas eingeleitet.

Es wurde das bei 57° schmelzende Cineolhydrobromid $C_{10}H_{18}OHBr$ erhalten.

0.1308 Substanz lieferten 0.1042 AgBr.

Für $C_{10}H_{18}OHBr$:

> Ber. Br 34.01.
> Gef. Br 33.90.

Cineolsäure $C_{10}O_{16}H_5$.

Bei der Oxydation von Cineol mit Kaliumpermanganat[2]) entsteht neben Oxalsäure, Essigsäure und Kohlensäure Cineolsäure $C_{10}H_{16}O_5$. Die vom Braunstein abfiltrierte, die Kalisalze enthaltende Flüssigkeit wurde auf dem Wasserbade zur Trockene verdampft, der Rückstand mit Alkohol, in dem das cineolsaure Kalium löslich ist, ausgezogen, und die Cineolsäure mit verdünnter Schwefelsäure ausgefällt.

Nach dreimaligem Umkristallisieren wurden farblose Kristalle vom Schmelzpunkt 196.5° erhalten, welche sich identisch erwiesen mit Cineolsäure $C_{10}H_{16}O_5$.

0.2013 Substanz lieferten 0.4096 CO_2 und 0.1346 H_2O.

Für $C_{10}H_{16}O_5$:

> Ber. C 55.52, H 7.46.
> Gef. C 55.49, H 7.48.

Abscheidung von Cineol mit Arsensäure.

In Heusler, „Die Terpene" pag. 113, befindet sich die Notiz: „Das Cineol verbindet sich mit konzentrierter Phosphorsäurelösung zu einer Verbindung
$$C_{10}H_{18}O \cdot H_3PO_4,$$
ein Umstand, der zur Darstellung reinen Cineols aus Eucalyptusöl benutzt werden kann (Scammel)[3]). Es lag nun nahe, auch einmal Arsensäure auf Cineol einwirken zu lassen. Bei Anwendung einer hochkonzentrierten Lösung dieser schied sich eine anfangs plastische, dann kristallinisch fest werdende Masse aus, die abgepreßt und mit lauwarmem Wasser behandelt, wieder in ihre Komponenten zerfiel.

Diese Reaktion, die wir Ende Februar 1901 auffanden, ist, unabhängig von uns, von anderer Seite zum Gegenstande eines Patentes gemacht worden.

---

[1]) Heusler, Die Terpene 114 [1896].
[2]) Wallach und Gildemeister, Annal. **246**. 265.
[3]) Scammel, D.R.P. Nr. 80118.

Leider ist uns die Auslegung der Anmeldung seinerzeit entgangen, so daß wir Prioritätsansprüche nicht mehr geltend machen konnten[1]).

Wir benutzten diese Methode, um die Fraktion 170—180°, die etwas mehr als ein Kilogramm ausmachte, zu reinigen, und um in den Fraktionen 167—170°, 180—197°, 197—203°, 203—205° noch vorhandenes Cineol nachzuweisen und abzuscheiden. Wurde die Abscheidung mit konzentrierter Arsensäurelösung zweimal wiederholt, so erhielten wir vollkommen reines, optisch absolut inaktives Cineol, das in der Kälte erstarrte und bei —1° wieder schmolz; der Siedepunkt wurde als konstant bei 176° und das spezifische Gewicht zu 0.930 bei 15° bestimmt.

0.1562 Substanz lieferten 0.4453 CO_2 und 0.1635 H_2O.

Für $C_{10}H_{18}O$:

Ber. C 77.85, H 11.77.

Gef. „ 77.75, „ 11.71.

Die verhältnismäßig hohe Verseifungszahl verglichen mit der Säurezahl legte die Vermutung nahe, daß im ursprünglichen Öle nicht unerhebliche Mengen veresterter Alkohole vorhanden sein müssen. Wir versuchten daher solche in den Fraktionen von 212—230° zu entdecken.

Fraktionen 212—230°.

Die Fraktionen sind etwas dickflüssiger, als die vorher beschriebenen und besitzen einen angenehmen Geruch.

Da durch Destillation weder im Vakuum, noch bei gewöhnlichem Drucke ein konstanter Siedepunkt und mithin eine Trennung von den Begleitkörpern erreicht werden konnte, wurden zur Aufklärung nachstehende Versuche angestellt.

Veresterung mit Essigsäureanhydrid.

20.0 g der Fraktion wurden mit der dreifachen Menge Essigsäureanhydrid und etwa 20.0 g Natriumacetat kurze Zeit am Rückflußkühler gekocht, hierauf in Wasser gegossen, von der wässerigen Flüssigkeit im Scheidetrichter getrennt, mit ganz verdünnter Natriumkarbonatlösung entsäuert, mit etwas Wasser gewaschen und mit entwässertem Natriumsulfat getrocknet. Beim Destillieren des so erhaltenen, angenehm erfrischend riechenden Öles unter vermindertem Drucke ließ sich ein konstanter Siedepunkt nicht erreichen. Das spezifische Gewicht beträgt 0.9232 bei 16°, der polarisierte Lichtstrahl wird um a_D —39°37'48" abgelenkt (100 mm Rohr).

Analyse:

0.2220 Substanz lieferten 0.6298 CO_2 und 0.2059 H_2O.

Ausgangsmaterial: C 78.37.

H 11.39.

---

[1]) Amer. P. Nr. 705545 vom 22. Juli 1902. W. Smith, London, übertragen auf E. Merck, Darmstadt. Darstellung von Eucalyptol, D.R.P. Nr. 132606 von E. Merck, Darmstadt.

Für $C_{12}H_{20}O_2$:

Ber. C 73.41, H 10.27.
Gef. „ 77.37, „ 10.38.

Aus den gefundenen Analysenzahlen geht hervor, daß eine Einwirkung des Essigsäureanhydrids stattgefunden hat.

Um die Menge des gebildeten Acetats festzustellen, wurde eine Esterbestimmung nach der in den Berichten von Schimmel und Co. für Geraniolacetat beschriebenen Methode ausgeführt. Zu dem Zwecke wurden 2.2782 g des esterhaltigen Öles in einem 100 ccm haltenden Kölbchen mit 10 ccm einer alkoholischen Kalilauge, die in 1 ccm 0.05091 g festes Kalihydrat enthielt, eine halbe Stunde lang auf dem Wasserbade am Rückflußkühler erhitzt. Nach dem Erkalten wurde mit etwas Wasser verdünnt, einige Tropfen einer alkoholischen Phenolphthaleïnlösung wurden zugegeben, und mit einer $\frac{n}{2}$-Schwefelsäure das überschüssige Kali zurücktitriert. Es waren 0.3788 g Kalihydrat zur Verseifung verbraucht worden, das würde, auf

$$C_{10}H_{17}O . OC . CH_3$$

berechnet, einem Gehalte von 58.21 % Acetat entsprechen.

Versuche, Wasser abzuspalten.

1. 20.0 g der Fraktion 212—215° wurden eine Stunde lang am Rückflußkühler mit 100.0 g 50-prozentiger Schwefelsäure gekocht, dann mit Wasserdämpfen übergetrieben und isoliert. Der Hauptanteil des getrockneten Produktes ging als dünnflüssiges Liquidum bei 83—85° unter 27 mm Druck über. Siedepunkt bei gewöhnlichem Drucke 176—182°. Spez. Gew. 0.8512 bei 17°; a_D —3°31′48″ (100 mm Rohr).

0.1358 Substanz lieferten 0.4342 CO_2 und 0.1418 H_2O entsprechend C 87.20 %, H 11.68 %.

2. Der obige Versuch wurde nun mit 23.0 g der Fraktion 220—225° wiederholt, jedoch mit der Abänderung, daß jetzt vier Stunden statt einer Stunde mit der Schwefelsäure gekocht wurde. Das isolierte Reaktionsprodukt war dem obigen in seinem Äußeren und betreffs des Siedepunktes vollkommen gleich, zeigte aber nur a_D —0°24 Drehung (100 mm Rohr).

0,1686 Substanz lieferten 0.5420 CO_2 und 0.1760 H_2O entsprechend C 87.68 %, H 11.68 %.

Beim Berechnen einer Molekularformel aus den Analysenwerten von Versuch 1 und 2 findet man, daß hier ein noch verunreinigter Kohlenwasserstoff der Formel $C_{10}H_{16}$ vorliegt.

Für $C_{10}H_{16}$:

Ber. C 88.16;   H 11.84.
Gef. C 87.20. 87.68; H 11.68. 11.68.

Zur weiteren Charakterisierung dieses Kohlenwasserstoffs wurde er mit Petroläther verdünnt, eine konzentrierte Natriumnitritlösung und die entsprechende Menge verdünnter Schwefelsäure in kleinen Portionen unter Umschütteln hinzugefügt. Nach Verlauf von ca. zwei Stunden hatten sich farblose Kristalle vom Schmelzpunkt 153.5° abgeschieden. Diese wurden gesammelt und mehrere Male aus Alkohol umkristallisiert. Hierdurch ließ sich der Schmelzpunkt bis auf 155° hinaufrücken.

0.1352 Substanz lieferten 0.2810 CO_2 und 0.0929 H_2O.

0.1142 Substanz lieferten bei 18° und 758 mm Barometerdruck 13.2 ccm Stickstoff, entsprechend N 13.32 %.

Für Terpinennitrosit $C_{10}H_{16}N_2O_3$:

Ber. C 56.55; H 7.60; N 13.23.
Gef. „ 56.68; „ 7.69; „ 13.32.

Durch die Behandlung mit 50-prozentiger Schwefelsäure wurde also Terpinen $C_{10}H_{16}$ gebildet.

Einwirkung verdünnter Schwefelsäure.

Alle Fraktionen von 212—230° geben beim Behandeln mit 5-prozentiger Schwefelsäure Terpinhydrat. Das Terpinhydrat schmolz bei 116—117°.

0.1222 Substanz lieferten 0.2816 CO_2 und 0.1284 H_2O.

Für $C_{10}H_{18}(OH)_2 + H_2O$:

Ber. C 63.10; H 11.66.
Gef. „ 62.85; „ 11.75.

Versuche zur Bildung eines Diphenylurethans.

H. Erdmann und Huth[1]) haben gefunden, daß man in dem Diphenylcarbaminsäurechlorid

$$(C_6H_5)_2 . N . CO . Cl$$

bei Gegenwart indifferenter organischer Basen ein Mittel besitzt, um gewisse Alkohole als gut kristallisierende Urethane zu charakterisieren. Es wurde daher ein Gemisch von 10.0 g der Fraktion 212—215°, 15.0 g Diphenylcarbaminsäurechlorid und 13.5 g Pyridin in einem Kölbchen mit Steigerohr ca. drei Stunden im siedenden Wasserbade erhitzt und so ein Körper erhalten, der nach viermaligem Umkristallisieren den Schmelzpunkt 83° zeigte, und dessen Analyse auf das Diphenylurethan eines Alkohols der Formel $C_{10}H_{17} . OH$ stimmte. Die Ausbeute war wenig gut.

0.2508 Substanz lieferten 0.7252 CO_2 und 0.1762 H_2O.

0.2682 Substanz lieferten bei 17° und 764 mm Barometerdruck 9.5 ccm Stickstoff entsprechend N 4.13 %.

Für $C_{23}H_{27}NO_2$:

Ber. C 79.03; H 7.79; N 4.02.
Gef. „ 78.86; „ 7.86; „ 4.13.

Oxydation mit Chromsäure.

Zur weiteren Aufklärung, welcher oder welche Alkohole der Formel $C_{10}H_{17} . OH$ hier vorliegen möchten, wurden, nach der von Semmler[2]) für die

---

[1]) Erdmann und Huth, Journ. f. prakt. Chemie 56, 6 ff [1897].

[2]) Semmler, Ber. d. d. chem. Ges. 23, 2965 [1890].

Oxydation von Geraniol gegebenen Vorschrift, zu einer Lösung von 10.0 g Kaliumdichromat in 12.5 g konzentrierter Schwefelsäure und 100.0 g Wasser 15.0 g der Fraktion 212—215° gegeben, das Ganze anfangs kalt gehalten und sodann der allmählich eintretenden Selbsterwärmung überlassen. Nach einer halben Stunde, während deren fortdauernd kräftig geschüttelt wurde, war die Reaktion beendet. Darauf wurde schwach alkalisch gemacht, mit Wasserdämpfen abgetrieben und das abgehobene Öl mit konzentrierter Natriumbisulfitlösung geschüttelt. Kristalle hatten sich nach 24 stündigem Stehen nicht abgeschieden, trotzdem aber wurde die vom Öle getrennte Bisulfitlösung mit Natronlauge zerlegt und einer Wasserdampfdestillation unterworfen. Dabei ging ein deutlich nach Geranial (Citral) riechendes Öl über. Der Schmelzpunkt des davon dargestellten Semicarbazons lag bei 133—135°. Barbier und Bouveault[1]) geben für das Semicarbazon des Geranials

$$C_{10}H_{16} = N \cdot NH \cdot CONH_2$$

als Schmelzpunkt 135° an.

Der gleichen Behandlungsweise, wie oben beschrieben, wurde die dreifache Menge von der Fraktion 225—230° ausgesetzt. Hier war die Ausbeute zwar immer noch schlecht, aber doch hinreichend, um eine Kondensation mit Brenztraubensäure und β-Naphthylamin nach Döbner[2]) vornehmen zu können. Diese Synthese der α-Alkyl-β-naphthocinchoninsäure wurde gewählt, weil sie eine spezifische Reaktion auf Aldehyde, besonders in ätherischen Ölen, ist.

Das ca. 4.0 g betragende, aldehydhaltige Öl wurde mit 1.2 g Brenztraubensäure und 2.0 g β-Naphthylamin in absolut alkoholischer Lösung drei Stunden lang im Wasserbade gekocht. Nach dem Erkalten schieden sich gelbe Kristalle aus, diese wurden abgesaugt, mit etwas Äther gewaschen und aus heißem 95-prozentigen Alkohol umkristallisiert. Bei dieser Operation konnten zwei verschiedene Körper erhalten werden. Der eine stellte farblose Nadeln vom Schmelzpunkte 310° dar und erwies sich als α-Methyl-β-naphthocinchoninsäure, wahrscheinlich herrührend von einer partiellen Spaltung der Brenztraubensäure in Acetaldehyd und Kohlendioxyd, welche bei unzureichenden Mengen an Aldehyd leicht eintreten kann. Der andere bildete zitronengelbe Blättchen mit dem Schmelzpunkt 197°. Dieser Schmelzpunkt, die Analysen und die Eigenschaft, beim Trocknen ein halbes Molekül Kristallwasser zu verlieren, geben den Körper als α-Geranial (Citral)-β-naphthocinchoninsäure zu erkennen.

a) 0.1802 Substanz gaben 0.5256 CO_2 und 0.1102 H_2O.

b) 0.2018 Substanz lieferten bei 17° und 764 mm Barometerdruck 7.25 ccm Stickstoff, entsprechend N 4.19 %.

Für $C_{23}H_{23}NO_2$ (sine $^1/_2 H_2O$):

Ber. C 79.95; H 6.71; N 4.07.
Gef. „ 79.55; „ 6.84; „ 4.19.

---

[1]) Barbier und Bouveault, Comt. rend. **121**, 1159; Ber. **29**, Ref. 88.
[2]) Döbner, Ber. d. chem. Ges. **27**, 352, 2020 [1894].

Versuch, aus der Fraktion 225—230⁰ eine Chlorcalciumverbindung
zu erhalten.

20.0 g der Fraktion wurden mit völlig trockenem, ausgeglühtem, fein
gepulvertem Chlorcalcium verrieben und in einer Kältemischung 36 Stunden,
vor Feuchtigkeit geschützt, stehen gelassen, darauf mit trockenem Benzol
verrieben und damit ausgewaschen. Bei dem nun folgenden Behandeln des
Chlorcalciums mit Wasser trat der intensiv rosenartige Geruch nach Geraniol
auf. Die mit Äther herausgelöste Menge desselben betrug jedoch nur wenige
Centigramme, infolgedessen konnten weitere Derivate nicht dargestellt werden.

Bei einem Vorversuche, die Fraktion 225—230⁰ mit Kaliumpermanganat
in neutraler Lösung und in der Kälte zu oxydieren, war wiederum Geranial
(Citral) deutlich wahrnehmbar; die nebenbei entstandenen Säuren zeigten
einen unangenehmen, stechenden, an Valeriansäure und Buttersäure erinnernden Geruch. —

Die vorstehenden Versuche haben also das Vorhandensein von Geraniol,

$$CH_3 - C = CH - CH_2 - CH_2 - C = CH - CH_2 . OH,$$
$$\mid \qquad\qquad\qquad\qquad \mid$$
$$CH_3 \qquad\qquad\qquad\qquad CH_3$$

in den Fraktionen von 212—230⁰ dargetan. Ob daneben auch Terpineol und
Linalool sich vorfinden, konnte nicht mit Sicherheit festgestellt werden, da
es bei dem zur Verfügung stehenden Material nicht gelang, die Ursache der
starken Linksdrehung dieser Fraktionen, die bis zu — 45⁰ 36′ ansteigt und
dann wieder fällt, zu finden. Da jedoch die Analysen dieser Fraktionen
durchweg einen zu hohen Kohlenstoffgehalt ergaben, ist wohl mit einiger
Wahrscheinlichkeit anzunehmen, daß hier noch ein Kohlenwasserstoff vorhanden ist, dessen Siedepunkt zwischen 200 und 225⁰ liegt, so daß er durch
Destillation nicht getrennt werden konnte, und der eine starke Linksdrehung
besitzt. Durch diese Annahme würden sich dann die schlechten Ausbeuten
bei den einzelnen Versuchen erklären lassen.

Um diese Verhältnisse einigermaßen mit Aussicht auf Erfolg untersuchen zu
können, dürften wohl etwa fünf bis sechs Kilogramm Lorbeeröl erforderlich sein.

Die hochsiedenden Anteile des Lorbeeröles.

Die Trennung der höher als 230⁰ siedenden Anteile gelang nur sehr
unvollkommen, da, selbst bei Anwendung von vermindertem Drucke (18 mm),
Wasserabspaltung, mithin also Zersetzung, eintrat. Mit steigender Temperatur
ging die gelbe Farbe in Grüngelb und schließlich in ein dunkles Blaugrün
über, das sich beim längeren Aufbewahren in ein schmutziges Graugrün ver-
wandelte. Der Geruch war eigenartig weichlich, kurz nach der Destillation
sogar widerlich, die Konsistenz etwa die des wasserfreien Glyzerins.

Aus den Analysen läßt sich mit zunehmendem Siedepunkt ein Abnehmen
des Sauerstoffs erkennen. Der bei 273—285⁰ siedende Anteil zeigt die
ungefähre Zusammensetzung der Sesquiterpenalkohole.

Für $C_{15}H_{26}O$:

Ber. C 81.01; H 11.79.
Gef. „ 81.40; „ 11.32.

Versuche jedoch, einen der bekannten Sesquiterpenalkohole darin zu erkennen, scheiterten; denn ein irgendwie charakteristisches Derivat konnte bisher nicht erhalten werden. Weiterhin wurde versucht, durch Abspaltung von Wasser eventuell zu bekannten Körpern zu gelangen, das Resultat war jedoch nur eine Abnahme von Sauerstoff, aber keine vollkommene Abspaltung desselben.

Versuche zur Abspaltung von Wasser.

1. Etwa 40.0 g der bei 140—155⁰ unter 18 mm Druck siedenden Fraktion wurden mit einer berechneten Menge an Phosphorpentoxyd in der Kälte zusammengebracht. Das Reaktionsprodukt wurde durch Destillation im Vakuum gereinigt und in zwei Teilen aufgefangen.

I. Bei 19 mm bis 137⁰ siedend, zeigt den Drehungswinkel $a_D + 0^0\,30'$ (20 mm Rohr).

Analyse:

0.2065 Substanz lieferten 0.6284 CO_2 und 0.1947 H_2O, entsprechend C 83.00 %; H 10.55 %.

II. Bei 19 mm bis 150⁰ siedend, zeigt den Drehungswinkel $a_D + 0^0\,30'$ (20 mm Rohr).

Analyse:

0.2055 Substanz lieferten 0.6280 CO_2 und 0.1951 H_2O, entsprechend C 83.35 %; H 10.62 %.

2. 50.0 g Öl wurden mit 150.0 g 50-prozentiger Schwefelsäure fünf Stunden am Rückflußkühler erhitzt, wobei Geruch nach schwefliger Säure auftrat. Durch Fraktionieren des mit Wasserdämpfen übergetriebenen Reaktionsproduktes wurden drei optisch inaktive Fraktionen erhalten.

Bei 20 mm Druck I bis 133⁰
II „ 136⁰
III „ 145⁰

Analysen:

I. 0.2945 Substanz lieferten 0.9116 CO_2 und 0.2862 H_2O, entsprechend C 84.42 %; H 10.87 %.

II. 0.2117 Substanz lieferten 0.6620 CO_2 und 0.2146 H_2O, entsprechend C 85.28 %; H 11.34 %.

Wurde über metallischem Natrium destilliert, so resultierten Produkte, die bei 247 und 253⁰ siedeten.

Analysen:

247⁰. 0.2447 Substanz lieferten 0.7582 CO_2 und 0.2376 H_2O, entsprechend C 84.50 %; H 10.86 %.

253⁰. 0.2278 Substanz lieferten 0.7114 CO_2 und 0.2248 H_2O, entsprechend C 85.17 %; H 11.04 %.

Beim Behandeln mit Kaliumpermanganat in neutraler Lösung blieb ein grünes, bei 255° siedendes Öl zurück, welches folgende Zahlen lieferte:

0.2127 Substanz: 0.6692 CO_2 und 0.2159 H_2O, entsprechend C 85.81 %; H 11.35 %.

Für $C_{15}H_{24}$: Ber. C 88.16; H 11.84.

Für $C_{15}H_{26}O$: Ber. C 81.01; H 11.79.

Trotz verschiedentlich variierter Versuchsbedingungen und öfterer Wiederholung gelang es nicht, ein festes Nitrosit, Nitrosat oder Nitrosochlorid zu erhalten.

Wurde trockenes Salzsäuregas in die mit der 3- bis 4-fachen Menge Äther verdünnte Fraktion unter starker Abkühlung und Ausschluß jeglicher Feuchtigkeit eingeleitet, so wurde eine ganz erhebliche Menge davon absorbiert, die Färbung ging dabei in Violett und zuletzt in Braunrot über. Kristalle schieden sich nicht ab.

Beim Versuch, den Äther im Vakuum zu entfernen und das Öl zu destillieren, trat schon unter 100° Zersetzung unter Abspaltung von Chlorwasserstoff ein.

Da eine weitere Untersuchung der hochsiedenden Anteile des Lorbeeröles zu große Anforderungen an Zeit und Materialmenge gestellt hätte, ohne einen sicheren Erfolg zu versprechen, wurde davon Abstand genommen. —

Sowohl das unveränderte Lorbeeröl, wie auch seine höher und höchst siedenden Anteile geben mit Bromdämpfen eine Blaufärbung.

Die Reaktion läßt sich am besten derart ausführen, daß man einige Tropfen des Öles oder der Fraktionen in ca. 1—2 ccm Eisessig löst und wenig Bromdampf darauf bläst. Anfänglich bemerkt man keine Einwirkung aber nach Verlauf von ungefähr einer Minute bilden sich blaue Streifen, die an Intensität immer mehr zunehmen und beim Umschwenken ihre Farbe der ganzen Flüssigkeit mitteilen. Die Färbung hält sich ziemlich lange.

Eine ähnliche, jedoch nicht so schöne Färbung erhält man mit ganz wenig Salpetersäure, wenn man ebenfalls in Eisessiglösung arbeitet.

Die Blaufärbung scheint hiernach also auf einer Oxydation zu beruhen, und man kann daher geneigt sein, auch die blaugrüne bis dunkelgrüne Farbe der höchsten Fraktionen des Öles, welche besonders schön bei frisch destillierten Produkten ist, auf Oxydationsvorgänge zurückzuführen.

Zusammenfassung der Resultate.

1. Die in der Einleitung aufgeführte Vermutung Wallachs, in den über 180° siedenden Anteilen könne sich Methylchavicol, $C_{10}H_{12}O$, vorfinden, konnte nicht bestätigt werden.

2. Die saure Reaktion des Öles ist bedingt durch die Anwesenheit von freien Säuren und zwar sind vorhanden:

$$\begin{array}{ll} \text{Essigsäure} & C_2H_4O_2 \\ \text{Isobuttersäure} & C_4H_8O_2 \\ \text{Isovaleriansäure} & C_5H_{10}O_2. \end{array}$$

3. Die Menge des freien Phenols beträgt etwa 1.7 %, es wurde als Eugenol identifiziert.

4. Nach dem Verseifen des Öles konnten abermals ca. 0.4 Proz. Eugenol isoliert und durch die Benzoylverbindung charakterisiert werden. Es ist also neben freiem auch verestertes Eugenol zugegen.

5. Die gefundene Esterzahl ist ungefähr 17 mal so groß, wie die Säurezahl. Die Hauptmenge der Estersäure bestand aus Essigsäure, daneben scheinen aber auch Valeriansäure und Capronsäure an der Esterbildung teilgenommen zu haben, und zwar, wie aus den Analysen hervorgeht, in einem ungefähren Mischungsverhältnis von 40 Proz. Valeriansäure und 60 Proz. Capronsäure.

6. Außer den genannten konnte noch eine feste Säure von der Formel $C_{10}H_{14}O_2$ in einer Ausbeute von 0.07 % = 1.66 g erhalten werden. Sie kristallisiert in etwas zusammenbackenden, stark glänzenden Schüppchen vom Schm.-P. 146—147°, wird von Kaliumpermanganat stark angegriffen und addiert zwei Atome Brom. Mit den bekannten Säuren dieser Zusammensetzung konnte sie, soweit es die geringe Menge erlaubte, nicht identifiziert werden. Vermutlich ist die Säure das Produkt sekundärer Vorgänge.

Unter Vorbehalt geben wir der Säure die folgende Konstitution:

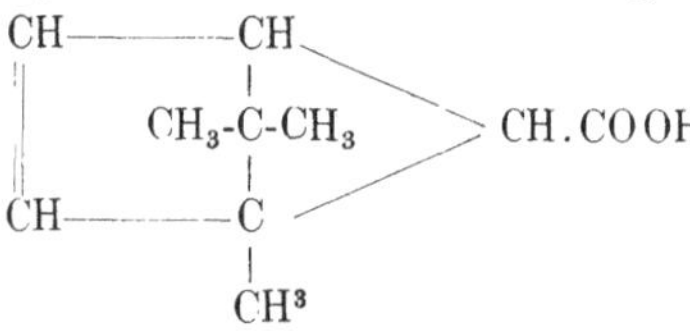

7. Pinen, das von Wallach in den niedrigsten Fraktionen aufgefunden worden war, konnte ebenfalls nachgewiesen werden, jedoch mit der Einschränkung, daß zum Nachweise desselben unverändertes, d. h. noch nicht mit Alkalien vorbehandeltes, Öl verwendet wird.

8. Cineol (Eucalyptol) wurde zu etwa 50 Proz. gefunden. Als Analogon zur Phosphorsäure ließ sich konzentrierte Arsensäure als Abscheidungs- und Reinigungsmittel verwenden.

9. In den Fraktionen 212—230° befand sich Geraniol $C_{10}H_{17}.OH$, welches durch das bei 83° schmelzende Diphenylurethan und, nach seiner Oxydation zu Geranial (Citral), durch die α-Geranial (Citral)-β-napthocinchoninsäure mit dem Schmelzpunkte 197° als solches charakterisiert wurde. Ferner ließ sich aus diesen Fraktionen durch Wasserabspaltung Terpinen $C_{10}H_{16}$ und mit verdünnter Schwefelsäure Terpinhydrat erhalten.

10. Die hochsiedenden Anteile sind sauerstoffhaltig, und es ist im höchsten Grade wahrscheinlich, daß hier neben Sesquiterpen auch Sesquiterpenalkohol vorkommt.

11. Das ursprüngliche Öl sowohl, wie auch besonders die hochsiedenden Fraktionen zeigen in Eisessiglösung, bei Einwirkung von Bromdampf oder sehr wenig Salpetersäure, eine intensive Blaufärbung.

Über die Reduktion des Cineols[1].

Von **H. Thoms** und **B. Molle**.

Das Cineol ist bisher hauptsächlich nach der Richtung seiner Oxydationsprodukte hin untersucht worden. Es schien uns lohnend zu sein, einen Beitrag zur Kenntnis der Reduktionsprodukte zu liefern.

Zu diesem Zwecke wurden zunächst Versuche mit Natrium und Alkohol, mit Natriumamalgam, mit Aluminiumamalgam und mit Eisessig und Zinkstaub angestellt. Sie schlugen so gut wie fehl, denn neben harzigen Produkten wurde stets das unveränderte Ausgangsmaterial wiedergewonnen.

Anders gestalteten sich die Verhältnisse, als Jodwasserstoff bei 200° auf Cineol einwirkte.

Es wurden 5.0 g Cineol, 20.0 g Jodwasserstoffsäure (spezifisches Gewicht 1.96) und ca 3.0 g amorpher Phosphor in ein Glasrohr eingeschmolzen. Dieses Gemisch sollte 24 Stunden auf 200° erwärmt werden, jedoch schon nach ungefähr zwölfstündigem Erhitzen erfolgte unter gewaltiger Detonation eine Explosion, und es verbreitete sich ein petroleumähnlicher Geruch.

Hiernach schien die gewählte Temperatur zu hoch zu sein. Wir variierten daher die Temperatur und auch die Dauer des Erhitzens bei gleicher Beschickung, und zwar:

6 Stunden bei 150°
4   „   „   150°
6   „   „   100°
4   „   „   100°
24   „   „   100°
2   „   „   200°
1   „   „   200°.

Es ergab sich, beim Erhitzen auf 100° trat überhaupt keine Reaktion ein, wurde bis 150° erwärmt und 4 Stunden nicht weit überschritten, so war auch hier eine Einwirkung nicht zu erkennen, stieg die Dauer des Erwärmens jedoch auf ca. sechs Stunden, so erfolgte Explosion. Bei zweistündigem sowohl, wie bei nur einstündigem Erwärmen auf 200° hielten nur etwa 20 % der Röhren stand, und diese zeigten beim Öffnen, daß ein ganz enormer Druck in ihnen herrschte. Als dann das Reaktionsprodukt in Wasser gegossen wurde, entwickelte sich ein intensiver Phosphorwasserstoffgeruch. Das isolierte Produkt zeigte starke Fluoreszenz.

---

[1] Vgl. Arch. Pharm. 1904, Heft 3.

Da wir die Explosionen zunächst der Bildung von Phosphorwasserstoff zuschrieben, erhitzten wir am Rückflußkühler 24 Stunden im Ölbade auf 200°. Das isolierte Produkt war unverändertes Cineol, demnach ist also zum Gelingen der Reduktion Druck notwendig.

Wir wählten nun als jodbindendes Mittel einen geringen Überschuß an metallischem Quecksilber und fanden nach vielen Versuchen, daß ein einstündiges Erhitzen auf eine Temperatur von ca. 220—225°, dem ein allmähliches Anwärmen voranging und ein ebenso allmähliches Abkühlen folgte, die günstigsten Reaktionsbedingungen waren.

Das auf diese Weise erhaltene Reaktionsprodukt, welches mit schön ausgebildeten Quecksilberjodidkristallen durchsetzt war, hatte die Dünnflüssigkeit des Ausgangsmaterials verloren, war gelb gefärbt und zeigte deutlich bläuliche Fluoreszenz. Der Geruch erinnerte an Petroleum.

Da bei obiger Arbeitsweise immerhin noch über 20 % der Röhren zertrümmert wurden und der Druck beim Öffnen der kalten Gläser noch ein sehr erheblicher war, untersuchten wir das entstandene Gas.

Das bei der Reduktion von Cineol gebildete Gas.

Um das gasförmige Reaktionsprodukt zu gewinnen, wurden 8 Röhren, die mit besonders engen Kapillaren versehen worden waren und nach dem Erkalten noch 24 Stunden gelegen hatten, unter Beobachtung aller Vorsichtsmaßregeln, in einer grossen pneumatischen Wanne unter Wasser geöffnet, und das ausströmende Gas in einem völlig mit Wasser angefüllten, mit Hahnrohr versehenen Zylinder aufgefangen.

Diese 8 Röhren lieferten etwas über 5000 ccm Gas; daraus erklärt sich zur Genüge der starke Druck und die enorme Wirkung bei den Explosionen.

Das Gas ist farblos, brennt mit nichtleuchtender, bläulicher Flamme, die auch beim Hineinhalten einer kalten Porzellanschale nicht rußt, und gibt, mit Luft oder Sauerstoff gemischt, explosive Gemenge. Beim Durchleiten durch Kalk- oder Barytwasser läßt es einen Gehalt an CO_2 und beim Überleiten über glühendes Kupferoxyd Halogen erkennen.

Aus diesen Resultaten geht hervor, daß das Gas aus Wasserstoff und kleinen Mengen Kohlendioxyd, verunreinigt mit etwas Jodwasserstoff, besteht, niedrigere gasförmige Kohlenwasserstoffe jedoch fehlen.

Verarbeitung des flüssigen Röhreninhaltes.

Der Inhalt von je 50 Röhren — im ganzen gelangten 125, die heil geblieben waren, zur Verarbeitung — wurde möglichst von den festen Anteilen und dem unveränderten Quecksilber durch Dekantieren getrennt und in einen Scheidetrichter gebracht. Nachdem in diesem sich die Flüssigkeiten getrennt hatten, wurde die saure wässerige Schicht abgelassen, das zurückgebliebene Öl zweimal mit Wasser gewaschen und zwecks Destillation mit Wasserdampf durch etwas Watte in einen Kolben filtriert.

Bei der nun folgenden Wasserdampfdestillation ging sehr leicht und schnell ein farbloses, dünnflüssiges Öl mit eigenartigem, kratzendem, an Petroleum erinnerndem Geruche über; gleichzeitig schieden sich im Kühler und in dem wässerigen Destillate rote Kristalle von Quecksilberjodid aus. Im Destillationskolben verblieb eine in der Kälte zähe, gelbe, ebenfalls mit Quecksilberjodidkristallen durchsetzte, salbenartige Masse zurück, die ziemlich stark fluoreszierte.

Das mit Wasserdämpfen flüchtige Reduktionsprodukt des Cineols.

Das Destillat wurde in einen Scheidetrichter gebracht und vom Wasser getrennt. Nach zweimaligem Filtrieren durch ein getrocknetes Filter war das Öl wasserfrei. Bei einer sorgfältigen Prüfung stellte sich heraus, daß das Öl noch Quecksilberjodid gelöst enthielt. Zur Abscheidung desselben wurde in dem Öl eine reduzierte Kupferspirale einige Zeit belassen, wodurch sowohl das Jod wie auch das Quecksilber gebunden wurden.

Das so von Quecksilber und Halogen befreite Öl wurde bei gewöhnlichem Drucke (753.4 mm) fraktioniert und dabei in drei Fraktionen zerlegt.

I. 156—162°

II. 162—168° (165—167° die Hauptmenge)

III. 168—175°

Rückstand

Fraktion II (162—168°) stellte die Hauptmenge dar, 125.0 g aus 200.0 g Rohöl. Sie wurde zu den weiteren Versuchen verwendet.

Physikalische Konstanten der Fraktion 162—168°.

Das spezifische Gewicht beträgt 0.8240 bei 18° und 0.8227 bei 20.5°. Der Körper ist optisch inaktiv.

Bei der Bestimmung des Brechungsindex wurde eine Ablenkung von 44° 47′ abgelesen, entsprechend

$$n_D \; 1.45993$$

Berechnet man hieraus unter Berücksichtigung des spezifischen Gewichts und des später noch anzugebenden Molekulargewichts die Molekularrefraktion nach der Formel

$$\mathfrak{M} = \frac{n^2-1}{n^2+2} \cdot \frac{1}{d} \cdot P, \text{ so erhält man: } \mathfrak{M}n_D = 45.98.$$

Legt man die Formel $M = \frac{n-1}{d} \cdot P$ zu Grunde, so erhält man: $Mn_D = 77.23$.

Die mit dem Körper ausgeführten Analysen gaben auf die Formel $C_{10}H_{18}$ stimmende Werte.

a) 0.2012 Substanz lieferten 0.6397 CO_2 und 0.2312 H_2O, entsprechend C 86.71 %; H 12.85 %.

b) 0.1831 Substanz lieferten 0.5832 CO_2 und 0.2115 H_2O, entsprechend C 86.87 %; H 12.92 %.

c) 0.1670 Substanz lieferten 0.5313 CO_2 und 0.1929 H_2O, entsprechend C 86.77 %; H 12.92 %.

d) 0.2018 Substanz lieferten 0.6428 CO_2 und 0.2336 H_2O, entsprechend C 86.87 %; H 12.95 %.

Für $C_{10}H_{18}$:

Ber. C 86.87; H 13.13.

Gef. C a) 86.71, b) 86.87, c) 86.77, d) 86.87;

H a) 12.85, b) 12.92, c) 12.92, d) 12.95.

Molekulargewichtsbestimmung.

Diese wurde nach der Methode der Gefrierpunktserniedrigung im Beckmannschen Apparate mit Eisessig vorgenommen und bestätigte obige Formel.

0.1844 g Substanz, in 26.8656 g Eisessig gelöst, gaben eine Gefrierpunktserniedrigung von 0.2005°.

$$M = \frac{c \cdot p}{t} = \frac{39 \cdot 0.6817}{0.2005} = 132.6.$$

0.2008 g Substanz, in 28.1008 g Eisessig gelöst, gaben eine Erniedrigung von 0.203°.

$$\frac{39 \cdot 0.7095}{0.203} = 136.3.$$

0.2384 g Substanz, in 27.9250 g Eisessig gelöst, gaben eine Erniedrigung von 0.241°.

$$\frac{39 \cdot 0.8465}{0.241} = 136.9.$$

Das Molekulargewicht beträgt für die Formel:

$C_{10}H_{18} = 138.137$

$C_{10}H_{16} = 136.122$

$C_{10}H_{20} = 140.152.$

Es ergibt sich bei Berücksichtigung der gefundenen Analysenzahlen und der Molekularrefraktion, die eine doppelte Bindung verlangt, mit Sicherheit, daß hier nur die Formel $C_{10}H_{18}$ in Betracht kommen kann.

Berechnet man die Molekularrefraktion für $C_{10}H_{18}$, so findet man

ohne Doppelbindung: 43.928, 73.56;

mit zwei Doppelbindungen: 47.348, 78.84;

mit einer Doppelbindung: 45.638, 76.20.

Gefunden wurde: 45.98, 77.28.

Es kann also in der Formel $C_{10}H_{18}$ nur eine Doppelbindung vorkommen.

Der Kohlenwasserstoff $C_{10}H_{18}$.

Es sind in der Literatur verschiedene Kohlenwasserstoffe von der Formel $C_{10}H_{18}$ erwähnt, jedoch von denen, die hier nur in Erwägung gezogen werden können, mit genaueren Angaben versehen, nur wenige, so das Carvomenthen, das Menthen und das Linaloolen (Cyclolinaloolen). Das Dihydrocamphen, welches als die Stammsubstanz von Pinen, Camphen und Campher angesprochen wird, kann für den Vergleich kaum in Betracht kommen, da es fest ist. Unser Kohlenwasserstoff $C_{10}H_{18}$ zeigt, gegenüber den bekannten Kohlenwasserstoffen dieser Zusammensetzung mehr oder weniger große Differenzen, betreffs des Siedepunktes, des spezifischen Gewichtes und auch in seinem sonstigen Verhalten, besonders Brom gegenüber.

Vergleicht man die in der Tabelle zusammengestellten Daten miteinander, so muß man zu dem Schlusse kommen, besonders des spezifischen Gewichtes und des Verhaltens gegen Brom wegen, daß hier ein neuer Kohlenwasserstoff $C_{10}H_{18}$ vorliegt. Wir bezeichnen ihn als „Cineolen".

Kohlenwasserstoffe $C_{10}H_{18}$.

	Gefundener Kohlenwasserstoff	Dihydrocamphen	Carvomenthen	Menthen	Aus Menthonylamin	Linaloolen	Cyclolinaloolen
Schmelzpunkt		155 3°					
Siedepunkt	165—167° die Hauptmenge	159.5°	175—176° Korrig.	167—168°	153—156°	165—168°	165—167°
Spez. Gewicht	0.8240 (18°) 0.8229 (20°) 0.8227 (20.5°)			0.814 (20°) Sicker & Kremers. 0.8064 (20°) Brühl.	0.7545 (15°)	0.7882 (20°)	0.8112 (17°)
Drehung α_D	inaktiv			$[\alpha]D$ + 32.77°			
Brechungsindex n_D	1.45993			1.44813	1.4345	1.455	1.4602
Molekularrefraktion	45.98			45.62			
Verhalten gegen Brom	spaltet Bromwasserstoff ab	gesättigt	addiert 2 Atome	addiert 2 Atome			
Verhalten geg. Bromwasserstoff	Ein Anlagerungsprodukt konnte nicht isoliert werden.	gesättigt	addiert 1 Molekül	addiert 1 Molekül			

Es wurden nachfolgend beschriebene Versuche angestellt.

Verhalten gegen Brom.

1.0 g Kohlenwasserstoff wurden in ca. 10 ccm Chloroform gelöst und mit einer Brom-Chloroformlösung allmählich versetzt. Schon nach Zusatz der ersten Tropfen färbte sich die Mischung anfangs rosa, dann dunkler rot, bordeauxrot, bis zuletzt violett, und gleichzeitig traten saure Nebel von entweichendem Bromwasserstoff auf.

Es wurde versucht durch Absaugen des Chloroforms im Vakuum das etwa entstandene Produkt zu fassen, das gelang indessen nicht, da sich alles, bis auf einen geringen, etwas klebenden Beschlag verflüchtigte.

Versuche, Jodwasserstoff anzulagern.

Der Kohlenwasserstoff wurde in Eisessig gelöst und mit einer Eisessigjodwasserstofflösung, welche die auf ein Molekül berechnete Menge Jodwasserstoff enthielt, in der Kälte vereinigt. Nach mehreren Stunden wurde zerlegt, mit Äther aufgenommen, entsäuert, getrocknet und bei Anwendung von Vakuum fraktioniert. Bei etwa 50° trat Zersetzung, erkenntlich am freien Jod, ein.

Wir variierten den Versuch nun in der Weise, daß wir absoluten Eisessig verwendeten, diesen mit trockenem Jodwasserstoff — getrocknet mit Phosphorsäureanhydrid — sättigten und die absolute Eisessiglösung des Körpers langsam, so daß die Temperatur niemals über 0° stieg, mit diesem Eisessigjodwasserstoff in geringem Überschuß versetzten. Diese Mischung blieb zwei Tage in Eis stehen und wurde darauf allmählich mit einem Überschuß von Silberacetat umgesetzt, wiederum mit der Vorsicht, daß die Temperatur nicht über 0° hinausging. Das gebildete Silberjodid wurde durch Abnutschen entfernt, die Eisessiglösung in Wasser gegossen, das Reaktionsprodukt im Scheidetrichter getrennt, mit verdünnter Sodalösung und darauf mit Wasser gewaschen. Beim Fraktionieren des mit entwässertem Magnesiumsulfat getrockneten Öles erhielten wir bei 10 mm Vakuum zwei Fraktionen.

I. 52—62°

II. 62—ca. 100°.

Beide Fraktionen erwiesen sich als völlig inaktiv und halogenfrei. Sie gaben bei der Analyse folgende Werte:

I. 0.1160 Substanz lieferten 0.3628 CO_2 und 0.1308 H_2O, entsprechend
    C 85.30 %; H 12.61 %.

II. 0.1796 Substanz lieferten 0.5036 CO_2 und 0.1814 H_2O, entsprechend
    C 76.47 %; H 11.30 %.

Berechnet für

$C_{10}H_{18}$:	$C_{10}H_{19}O.CO.CH_3$:	$C_{10}H_{17}O.CO.CH_3$:
C 86.87 %	72.67 %	73.41 %
H 13.13 %	11.19 %	10.27 %

Gefunden:	I	II
C	85.30	76.47.
H	12.61	11.30.

Demnach wäre Fraktion I unverändertes oder wieder zurückgebildetes Ausgangsmaterial, nach v. Baeyer[1] eine regelmäßige Erscheinung bei der Bildung derartiger Acetate, und Fraktion II enthielte den Ester $C_{10}H_{19}O.CO.CH_3$, noch verunreinigt mit Kohlenwasserstoff.

Diese Fraktion, von der wir etwa 6.5 g besaßen, verseiften wir mit alkoholischem Kali und versuchten von ihr, nach dem Wiedergewinnen und Reinigen, den Siedepunkt bei 10 mm Druck zu bestimmen. Das war aber bei der geringen Menge nicht möglich, vielmehr stieg das Thermometer permanent bis zum letzten Tropfen. Von den zwischen 70° und 80° übergegangenen Anteilen wurde Analyse ausgeführt, deren Zahlen annähernd auf

---

[1] v. Baeyer, Ber. d. d. chem. Ges. **26**, 2270 [1893].

$C_{10}H_{19} \cdot OH$ stimmen. Mit dem Rest versuchten wir ein Phenylurethan zu erhalten. Die Mischung mit Phenylisocyanat blieb indes bis zum Abschlusse dieser Arbeit flüssig.

0.1308 Substanz lieferten 0.3708 CO_2 und 0.1585 H_2O.

Für $C_{10}H_{19} \cdot OH$:

Ber. C 76.85; H 12.90.
Gef. „ 77.31; „ 13.56.

Versuch, Salzsäure anzulagern.

Zu dem Zwecke wurden 10.0 g Kohlenwasserstoff in möglichst niedrig siedendem Petroläther gelöst und unter Abkühlung mit Eis mit trockenem Chlorwasserstoff gesättigt. Hierbei wiederholten sich dieselben Erscheinungen, wie bei der Titration mit Bromchloroformlösung, die Flüssigkeit färbte sich anfangs rosa, dann rot und nahm schließlich eine dunkelviolette Farbe an. Bei einem Vorversuch, durch Abdunsten des Petroläthers zum Salzsäureprodukt zu gelangen, spaltete sich Salzsäure ab und hinterließ ein dunkles schmieriges Öl: wir schüttelten deshalb die Petrolätherlösung gleich mit überschüssigem feuchten Silberoxyd. Das isolierte Reaktionsprodukt, das eine bräunliche Farbe besaß, war nicht in eine analysenreine Form zu bringen.

Versuche, ein feuchtes Nitrosat oder Nitrosit von dem Kohlenwasserstoff zu erhalten, schlugen fehl, ebenso konnte auch kein kristallisierendes Nitrosochlorid dargestellt werden. Bei letzterem Versuch, der verschiedentlich unter wechselnden Bedingungen wiederholt wurde, machten wir die Beobachtung, daß, wenn die ersten Tropfen Salzsäureeisessiggemisch zu dem mit Amyl- (oder Aethyl)nitrit und Eisessig gemengten Öle zutraten, eine himmelblaue Färbung auftrat. Noch deutlicher trat diese Färbung hervor, wenn nach der von Thiele[1]) gegebenen Vorschrift gearbeitet wurde. Das Öl wurde in alkoholischer Salzsäure gelöst und ganz wenig einer gesättigten Natriumnitritlösung hinzugegeben. Immer jedoch, wenn etwas mehr von dem einen oder dem anderen Reagens hinzugefügt wurde, ging die blaue Farbe in ein schönes Grün über; eine feste Abscheidung konnte niemals, auch wenn der Versuch beim Eintritt der blauen Farbe durch Ausfällen mit Eis unterbrochen wurde, erhalten werden.

Diese Beobachtung erscheint deswegen von Bedeutung, weil v. Baeyer[2]) gezeigt hat, daß nur Körper mit tertiär = tertiär gebundenen Kohlenstoffatomen blaue Nitrosochloride liefern.

Um ganz sicher zu gehen, daß der zur Untersuchung stehende Kohlenwasserstoff nicht mit Menthen identisch ist, wofür anfänglich einige Beobachtungen sprachen, stellten wir uns dieses aus käuflichem Menthol dar; wir benutzten dazu die von Wallach[3]) zur Darstellung von Camphen aus Borneol gegebene Vorschrift.

---

[1]) Thiele, Ber. d. d. chem. Ges. **27**, 455 [1894].
[2]) v. Baeyer, Ber. d. d. chem. Ges. **27**, 443 [1894].
[3]) Wallach, Annal. **230**, 233; **269**, 349; **197**, 96.

Das so erhaltene Menthen wurde zur Darstellung von Menthennitrosochlorid verwendet. Dabei wurden genau dieselben Bedingungen, wie bei den oben angegebenen, negativ verlaufenen Versuchen beobachtet. Wir erhielten auf diese Weise sehr leicht Kristalle, die nach dem Lösen in Chloroform und Fällen mit Alkohol den Schmelzpunkt 113° zeigten und die Polarisationsebene nach rechts drehten.

Weiterhin wurde nach der von Bertram und Walbaum[1]) beschriebenen Methode der Umwandlung eines Kohlenwasserstoffs in einen Alkohol mit Hilfe von Eisessig und ganz geringen Mengen von Mineralsäuren ein Versuch angestellt. Das erhaltene Produkt hatte beim Fraktionieren die Siedepunkte 167°—172° und 172°—175°, also den ungefähren Siedepunkt des Ausgangsmaterials. Mit Phenylisocyanat ein festes Urethan darzustellen, gelang nicht.

Da eine Reduktion zu $C_{10}H_{20}$ nicht zu erreichen war, griffen wir zur Oxydation, um dadurch eventuell einen Einblick in die Konstitution des Kohlenwasserstoffs zu erhalten.

Oxydation mit Kaliumpermanganat.

Die Versuchsbedingungen wurden verschiedentlich geändert, es wurde mit genau berechneten, mit unzureichenden und überschießenden Mengen an Kaliumpermanganat in neutraler wässeriger, wie auch in Acetonlösung gearbeitet, aber stets ohne nennenswerten Erfolg. Neben unverändertem Kohlenwasserstoff und minimalen Mengen riechender Substanzen konnten immer nur flüssige, nach Fettsäuren riechende Säuregemische isoliert werden, welche selbst bei — 21° noch nicht fest wurden und in Anbetracht der geringen Ausbeuten eine Trennung ausschlossen.

Oxydation mit Quecksilberoxyd.

Rotes Quecksilberoxyd wurde mit Wasser angeschüttelt, der Kohlenwasserstoff und verdünnte Schwefelsäure (20 Proz.) zugegeben und nun auf der Schüttelmaschine 50—60 Stunden kräftig geschüttelt, bis ein eigentümlicher, an Kümmel erinnernder Geruch auftrat. Die Mengenverhältnisse von Wasser und verdünnter Schwefelsäure wurden mehrfach geändert, aber ohne besonderen Erfolg.

Ueberließ man die emulsionsartige Masse längere Zeit sich selbst, so trennte sich ein heller oder dunkler gefärbtes Öl ab. Um dieses zu gewinnen, brachten wir die ganze Masse in einen geräumigen Kolben und trieben mit Wasserdämpfen über (Ausäthern oder Absaugen hatten sich als unbrauchbar erwiesen). Dabei destillierten neben einem schwach gelb gefärbten Öle auch kleine Mengen von metallischem Quecksilber mit über.

Zur weiteren Untersuchung nahmen wir jetzt das Öl mit Äther auf, schüttelten es mit konzentrierter Natriumbisulfitlösung, um etwa entstandene Aldehyde und Ketone zu binden, wuschen es mit Sodalösung und Wasser,

---

[1]) Bertram und Walbaum, Journ. f. prakt. Chem. N. F. **49**, 1.

trockneten mit entwässertem Magnesiumsulfat und zerlegten es, nachdem der Äther verdunstet worden war, bei 10 mm Druck in vier Teile.

I. 55° bis 65°

II. 65° „ 92°

III. 92° „ ca. 100°

IV. Rückstand.

Fraktion I, etwa 90 Proz. der angewendeten Menge, gab sich durch Geruch und Siedepunkt als unverändertes Ausgangsmaterial zu erkennen. Fraktion II und III sind, wie die Analysenzahlen erkennen lassen, sauerstoffhaltig, auch der Geruch ist vom Ausgangsmaterial verschieden, aber nicht mehr ausgesprochen kümmelartig, vielmehr erinnert er auch an Menthol. Auf die Haut gebracht, erregt III zunächst ein leichtes Brennen, dann aber ein kühlendes Gefühl, der Geschmack ist scharf brennend. Ein festes Phenylurethan wurde nicht erhalten.

Das spezifische Gewicht ist bei

II 0.8835 bei 11.5°

III 0.9543 „ 11°.

Analysen:

II 0.2434 Substanz lieferten 0.7392 CO_2 und 0.2428 H_2O.

III 0.1896 Substanz lieferten 0.5284 CO_2 und 0.1810 H_2O.

Berechnet für

$C_{10}H_{20}O$:	$C_{10}H_{18}O$:	$C_{10}H_{16}O$:	$C_{10}H_{14}O$:
C 76.85 %	77.85 %	78.88 %	79.94 %
H 12.90 %	11.77 %	10.60 %	9.40 %

Gefunden:

C II 82.83; III 76.01.

H 11.16; 10.68.

Beim Zerlegen der Natriumbisulfitlösung mit Natriumkarbonat, Ausäthern und Verdunsten des Äthers blieben einige Tropfen eines stark nach Cuminaldehyd riechenden Öles zurück. Nach mehrtägigem Stehen war der Geruch verschwunden und hatten sich kleine mikroskopische Nädelchen gebildet. Sie schmolzen bei 104°. Leider war die Menge des erhaltenen Körpers zu gering, um ein Umkristallisieren vornehmen zu können. Wir vermuten Cuminsäure, Schmelzpunkt 117°, entstanden aus dem Aldehyd durch Luftsauerstoff. Als wir bei einem zweiten Versuch den Aldehyd wieder unter Händen hatten, versuchten wir ein Oxim zu erhalten; das dabei gewonnene Produkt erwies sich bei der Prüfung als stickstoffhaltig, wollte aber nicht fest werden.

Einwirkung von Schwefelsäure auf Cineolen.

Da eine kleine Probe des Cineolens, mit konzentrierter Schwefelsäure gelinde erwärmt, Entwickelung von schwefliger Säure zeigte und beim Absättigen mit Baryumkarbonat ein kristallisierendes Produkt gab, stellten wir eine größere Menge des Baryumsalzes dar.

Zu diesem Zwecke erwärmten wir 15.0 g des Kohlenwasserstoffs mit 40 g konzentrierter Schwefelsäure ungefähr drei Stunden lang auf dem Wasserbade. Nachdem die Mischung abgekühlt war, sättigten wir sie mit einer Anreibung von Baryumkarbonat mit Wasser ab, trennten das gebildete Sulfat und überschüssige Karbonat durch Absaugen von der Flüssigkeit, kochten den Rückstand mehrere Male mit Wasser aus und dampften die vereinigten, filtrierten wässerigen Lösungen ein. Zuvor wurde jedoch das unverändert gebliebene Öl möglichst vollständig im Scheidetrichter getrennt. Aus der ziemlich weit eingedampften Flüssigkeit schied sich das Baryumsalz der entstandenen Sulfosäure in schönen Blättchen ab; es wurde auf Ton gebracht und dreimal aus heißem Wasser umkristallisiert.

Das Baryumsalz der Sulfosäure.

Das lufttrockene Salz erwärmten wir 24 Stunden im Trockenschrank auf 125°. Es verlor dabei 8.581 % Wasser. Dieses so entwässerte Salz gab Analysenzahlen, die auf das Baryumsalz der α-(2)-Cymolsulfosäure stimmten.

Dadurch wird zur Evidenz bewiesen, daß in der Strukturformel des Cineolens das Kohlenstoffgerüst des p-Methylisopropylbenzols sich wiederfinden muß.

0.1664 Substanz lieferten 0.2584 CO_2 und 0.0711 H_2O.
0.1538 Substanz lieferten 0.0640 SO_4Ba.

$(C_{10}H_{13}SO_3)_2Ba$:	$(C_{10}H_{13}SO_3)_2Ba$ (ohne Kristallwasser)
C 41.97	42.57
H 5.99	4.65
Ba 24.03	24.38

Gefunden:
C   42.35
H   4.78
Ba 24.49.

Kristallwasserbestimmung:

Für $(C_{10}H_{13}SO_3)_2Ba + 3 H_2O$:

Ber. H_2O 8.748.
Gef.   „   8.581.

Die Konstitution des Cineolens.

Versucht man für das Cineolen eine Konstitutionsformel aufzustellen, so können deren drei in Betracht kommen (III, IV oder V, s. nebenstehende Formeln).

I und II scheiden aus, da die für diese beiden Kohlenwasserstoffe bekannten Daten, betreffend Siedepunkt, spezifisches Gewicht, optisches Verhalten und die Einwirkung von Brom, sich mit den für das Cineolen erhaltenen nicht in Einklang bringen lassen. Auch Formel III entspricht den Verhältnissen nicht, denn ein Körper dieser Konstitution, mit der doppelten Bindung in der Seitenkette, müßte mit Leichtigkeit Brom aufnehmen und ebenso leicht auch Halogenwasserstoffe addieren. Es bleiben daher nur noch Formel IV und V übrig.

Cineol

Menthen

Carvomenthen

Für IV. spricht nur das Auftreten der himmelblauen Farbe bei dem Versuche, ein Nitrosochlorid darzustellen, welche dann eine Folge der tertiär-tertiären Bindung wäre. Dagegen ist aber das Verhalten zu Halogen und Halogenwasserstoff anzuführen. Diese müßten verhältnismäßig leicht reagieren. Eine Abspaltung von Bromwasserstoff bei der Einwirkung von einem Molekül Brom läßt sich nicht gut erklären, und ebenso auch nicht der Umstand, daß es nicht gelang, bei Anwendung von vermindertem Drucke tertiäres Menthylchlorid zu isolieren, das hier entstehen müßte nach dem von v. Baeyer aufgestellten Satze,[1] nach welchem bei der Anlagerung von Halogenwasserstoff an die Doppelbindung Δ 4 (8) das Halogen an den im Ringe befindlichen Kohlenstoff 4 tritt. Ferner sind mit dieser Formel die Bildung von Cuminaldehyd und a-(2)-Cymolsulfosäure gezwungener zu deuten, als mit Formel V.

Daher glauben wir dem Cineolen diese letztere Konstitution (V) erteilen zu dürfen. Einer späteren Untersuchung mit größeren Materialmengen muß es überlassen bleiben, diese Ansicht noch weiter zu stützen.

---

[1] v. Baeyer, Ber. d. d. chem. Ges. **27**, 445 [1894].

Das Nebenprodukt bei der Cineolendarstellung.

Bei der Darstellung des Cineolens hatte sich als Nebenprodukt ein gelber, fluoreszierender, vaselinähnlicher Körper gebildet. Dieser wurde, mit Äther verdünnt, in gleicher Weise wie das Cineolen mit Kupferspiralen vom Quecksilber und vom Jod befreit und hierauf, da sein Siedepunkt sehr hoch lag, unter vermindertem Drucke bei 22 mm über Natrium destilliert. Er siedete so zwischen 200 und 245 °.

Die Analysen ergaben, daß hier ein Kohlenwasserstoff von der Formel $(C_{10}H_{16})x$ vorlag. Aus den Molekulargewichtsbestimmungen nach der Gefrierpunktsmethode konnte kein Schluß auf die Größe des Moleküls gezogen werden, da sie untereinander, sowohl bei Anwendung von Benzol, wie von Eisessig, zu große Schwankungen aufwiesen.

a) 0.1917 Substanz lieferten 0.6184 CO_2 und 0.1976 H_2O.
b) 0.2573 Substanz lieferten 0.8312 CO_2 und 0.2674 H_2O.

C 88.10 %; H 11.63 %.

Berechnet für $(C_{10}H_{16})x$: C   88.16 %   H 11.84 %.

Gef. „ a) 87.98, b) 88.10; a) „ 11.53, b) 11.63.

Es ist somit bei der Reduktion des Cineols neben dem Kohlenwasserstoff $C_{10}H_{18}$ noch ein zweiter von der allgemeinen Formel $(C_{10}H_{16})x$ entstanden.

Ergebnisse der vorstehenden Arbeit.

Es ist gelungen, Cineol mit Jodwasserstoff bei Gegenwart von Quecksilber zu reduzieren. Dabei gelangte man zu einem neuen, als „Cineolen" bezeichneten Kohlenwasserstoff $C_{10}H_{18}$ und zu einem polymeren Kohlenwasserstoff der Formel $(C_{10}H_{16})x$. Der Kohlenwasserstoff $C_{10}H_{18}$ siedet bei 165—167 °, ist optisch inaktiv und hat das spezifische Gewicht 0.8240 bei 18 °. Er addiert kein Brom, sondern spaltet, bei dem Versuche solches anzulagern, Bromwasserstoff ab. Unter Beobachtung besonderer Vorsichtsmaßregeln gelingt es, Jodwasserstoff anzulagern und auf diesem Umwege zum Alkohol $C_{10}H_{19}.OH$ zu gelangen. Bei der Einwirkung von konzentrierter Schwefelsäure wird a-(2)-Cymolsulfosäure gebildet, welche durch das Baryumsalz charakterisiert wurde.

Wir glauben für das Cineolen die folgende Konstitution aufstellen zu dürfen:

II.

Prüfung und Wertbestimmung von Arzneimitteln.

Wertbestimmung der narkotischen Extrakte in chemischer und pharmakologischer Hinsicht[1].

Von **H. Thoms.**

Von einem Arzneimittel verlangt man, daß es eine bestimmte Wirkung auf den erkrankten menschlichen oder tierischen Organismus äußere. Vielfach sind es chemische Wirkungen, die durch gut charakterisierbare Körper ausgelöst werden. Gelangen chemische Individuen, anorganische und organische, als Arzneimittel zur Verwendung, so können Nebenkörper oder Unreinigkeiten die charakteristischen Wirkungen gelegentlich maskieren oder einschränken. Der Wert der chemischen Verbindung als Arzneimittel ist in diesem Falle in ihrer chemischen Reinheit begründet, und eine Wertbestimmung solcher Arzneimittel wird daher in einer Reinheitsbestimmung des chemischen Körpers bestehen müssen.

Neben den wohl charakterisierbaren reinen Individuen enthält der Arzneischatz nun noch eine große Zahl Arzneimitttel, welche „Composita" darstellen, aber nicht etwa bloß Composita, die sich aus verschiedenen chemischen Verbindungen zusammensetzen lassen, sondern solche, welche die Natur uns liefert, oder welche aus Naturprodukten durch einfache Operationen gewonnen werden. Hierzu gehören die Drogen und die daraus herstellbaren galenischen Präparate: Tinkturen, Extrakte, weingeistige und wässerige Destillate, eingedickte Pflanzensäfte, fette und ätherische Öle.

Vielfach lassen sich aus den Drogen und deren einfachen Zubereitungen chemisch gut charakterisierbare Körper isolieren, und es hat sich feststellen lassen, daß diese Körper an der Wirkung der betreffenden Droge oder ihrer Zubereitung in hervorragendem Maße beteiligt sind. Das ist der Fall bei der Chinarinde, deren febrifuge Wirkung durch ein Alkaloid, das Chinin, hervorgerufen wird, ferner beim Opium, dessen hypnotische Wirkung in erster Linie auf das Alkaloid Morphium zurückgeführt werden muß, beim Extractum Belladonnae, dessen pupillenerweiternde Eigenschaft durch die Alkaloide Hyoscyamin, Atropin, Skopolamin bedingt ist u. s. w.

Diese Erkenntnis hat die pharmazeutischen Chemiker dazu verleitet, in der Bestimmung der Alkaloide in den betreffenden Drogen oder deren Zubereitungen einzig und allein einen Wertmesser für die Güte und Brauch-

---

[1] Vortrag gehalten in der Sektion VIII des V. Internationalen Kongresses für angewandte Chemie. Vgl. auch Ber. d. d. pharm. Ges. 1903, 240.

barkeit solcher zu erblicken. Hierin liegt aber ein Irrtum. Ein Chinadekokt hat spezifische Wirkungen vor einer Chininmixtur voraus, eine Opiumtinktur läßt sich keineswegs immer durch eine Morphiumsolution ersetzen, für Belladonna- und Hyoscyamusextrakt sind besondere Indikationen aufgefunden worden, so daß sie neben den Alkaloiden Hyoscyamin, Atropin, Skopolamin im Arzneischatz sich behaupten. Dasselbe ist der Fall bei Extractum und Tinctura Strychni, welche ihre Existenzberechtigung neben den Alkaloiden Strychnin und Brucin längst erwiesen haben.

Damit erwächst dem pharmazeutischen Chemiker die Pflicht, nicht allein die starkwirkenden Bestandteile der galenischen Präparate als Wertmesser für diese ins Auge zu fassen, sondern auch den scheinbar indifferenten, aber keineswegs unwirksamen und daher nicht zu vernachlässigenden Bestandteilen der Drogen und ihrer Zubereitungen eine erhöhte Aufmerksamkeit zuzuwenden. Diese sogenannten indifferenten Körper haben nicht allein die Bedeutung, daß sie sich an der spezifischen Wirkung des Präparates beteiligen, sondern auch, daß sie vielfach die örtlich irritierende Wirkung der Alkaloide aufheben oder mäßigen. Es ist deshalb keineswegs einerlei, in welcher Beschaffenheit und welcher Menge diese „indifferenten" Stoffe in den pharmazeutischen Zubereitungen sich vorfinden. Man muß sich eigentlich wundern, daß die Aufmerksamkeit der prüfenden Chemiker auf die Nebenkörper der narkotischen Extrakte nicht intensiver gelenkt worden ist. Der Nahrungsmittelchemiker hat auf seinem Gebiete diesem Bestreben längst Rechnung getragen. Will jener z. B. einen Wein beurteilen, so genügt es nicht, nur den Alkoholgehalt zu ermitteln, obgleich dieser das „stark wirkende" Prinzip darstellt. Der Wert eines Weines ist sogar meist ganz unabhängig von seinem Alkoholgehalt. Der Nahrungsmittelchemiker stellt in sorgfältigen Untersuchungen fest, wieviel Extrakt, wieviel Zucker vorhanden, wie groß der Extraktrest, welcher Art die Säuren und Ester sind, wieviel Phosphorsäure die Asche enthält u. s. w. Und durch Zusammenfassen aller dieser Einzelwerte gelangt er schließlich zu einer Gesamtbewertung des Weines. Die pharmazeutischen Chemiker sollten bei der Beurteilung der galenischen Präparate etwas Ähnliches anstreben. Schweissinger u. A. haben bereits früher darauf hingewiesen. Die zunehmende Kompliziertheit der Untersuchungsmethoden darf uns nicht abschrecken. Die Zahl, welche indifferenten Stoffe insbesondere der narkotischen Extrakte für eine Charakterisierung in Betracht kommen, wird sich in befriedigender Weise nur gemeinsam mit den Physiologen und Pharmakologen lösen lassen. Daher ist es freudig zu begrüßen, daß dieser Kongreß uns pharmazeutischen Chemikern Gelegenheit bietet, in gemeinsamer Sitzung mit Vertretern der medizinischen Chemie über diese Fragen zu sprechen. Herr Liebreich hat es freundlichst übernommen, über den gleichen Gegenstand vom Standpunkte des Pharmakologen aus seine Ansichten zu äußern.

Ohne den Ausführungen des genannten Forschers vorgreifen zu wollen, möchte ich hervorheben, daß, unserer Ansicht nach, besonders bei den narkotischen Extrakten deren Gehalt an Gerbstoffen und organischen Säuren von Wichtigkeit ist. Ob der Gehalt der Extrakte an Kohlehydraten, Salzen, an ätherischem Öl u. s. w. vernachlässigt werden darf, müssen erst eingehende Versuche lehren.

Zur Zeit dürfte es ausreichend erscheinen, wenn zur Wertbeurteilung eines narkotischen Extraktes neben dem Alkaloidgehalt auch Gerbstoff- und Säuregehalt ermittelt werden.

Nach dieser Richtung hin habe ich eines der bekannteren narkotischen Extrakte, nämlich das Extractum Belladonnae, geprüft.

Es wurde eine Methode ausgearbeitet, um

        1. den Gerbstoffgehalt und

        2. den Gehalt an organischen Säuren in diesem Extrakte festzustellen.

Gleichzeitig wurde Rücksicht genommen auf den Feuchtigkeitsgehalt und den Alkaloidgehalt des Extraktes. Diese Feststellungen wurden an mehreren Handelspräparaten desselben ausgeführt und die gewonnenen Resultate in einer beigegebenen Tabelle niedergelegt.

Je 5 g Extrakt werden in 20 ccm destilliertem Wasser gelöst, und unter Nachwaschen mit 10 ccm Wasser wird die Lösung filtriert. Durch Eintragen von 20 g Ammoniumsulfat scheidet sich der Gerbstoff nebst Extraktivstoffen ab. Die Fällung wird auf einem Filter gesammelt, mit gesättigter Ammoniumsulfatlösung ausgewaschen, der Gerbstoff durch Auskochen mit 90-prozentigem Alkohol in Lösung gebracht und dadurch zum großen Teil von den Extraktivstoffen getrennt. Die alkoholische Lösung läßt man auf dem Wasserbade eindunsten, trocknet den Rückstand bis zum konstanten Gewicht bei 100^0 und wägt. Hierauf wird der Rückstand mit warmem Wasser ausgezogen, die Lösung mit Wasser auf 1 Liter Flüssigkeit verdünnt, 10 ccm derselben mit 20 ccm 20-prozentiger Schwefelsäure versetzt und mit $\frac{n}{10}$-Kaliumpermanganatlösung titriert. Dies geschieht in der Weise, daß mit 10 ccm der Permanganatlösung 5 Minuten gekocht, die noch vorhandene Rotfärbung mit 10 ccm $\frac{n}{10}$-Oxalsäurelösung fortgenommen und sodann mit $\frac{n}{10}$-Permanganat bis zur bestehen bleibenden Rotfärbung versetzt wird.

Die wässerige Gerbstofflösung ist durch Bleiessig fällbar und färbt sich auf Zusatz von Eisenchlorid dunkelgrün.

Das Filtrat von der durch Ammoniumsulfat bewirkten Fällung wird zur Bestimmung des Säuregehaltes des Extraktes derart benutzt, daß es mit 20 ccm 20-prozentiger Schwefelsäure angesäuert und viermal mit je 15 ccm reinem, säurefreiem Äther ausgeschüttelt wird. Nach Filtration der ätherischen Lösung durch ein mit Äther angefeuchtetes Filter in eine Glasstöpselflasche werden 100 ccm Wasser und einige Tropfen Phenolphthaleïnlösung zugegeben und die Lösung mit $\frac{n}{10}$ Kalilauge unter kräftigem Umschütteln titriert. Man kann natürlich auch so verfahren, daß man eine bekannte Menge $\frac{n}{10}$ der Kalilauge im Überschuß hinzufügt und mit $\frac{n}{10}$ Salzsäure bis zum Verschwinden der entstandenen Rotfärbung zurücktitriert. Der Verbrauch an Kaliumpermanganat zur Oxydation der Gerbstofflösung und an Kaliumhydroxyd zur Bindung der durch Schwefelsäure frei gemachten Säuren wird auf 1 g Extrakt bezogen.

Es erschien unnötig, neben den gebundenen auch die freien organischen Säuren zu ermitteln. Nur der Gesamtgehalt an organischen Säuren wird bestimmt.

Zu dem vorstehend vorgeschlagenen Verfahren ist folgendes zu bemerken:

Da die Natur des Gerbstoffes des Belladonnaextraktes bisher nicht bekannt ist, und auch eine völlige Abtrennung der Extraktivstoffe von dem Gerbstoff auf einfache Weise sich nicht ermöglichen läßt, so wird die vorgeschlagene Methode der Prüfung einer Gerbstofflösung hinsichtlich ihrer Reduktionsfähigkeit gegenüber Permanganat selbstverständlich nur den Wert einer Orientierung besitzen.

Daß diese aber dazu dienen kann, über den Wert eines Belladonnaextraktes ein Urteil zu konstruieren, werde ich später bei Erläuterung der Tabelle zeigen. Je reicher ein Extrakt an Gerbstoff ist, eine größere Reduktionsfähigkeit wird die nach vorstehend beschriebener Methode gewonnene Gerbstofflösung gegenüber Permanganat haben müssen. Man wird hier zu Permanganatzahlen gelangen, deren Feststellung von Wichtigkeit werden dürfte.

Ich schlage vor, unter Permanganatzahl diejenige Zahl zu verstehen, welche angibt, wieviel Milligramm Kaliumpermanganat erforderlich sind, um den aus 1 g Extrakt durch Ausfällen mit Ammoniumsulfat und Extraktion der Fällung mit 90 prozentigem Alkohol erhaltenen Gerbstoff zu oxydieren.

Was den Säuregehalt eines Belladonnaextraktes angeht, so handelt es sich hier um mehrere organische Säuren. Dampft man die nach vorstehender Methode erhaltene ätherische Säurelösung auf dem Wasserbade ein, so hinterbleibt ein Gemisch von Säuren, das beim Erhitzen im Trockenschrank einen Geruch nach flüchtigen Fettsäuren abgibt und nach Fortgang dieser zum Teil kristallinisch erstarrt.

Die zurückbleibenden Säuren dürften im wesentlichen aus Bernsteinsäure und Apfelsäure bestehen, denn diese Säuren sind von anderen Autoren im Belladonnaextrakt bereits beobachtet worden. Aber neben den genannten Säuren werden durch Äther noch andere, und zwar auf Phenolphthaleïn nicht reagierende, indifferente Stoffe (z. B. Phytosterin) ausgezogen. Da man aus praktischen Gründen in eine Einzelidentifizierung der Säuren bei Extraktuntersuchungen unmöglich eintreten kann, so rechtfertigt sich der Vorschlag, nur die Gesamtsäurezahl durch Titration mit Alkali festzustellen, und zwar in der ätherischen Ausschüttelung, da auf diese Weise auch die flüchtigen Säuren mit zur Bestimmung gelangen.

Bei der Untersuchung mehrerer von verläßlichen Fabriken bezogener Belladonnaextrakte zeigte sich, daß der Säuregehalt bei allen nahezu der gleiche war, daß aber hinsichtlich der Permanganatzahl erhebliche Verschiedenheiten sich beobachten ließen. Ich werde hierauf noch zurückkommen. Der Wassergehalt bei den verschiedenen Extrakten war gleichfalls großen Schwankungen unterworfen. Der Gehalt an Feuchtigkeit wurde ermittelt, indem 2 g Extrakt bei 105° während dreier Stunden getrocknet wurden.

Die Bestimmung des Alkaloidgehaltes in einem Belladonnaextrakt ist mit Schwierigkeiten verknüpft. Verfährt man nach Angabe der Ph. G. IV, so erhält man ganz unzutreffende Resultate. E. Merck hat in einer Reihe ausgezeichneter Arbeiten auf die Fehlerquellen dieser Methode aufmerksam gemacht.

Die Fehler bestehen darin, daß

1. die eventuelle Alkalität der Titrationsflaschen unberücksichtigt bleibt,
2. Ammoniak und flüchtige Basen teilweise mittitriert werden,
3. die Verwendung eines Chloroform-Äthergemisches als Ausschüttelflüssigkeit Nachteile besitzt.

Ich kann diesen Beobachtungen Mercks auf Grund eigener Versuche nur beipflichten.

Merck[1]) hat nun ein neues Verfahren zur Alkaloidbestimmung des Belladonnaextraktes ausgearbeitet, welches darin besteht, daß man 4 g Belladonnaextrakt in 6 ccm Wasser löst, diese Lösung mit 10 ccm Wasser in eine Schüttelflasche spült, 100 ccm Äther zugibt, nach gutem Durchschütteln 10 ccm Natriumcarbonatlösung $(1 + 2)$ hinzufügt, 5 Minuten kräftig durchschüttelt, hierauf die Ätherschicht durch ein trockenes Filter von 9—10 cm Durchmesser filtriert und je 25 ccm, entsprechend 1 g Extrakt, zur Titration benutzt. Die Schüttelflasche, in welcher die Titration unter Verwendung von Jodeosin als Indikator vorgenommen wird, muß vorher auf Alkalität geprüft und eventuell eine solche durch Hinzufügen von $\frac{n}{100}$ Salzsäure beseitigt werden. Die sodann infolge der zugegebenen ätherischen Alkaloidlösung entstehende Rotfärbung wird mit $\frac{n}{100}$ Salzsäure fortgenommen. Die verbrauchte Anzahl Kubikzentimeter Säure mit 0.289 multipliziert, gibt den Prozentsatz des Extraktes an Alkaloid an.

Merck hebt selbst hervor, daß man nach seinem Verfahren allerdings auch Ammoniak und flüchtige organische Basen mittitriert, was nach dem Verfahren des Arzneibuches durch vorhergehendes, teilweises Abdestillieren der Ätherchloroformmischung auch nur teilweise vermieden werde.

Merck hält es daher für richtiger, das Chloroform als Extraktionsmittel zu vermeiden, die nach seinem Ätherverfahren zur jedesmaligen Bestimmung verwendeten 25 ccm Alkaloidlösung auf dem Wasserbade vollkommen zur Trockene zu bringen, den Rückstand wieder in Äther zu lösen und dann erst zu titrieren.

Merck sagt, er habe auf diese Weise bis zu einem Drittel Alkaloid weniger gefunden. Wenn Merck hervorhebt, daß beim Verdunsten der

---

[1]) Bericht über das Jahr 1900 (herausgegeben im Januar 1901), S. 11.

ätherischen Ausschüttelung ein befeuchteter Streifen rotes Lackmuspapier, über das Kölbchen gedeckt, sich bläue, und dies ein Beweis für das Entweichen alkalisch reagierender Gase sei, so ist demgegenüber darauf aufmerksam zu machen, daß eine Bläuung auf die Anwesenheit von flüchtigen Basen nicht unbedingt sich zu beziehen braucht. Denn es ist bekannt[1]), daß ganz reiner Äther empfindliches rotes Lackmuspapier bläut. Das Gleiche tun auch die Ätherdämpfe.

Merck hat weiterhin festgestellt, daß beim Abdestillieren der Äther- bezw. Äther-Chloroformlösung auf die Hälfte kein Ammoniak zur Titration gelangt, wohl aber flüchtige Basen, wie die Methylamine. Diese lassen sich indes beseitigen, wenn ein Abdampfen bis zur Trockene erfolge.

Aus seinen zahlreichen Versuchen folgert Merck, daß nach seiner Methode und derjenigen des Arzneibuches sich Differenzen von 30—50 Proz. ergeben, d. h. man finde nach der Methode des Arzneibuches ein Resultat, das zuweilen zweimal so groß ist, wie es der Wirklichkeit entspricht.

Die Tatsache nun, daß weder die Arzneibuchmethode noch diejenige von Merck den Analytiker völlig befriedigen kann, hat mich nach einer neuen Methode suchen lassen, über welche ich nachfolgend berichten möchte:

2 g Extrakt werden in 50 g Wasser gelöst, mit 10 ccm 10-prozentiger Schwefelsäure versetzt und unter Umrühren mit 5 ccm Kaliumwismutjodidlösung[2]) vermischt. Den Niederschlag bringt man auf ein trockenes Filter, wäscht ihn mit zweimal 5 ccm 10-prozentiger Schwefelsäure nach und bringt ihn nach dem Abtropfenlassen sodann samt Filter in einen weithalsigen, mit gut eingeriebenem Glasstopfen versehenen zylindrischen Schüttelzylinder. Man gibt 0,3 g schwefligsaures Natrium und 30 ccm 15-prozentiger Natronlauge hinzu und schüttelt um, versetzt rasch mit 15 g Kochsalz und 100 ccm Äther und läßt unter häufigem Schütteln 3 Stunden stehen. Der Äther, welcher nunmehr die Alkaloide enthält, setzt sich gut ab, so daß bequem 50 ccm der ätherischen Lösung (entsprechend 1 g Extrakt) mit einer Pipette herausgenommen werden können.

Diese 50 ccm Ätherlösung werden in üblicher Weise in einer Schüttelflasche mit $\frac{n}{100}$-Salzsäure unter Benutzung von Jodeosin als Indikator titriert und die gefundene Anzahl Kubikzentimeter mit dem Faktor 0,289 multipliziert. Man erhält somit den Gehalt an Hyoscyamin, Atropin, Skopolamin und flüchtigen Alkaloiden in 100 g Extrakt.

Will man letztere nicht mit bestimmen, so muß man die 50 ccm ätherische Alkaloidlösung auf dem Wasserbade verdampfen und solange auf dem Wasserbade erwärmen, bis der außerordentlich starke narkotische Geruch verschwunden ist, was übrigens nach einigen Minuten bereits eintritt.

Alsdann wird der Abdampfrückstand mit wenig Alkohol aufgenommen

---

[1]) Ber. d. d. pharm. Ges. IV, 235 [1894].

[2]) Nach Vorschrift von Kraut zu bereiten: Ann. Chem. **210**, 310 [1882], und Arch. Pharm. **235**, 152 [1897].

und mit Äther verdünnt. Es soll darauf aufmerksam gemacht sein, daß die Schüttelflasche, in welcher die Titration vorgenommen wird, vorher sorgfältig auf Alkalität untersucht, eventuell letztere beseitigt werden muß.

Zu dieser Methode ist folgendes zu bemerken.

Bewirkt man mit Kaliumwismutjodid eine Fällung, so gehen in diese hinein sowohl die fixen wie auch die flüchtigen Alkaloide, nicht aber die Ammoniumsalze. Diese werden also von vornherein ausgeschieden.

Daß eine Kaliumwismutjodidlösung die Alkaloide völlig abscheidet und nach der Fällung und nach Versetzen mit Natronlauge an Äther unter nur geringen Verlusten wieder abgibt, beweisen die folgenden Versuche:

1. Eine schwefelsaure Atropinlösung, in welcher 0.2498 g reines Atropin auf 100 ccm Flüssigkeit enthalten sind, wurde, wie vorstehend, mit Kaliumwismutjodidlösung gefällt und entsprechend weiter behandelt.

Die aus 10 ccm Lösung erhaltene ätherische Alkaloidlösung verlangte zum Binden des Alkaloids 8.4 ccm $\frac{n}{100}$-HCl (bezw. 4.2 ccm für 50 ccm der Ätherlösung) entsprechend.

$$0.00289 \cdot 8.4 \cdot 10 = 0.24276 \text{ g Atropin.}$$

Wiedergefunden daher

$$\frac{0.24276 \cdot 100}{0.2498} = 97.14 \text{ Proz.}$$

2. Eine schwefelsaure Hyoscyaminlösung, in welcher 0.2484 g reines Hyoscyamin auf 100 ccm Flüssigkeit enthalten sind, wurde, wie vorstehend, mit Kaliumwismutjodidlösung gefällt und entsprechend weiter behandelt. Die aus 10 ccm erhaltene ätherische Alkaloidlösung verlangte zum Binden des Alkaloids 8.5 ccm $\frac{n}{100}$-HCl (bezw. 4.25 ccm für 50 ccm der Ätherlösung) entsprechend:

$$0.00289 \cdot 8.5 \cdot 10 = 0.24565 \text{ g Hyoscyamin.}$$

Wiedergefunden daher:

$$\frac{0.24565 \cdot 100}{0.2484} = 98.8 \text{ Proz.}$$

3. Eine salzsaure Skopolaminlösung, in welcher 0,262 g reines Skopolamin auf 100 ccm Flüssigkeit enthalten sind, wurde, wie vorstehend, mit Kaliumwismutjodidlösung gefällt und entsprechend weiter behandelt. Die aus 10 ccm erhaltene ätherische Alkaloidlösung verlangte zum Binden des Alkaloids 8.4 ccm $\frac{n}{100}$-HCl (bezw. 4.2 ccm für 50 ccm der Ätherlösung) entsprechend:

$$0.0030325 \cdot 8.4 \cdot 10 = 0.254 \text{ g Skopolamin.}$$

Wiedergefunden daher:

$$\frac{0.254 \cdot 100}{0.262} = 97 \text{ Proz.}$$

Bei der Einwirkung von Natronlauge auf die Kaliumwismutjodidfällung beobachtet man, daß ein eigentümlicher jodoformähnlicher Geruch auftritt, vermutlich hervorgerufen durch die Einwirkung des sekundär entstandenen unterjodigsauren Natriums auf das Alkaloid.

Man kann diese Einwirkung verhindern, wenn man vor dem Hinzufügen der Natronlauge eine kleine Menge Natriumsulfit beigibt.

Der Zusatz einer reichlichen Menge Kochsalz hat den Zweck, den Übergang des Alkaloids in den Äther zu erleichtern. Immerhin ist aber ein längeres Schütteln erforderlich, um diese Überführung des Alkaloids in den Äther zu vollenden.

Die in der Tabelle nach der Kaliumwismutjodidmethode erhaltenen Alkaloidwerte sind so erhalten worden, daß die 50 ccm Ätherlösung ohne vorheriges teilweises oder völliges Eindampfen und dadurch mögliches Befreien von den flüchtigen Basen titriert wurden.

Nicht ausgeschlossen ist, daß durch die Einwirkung der starken Natronlauge auf die Kaliumwismutjodidfällung ein kleiner Teil des mitgefällten Cholins unter Entstehen von Trimethylamin zerfällt, welches dann mit zur Titration gelangt. Immerhin aber dürften die Werte dem tatsächlichen Alkaloidgehalt sehr nahe kommen.

So sehr ich daher von der Brauchbarkeit dieser Kaliumwismutjodidmethode überzeugt bin, so muß ich doch darauf aufmerksam machen, daß sie nur dann verläßliche Werte gibt, wenn unter genauester Berücksichtigung der Vorschrift bei der Ausführung verfahren wird. Als Pharmakopöe-Methode wird sie vielleicht zu diffizil sein.

In diesem Falle möchte ich mich für die von Merck empfohlene Methode aussprechen, falls diese eine kleine Änderung dahin erfährt, daß vor dem Ausschütteln der alkalischen Flüssigkeit mit Äther Kochsalz hinzugegeben wird, wodurch der Übergang des Alkaloids in den Äther sich schneller ergibt. Auch erscheint es mir nötig, daß vor der Titration der ätherischen Alkaloidlösung zunächst ein völliges Verdampfen des Äthers auf dem Wasserbade erfolgt und ein Erwärmen des Rückstandes auf dem Wasserbade, so lange dieser noch flüchtige Basen abgibt. Hierauf möge der Rückstand mit wenig säure- und alkalifreiem Alkohol aufgenommen, mit Äther verdünnt und dann die Titration vorgenommen werden. Man wird dann nicht die flüchtigen Basen mitbestimmen, sondern nur die fixen Alkaloide Hyoscyamin, Atropin, Skopolamin.

Die Alkaloidbestimmungen der verschiedenen Belladonnaextrakte hat mein Assistent, Herr Weinhagen, praktisch ausgeführt, die übrigen Bestimmungen wurden von meinen Assistenten, den Herren Diesfeld, Schönewald, Vogelsang, derart bewirkt, daß je zwei der Herren sich gegenseitig kontrollierten. Wie aus der Tabelle ersichtlich, sind hierbei leidlich gut übereinstimmende Werte erhalten worden. Die Zeit ist noch fern, daß auf Grund dieser schon Grenzzahlen aufzustellen wären. Vielleicht unterstützen mich aber die Herren Fachgenossen dadurch, daß sie die vorgeschlagene Methode bei der Untersuchung der Belladonnaextrakte in Anwendung bringen. Durch Veröffentlichung der so gewonnenen Werte und der hierbei erzielten Erfahrungen ließe sich vielleicht der Methode eine Form geben, deren Anwendbarkeit für den praktischen Apotheker keine Schwierigkeiten böte und

1 g Extractum Belladonnae Ph. G. IV.

Aus der Fabrik	Mit Ammoniumsulfat fällbar und aus der Fällung mit 90-proz. Alkohol ausziehbar		Bedürfen zur Sättigung der organischen Säuren an KOH		Permanganatzahl		Feuchtigkeitsgehalt	Alkaloidgehalt Ph.G.IV.-Methode	Alkaloidgehalt nach der Kaliumwismutjodid-Methode
	I g	II g	I g	II g	I	II	Proz.	Proz.	Proz.
A . .	0.107	0.122	0.020	0.019	214.6	200	14.15	2.15	1.4
B . .	0.034	0.036	0.018	0.016	81	82	15.77	1.72	1.19
C . .	0.088	0.076	0.020	0.024	206.8	227	10.35	1.57	1.05
D . .	0.081	—	0.018	—	256.5	—	11.46	1.72	1.15
E . .	0.059	0.053	0.016	0.018	98	86	15.10	1.74	1.48

diesen in die Lage setzte, den therapeutischen Wert eines Belladonnaextraktes nicht allein nach seinem Alkaloidgehalt, sondern auch nach der Menge des darin vorkommenden Gerbstoffes zu beurteilen.

Schon jetzt hat sich bei der Untersuchung nach der von mir vorgeschlagenen Methode etwas Wichtiges ergeben, worauf ich die Aufmerksamkeit meiner Fachgenossen lenken möchte. Aus der Tabelle geht nämlich hervor, daß bei den Extrakten A, C, D die Permanganatzahl wesentlich höher ist als bei den Extrakten B und E. Jene schwankt zwischen 206.8 und 256.5, während die Extrakte B und E nur die Werte 81 bezw. 98 erreichen. Die Extrakte A, C, D besitzen eben einen höheren Gerbstoffgehalt als die Extrakte B und E, während der Alkaloidgehalt bei allen untersuchten Extrakten sehr erhebliche Unterschiede n i c h t zeigt.

Die Extrakte B und E waren nun äußerlich wohl die besten; sie lösten sich, wie das Arzneibuch es wünscht, fast klar in Wasser, während die Extrakte A, C, D bei der Auflösung in Wasser bedeutendere Rückstände hinterließen. Wahrscheinlich waren die Extrakte B und E wiederholt in wässeriger Lösung mit Alkohol gefällt und erneut eingedampft worden; dadurch hatten sie aber einen sehr erheblichen Gehalt an Gerbstoff vermutlich infolge der Oxydationswirkung der Luft verloren. Man wird den Extrakten A, C, D trotz ihrer weniger guten Löslichkeit dennoch einen höheren therapeutischen Wert zusprechen müssen. Wir erhalten daher durch die Bestimmung der Permanganatzahl auch wichtige Hinweise für die zweckmäßigste Bereitung der Extrakte.

So wird es denn das Bestreben des pharmaceutischen Chemikers sein müssen, neben der Auffindung brauchbarer Methoden für die Wertbestimmung narkotischer Extrakte auch in Versuche einzutreten, auf welche Weise die Bestandteile der Drogen in möglichst unveränderter Form in die galenischen Präparate übergeführt werden können.

Über die Wertbestimmung des Nelkenöles[1].

Von **H. Thoms.**

Der wesentliche Bestandteil des Nelkenöles, des Oleum Caryophyllorum, ist das Eugenol:

$$CH_2-CH=CH_2$$

(Benzolring mit $O\,CH_3$ und OH)

also ein (1)-Allyl-(3)-methoxy-(4)-oxy-Benzol. Durch die Einwirkung von alkoholischer Kalilauge geht die Allyl- in die Propenylverbindung, das sog. Isoeugenol, über:

$$CH=CH-CH_3$$

(Benzolring mit $O\,CH_3$ und OH)

und letzteres liefert bei der Oxydation den Monomethyläther des Protokatechualdehyds, das Vanillin:

$$CHO$$

(Benzolring mit $O\,CH_3$ und OH)

Das Nelkenöl bezw. das darin enthaltene Eugenol ist daher ein technisch wichtiges Ausgangsmaterial für die Vanillindarstellung geworden. Die Bedeutung des Nelkenöles als Arzneimittel tritt demgegenüber ganz zurück, und nur noch ist die Verwendung des Öles als Parfümeriemittel von erheblicher Wichtigkeit.

Je größer der Gehalt eines Nelkenöles an Eugenol, desto wertvoller ist es natürlich für die Vanillinfabrikation. Im Handel werden daher die Nelkenöle nach ihrem Eugenolgehalte abgeschätzt, und somit ergibt sich der Wunsch, über eine verläßliche Eugenolbestimmung zu verfügen, als ein zwingender zu erkennen.

---

[1] Auf Grund eines auf der Naturforscherversammlung in Kassel in der Abteilung „Pharmazie und Pharmakognosie" am 21. September 1903 gehaltenen Vortrages in erweiterter Form bearbeitet. Vgl. Arch. Pharm. 1903, 592.

Diese Umstände waren es, welche mich vor 12 Jahren veranlaßten, eine Methode für die Eugenolbestimmung im Nelkenöl auszuarbeiten. Ich habe über eine solche in der Sektion „Pharmazie und Pharmakognosie" auf der 64. Versammlung der Gesellschaft Deutscher Naturforscher und Ärzte in Halle a. S., 1891, berichtet[1]).

Die Methode besteht darin, daß 5 g Nelkenöl mit 20 g Natronlauge (15 Proz.) übergossen und mit 6 g Benzoylchlorid versetzt werden. Unter Wärmeentwickelung tritt sogleich die Bildung von Benzoyleugenol

$$\underset{\overset{\displaystyle O\,CO\,C_6H_5}{}}{\overset{\displaystyle CH_2-CH=CH_2}{\bigcirc\!\!-O\,CH_3}}$$

ein, welches mit Wasser gewaschen und aus 25 ccm Alkohol von 90 Gewichtsprozent unter ganz bestimmten Bedingungen umkristallisiert wird.

Das auskristallisierte Benzoyleugenol wird auf einem bei 101^0 ausgetrockneten Filter gesammelt und bis zum konstanten Gewicht getrocknet.

Bezeichnet a die gefundene Menge Benzoesäureester, b die angewandte Menge Nelkenöl (gegen 5 g), und filtriert man 25 ccm alkoholischer Lösung vom Ester ab, so findet man den Prozentgehalt des Nelkenöles an Eugenol nach der Formel:

$$\frac{4100\,(a+0.55)}{67.b}.$$

Diese Formel resultiert aus den beiden Gleichungen:

$$\underbrace{268}_{\substack{\text{Molekular-Gewicht}\\\text{des Benzoyleugenols}}} : \underbrace{164}_{\substack{\text{Molekular-Gewicht}\\\text{des Eugenols}}} = (a+0.55): \text{Gefund. Menge Eugenol.}$$

Daher b : $\dfrac{164\,(a+0.55)}{268} = 100:x$

$$x = \frac{164\,(a+0.55)\,.\,100}{268.b} = \frac{4100\,(a+0.55)}{67.b}.$$

Die Zahl **0.55** bedeutet die Gewichtsmenge Benzoyleugenol, welche von 25 ccm 90-prozentigen Alkohols bei 17^0 in Lösung gehalten wird und daher dem Befunde hinzugezählt werden muß.

Nach der vorstehenden Methode hatte ich zu jener Zeit eine größere Anzahl Nelkenölsorten des Handels untersucht und darin Gehalte an Eugenol von 76.8—90.64 Proz. gefunden.

Schimmel & Co. prüften die Methode nach und konnten bereits in ihrem Aprilbericht 1892 (S. 28) über die Brauchbarkeit derselben berichten. Sie hatten reines Eugenol, sowie Gemische von Eugenol und Caryophyllen zu ihren Versuchen verwendet und dabei Resultate erhalten, deren Fehlergrenze kaum über 1 Proz. hinausging. Schimmel & Co. fanden bei einem Gemisch von

90 % Eugenol + 10 % Caryophyllen = 90.6 % und 89.2 %
80 % Eugenol + 20 % Caryophyllen = 78.94 %.

---

[1]) Ber. d. d. pharm. Ges. I, 278 [1891].

Die Methode arbeitet hiernach also mit völlig hinreichender Genauigkeit. Allerdings wiesen Schimmel & Co. bereits damals darauf hin, daß die Probe als Pharmakopöe-Probe sich weniger eignen würde und schlugen vor, an Stelle von Nelkenöl Eugenol in das Arzneibuch aufzunehmen. Als Prüfung würde dann außer der Bestimmung des spezifischen Gewichtes und des Siedepunktes nur die klare Löslichkeit in 2- oder 1-prozentiger Kalilauge zu fordern sein.

Trotz dieser wenig ermunternden Empfehlung meiner Methode ist letztere dennoch im Laufe der nachfolgenden Jahre sehr häufig benutzt worden, und zwar stets dann, wenn es sich um den exakten Nachweis und die quantitative Bestimmung von Eugenol handelte. Und dabei verschlug es nichts, daß diese Methode, wie sich später herausstellte, in dem Falle keine genauen Resultate liefern sollte, wenn das betreffende Öl neben freiem Eugenol in größerer Menge auch verestertes enthielt.

Zu der Zeit, als ich meine Methode ausarbeitete, war es noch nicht bekannt, daß das Nelkenöl außer Eugenol und einem Sesquiterpen, dem Caryophyllen, noch andere Körper enthalte. Später zeigten indes Schimmel & Co.[1] daß im Nelkenöl auch Furfurol und Amylmethylketon vorkommen. Im Jahre 1898 wies Ernst Erdmann[2] nach, daß im Nelkenöl das Eugenol teilweise mit Essigsäure zu Aceteugenol verestert sei. Da Erdmann in der Verseifungslauge auch Salicylsäure entdeckte, und da diese als solche im Nelkenöl von ihm nicht aufgefunden werden konnte, so vermutet er, daß sie als Acetsalicylsäure mit Eugenol verestert vorhanden sei. Später haben Schimmel & Co. festgestellt, daß im Nelkenöl auch Benzoesäure[3] verestert vorkomme, und daß ferner in demselben Methylheptylketon[4] enthalten sei, ein Keton, welches ich zuerst neben großen Mengen Methylnonylketon im deutschen Rautenöl auffand[5].

E. Erdmann hatte gelegentlich der von ihm bewirkten Entdeckung von Eugenolestern im Nelkenöl darauf aufmerksam gemacht, daß das Aceteugenol in der Kälte nur langsam und unvollständig verseift werde, wodurch der an Essigsäure gebundene Anteil des Eugenols der quantitativen Bestimmung fast ganz entgehe, wenn man diese nach meiner Methode vornähme. Der dadurch begangene Fehler könne sich auf 1.7—2 Proz. belaufen. Behufs quantitativer Bestimmung der Gesamtmenge des Eugenols sei es daher notwendig, vorher das Aceteugenol zu verseifen, was man durch kurzes Erwärmen mit Natronlauge vom spez. Gew. 1.180 auf 100° erreichen könne.

Im Jahre 1895 hatte dann Umney[6], vermutlich veranlaßt durch die Bemerkungen in Schimmels Aprilbericht 1892, eine einfache Methode zur

---

[1] Aprilbericht 1897, 50.
[2] Journ. f. prakt. Chem., N. F., **56**, 143.
[3] Aprilbericht 1902, 44.
[4] Aprilbericht 1903, 52.
[5] H. Thoms, Ber. d. d. pharm. Ges. 1901, 3.
[6] Pharm. Journ. (London) **25**, III, 950 [1895].

Bestimmung des Eugenols im Nelkenöl veröffentlicht. Nach dieser Methode wird eine gemessene Menge (10 ccm) Nelkenöl mit 10-prozentiger Alkalilösung behandelt und das nicht gelöste Öl als Nichtphenole volumetrisch bestimmt. Nach des Verfassers eigener Angabe werden hierbei zu hohe Resultate an Eugenol erhalten. Durch die starke Lauge wird zweifellos ein großer Teil der Terpene in Lösung gehalten.

A. Verley und Fr. Bölsing[1]) in Courbevoie bei Paris, welche die Umneysche Methode nachgeprüft haben, gelangen zu dem Resultat, daß man beim Ausschütteln mit 3—4prozentiger Lauge besser fahre. Unter bestimmten Voraussetzungen (z. B. bei einem aus Eugenol und Nelkenölterpenen synthetisch hergestellten Öle) erreiche man mit dieser Methode sogar eine Genauigkeit bis $\frac{1}{2}$ Proz. Hingegen hätten zahlreiche Analysen, die nach Umneys modifizierter Methode etwa 95 Proz. Eugenol ergaben, gegenüber 80—85 Proz. nach Thoms und etwa ebenso viel nach Verley und Bölsing (siehe weiter unten) die Gewißheit erbracht, daß die Methode Umney nur eine sehr geringe Zuverlässigkeit besitze.

Verley und Bölsing publizieren gleichzeitig eine neue Methode[2]) und stellen die Resultate dieser in Vergleich zu den nach meiner Methode erzielten Ergebnissen.

Verfasser verestern das Eugenol mit Essigsäureanhydrid bei Gegenwart von Pyridin und titrieren die überschüssige Säure zurück. Sie fanden nun, daß bei normalen Nelkenölen, d. h. solchen, die gegen 80 Proz. Eugenol enthalten, ihre Methode mit der meinigen gute Übereinstimmung zeigt, daß aber bei Nelkenölen mit abnorm hohem Terpengehalt meine Methode viel zu niedrige Resultate gäbe. Sie führen dies darauf zurück, daß das Eugenolbenzoat eine zu große Löslichkeit in dem beigemischten Terpen (denn es handelte sich in diesem Falle um eine Fälschung) besitzt.

Verley und Bölsing fassen daher die Resultate ihrer Versuche, wie folgt, zusammen:

1. Zur Bestimmung des Eugenols im Nelkenöl eignet sich — vorausgesetzt, daß das Öl kein anderes Phenol oder keinen Alkohol enthält — die Methode, das Eugenol durch Essigsäureanhydrid in Gegenwart von Pyridin quantitativ zu verestern und die nicht absorbierte Säure zu titrieren.

2. Die Methode Umney kann zu den größten Irrtümern Anlaß geben, selbst bei Nelkenölen, deren physikalische Eigenschaften durchaus normale sind.

3. Die Methode Thoms gibt bei Nelkenölen mit abnorm hohem Terpengehalt viel zu geringe Resultate.

Zu ganz entgegengesetzten Resultaten kommen nun neuerdings Schimmel & Co.[3]). Diese haben die Verley und Bölsingsche Methode

---

[1]) Ber. d. d. chem. Ges. **34**, 3359 [1901].
[2]) Ber. d. d. chem. Ges. **34**, 3354 und 3359 [1901].
[3]) Aprilbericht 1903, 53.

mit der Umneyschen verglichen. Sie haben die letztere etwas modifiziert, indem sie zur Auschüttelung der Nelkenöle nicht eine 10-prozentige Kalilauge, sondern nur eine 5-prozentige Natronlauge verwenden. Die hiermit erhaltenen Resultate seien durchaus zufriedenstellend. Im Gegensatz hierzu seien die mit dem von Verley und Bölsing vorgeschlagenen Acetylierungsverfahren erhaltenen Resultate derartige, daß sie (nämlich Schimmel & Co.) sich den Ausführungen jener Autoren bezüglich der Zuverlässigkeit ihrer Methode nicht anschließen könnten. Eine von Schimmel & Co. veröffentlichte Tabelle erbringt die Beweise für ihre Behauptungen. Schimmel & Co. sagen, sie müßten sich umsomehr wundern, daß sie nicht zu annähernd ebenso guten Resultaten gekommen seien, wie Verley und Bölsing, als diese zur Titration $^1|_1$ Normallauge, Schimmel & Co. dagegen $^1|_2$ Normallösung benutzt haben. Die Übereinstimmung der nach ihrem Verfahren erhaltenen Resultate mit denen nach der von Thoms empfohlenen Methode sei sehr wenig beweiskräftig, da diese nur unter ganz genauer Einhaltung der in der Vorschrift angegebenen Bedingungen — was aber sehr schwer ausführbar sei — annähernde Werte gäbe.

Schimmel & Co. halten nach alledem auch weiterhin das von Umney vorgeschlagene und von ihnen in angegebener Weise modifizierte Verfahren zur Eugenolbestimmung für das „zweckmäßigste und zuverlässigste".

„Hiernach werden 10 ccm Öl in einer Bürette oder in einem Cassiakölbchen mit 5-prozentiger Natronlauge[1]) längere Zeit durchgeschüttelt und das Gemisch sodann der Ruhe überlassen, nur wird durch zeitweises leichtes Drehen des Gefäßes um seine Längsachse dafür gesorgt, daß auch an der Glaswand haftende Öltropfen an die Oberfläche steigen. Die nicht an Alkali gebundenen Anteile des Öles werden volumetrisch bestimmt und der Eugenolgehalt aus der Differenz der ursprünglichen Ölmenge und der Nichtphenole gefunden."

Schimmel & Co. teilen sodann mit, „um Unannehmlichkeiten zu vermeiden", daß sie Garantien für den Eugenolgehalt von Nelkenölen nur auf Grund der soeben beschriebenen Methode übernehmen. Sie meinen, daß die dadurch ermittelten Volumprozente keinen besonders großen Unterschied von den Gewichtsprozenten ergeben könnten.

Die neueste Arbeit über die Eugenolbestimmung im Nelkenöl hat E. C. Spurge[2]) zum Verfasser. Er vergleicht die bisher bekannten Methoden an mehreren Nelkenölen und gelangt zu folgenden Ergebnissen:

a) Keine der bekannten Methoden gäbe absolut genaue Resultate.

b) Nelkenöl enthält beträchtliche Mengen Eugenolester von 7—18 Proz., wenn auf Eugenolacetat berechnet.

---

[1]) In dem Oktoberbericht 1903 empfehlen Schimmel & Co. zum Ausschütteln eine 3-prozentige Natronlauge, da die 5-prozentige Lauge hochprozentige Nelkenöle (etwa 95 Proz. Eugenol) glatt löse.

[2]) Pharm. Journal. (London) 1903, No. 1717 und Nr. 1718.

c) Die Methode nach Thoms gestattet, die Eugenolester nur teilweise zu bestimmen; sie sei indes einer Verbesserung fähig, aber mit Rücksicht auf ihre Langwierigkeit („tediousness") sei es besser, andere Methoden anzuwenden.

d) Umneys Methode sei schnell und bequem, und die Resultate, selbst wenn unkorrigiert, seien genauer als die nach der Thomsschen Methode erhaltenen.

e) Das freie Eugenol könne bestimmt werden mit 1 Proz. Genauigkeit nach Verley und Bölsings Methode, welche ebenso schnell ausführbar wie einfach sei.

f) Für eine Pharmakopöe-Methode sei diejenige Umneys, vielleicht verbunden mit der Bestimmung des spezifischen Gewichtes, genau genug, da sie sicher die einfachste sei.

Nachdem ich nun 12 Jahre lang zu allem, was man Gutes oder Schlechtes über meine Eugenolbestimmungsmethode und über diejenigen anderer Autoren zu berichten wußte, geschwiegen habe, möge man mir freundlichst gestatten, auch wieder einmal in dieser Angelegenheit das Wort zu ergreifen.

Als ich vor 12 Jahren meine Methode ausarbeitete, war von dem Nelkenöl bekannt, daß es Eugenol und Caryophyllen enthalte. Die weiteren Bestandteile des Öls wurden erst nach und nach aufgefunden, und bis in die neueste Zeit hinein hat man neue Körper darin entdeckt. Es lag daher für mich außer dem Bereich der Möglichkeit, diese hinsichtlich ihres Einflusses auf die Eugenolbestimmung nach meinem Verfahren zu untersuchen. Das ist jetzt möglich, und ich habe es nicht unterlassen, eine solche Untersuchung auszuführen. Über die Ergebnisse der Arbeit möchte ich an dieser Stelle berichten.

Es ergab sich für mich die folgende Fragestellung:

1. Arbeitet meine vor 12 Jahren empfohlene Methode genau genug, wenn es sich nur um reines Eugenol oder nur um ein Gemisch des letzteren mit Caryophyllen handelt?

2. Welche Anteile des in Form von Eugenolestern vorhandenen Eugenols entgehen der Bestimmung nach meiner Methode?

3. Läßt sich meine Methode derartig modifizieren, daß sie eine Bestimmung des freien neben dem veresterten Eugenol im Nelkenöl gestattet?

Die Beantwortung der Frage 1 war von mir bereits vor 12 Jahren erbracht worden, und Schimmel & Co. hatten zu jener Zeit die Richtigkeit meiner Resultate bestätigt.

Dennoch habe ich neuerdings in gemeinsamer Arbeit mit meinem Assistenten, Herrn Diesfeld, das Verfahren in seiner ursprünglichen Form und ferner unter Einhalten gewisser, näher zu besprechender Modifikationen nochmals revidiert. Für diese Versuche wurde ein reines Eugenol und ein reines Caryophyllen benutzt.

Das Eugenol war klar löslich in 1-prozentiger Natronlauge, sein spezifisches Gewicht 1,072 bei 15° C., sein Siedepunkt 248°. Das aus einer Fabrik ätherischer Öle bezogene Caryophyllen erwies sich als stark eugenolhaltig;

es wurde durch Erhitzen mit 10-prozentiger alkoholischer Natronlauge und nach Abtrennen des Alkohols und häufigem Ausschütteln mit Wasser von den letzten Anteilen Eugenol befreit und rektifiziert. Sein Siedepunkt lag bei 136—137° unter 20 mm Druck; sein spezifisches Gewicht betrug 0,9076 bei 15° C.

Überführung des reinen Eugenols in Benzoyleugenol unter
Berücksichtigung der oben mitgeteilten Vorschrift.

5.0 g Eugenol lieferten 7.70 g Benzoyleugenol, das sind

$$\frac{4100\,(7.70+0.55)}{67.5} = \mathbf{100.9}\ \text{(statt 100)}.$$

Bestimmung des Eugenolgehaltes in Gemischen von Eugenol und
Caryophyllen.

a) 5 g eines Gemisches aus 5 Teilen Eugenol $+$ 2 Teilen Caryophyllen ($=$ 71.4 Proz. Eugenol) lieferten 5.22 g Benzoyleugenol, das sind

$$\frac{4100\,(5.22+0.55)}{67.5} = 70.6\ \text{Proz. Eugenol.}$$

b) 5 g eines Gemisches aus 5 Teilen Eugenol $+$ 1 Teil Caryophyllen ($=$ 83.3 Proz. Eugenol) lieferten 6.35 g Benzoyleugenol, das sind

$$\frac{4100\,(6.35+0.55)}{67.5} = 84.44\ \text{Proz. Eugenol.}$$

c) 5 g eines Gemisches aus 3.5 Teilen Eugenol und 1.5 Teilen Caryophyllen ($=$ 70 Proz. Eugenol) lieferten 5.185 g Benzoyleugenol, das sind

$$\frac{4100\,(5.185+0.55)}{67.5} = 70.19\ \text{Proz. Eugenol.}$$

Bei Versuchen Eugenol-Caryophyllengemische, deren Gehalt an Eugenol wesentlich unter 70 Proz. beträgt, nach meiner Methode zu bestimmen, wurden Resultate erhalten, welche mit dem tatsächlichen Gehalt an Eugenol nicht in Einklang zu bringen waren. Dies liegt wahrscheinlich daran, daß von dem auskristallisierenden Benzoyleugenol Sesquiterpen in nicht unwesentlicher Menge zurückgehalten wird, und daß auch der Lösungskoeffizient des Benzoyleugenols in dem Alkohol durch die Beimengung einer größeren Menge Sesquiterpen eine Änderung erfährt; die angegebene Korrektion von 0,55 trifft daher nicht mehr zu.

Durch die vorliegende Versuchsreihe wurde also erneut festgestellt, daß in Eugenol-Caryophyllengemischen, deren Eugenolgehalt nicht unter 70 Proz. heruntergeht, meine Methode bis auf ca. 1 Proz. genaue Resultate liefert.

Das von Schimmel & Co. in deren Aprilberichte 1892 gefällte Urteil, „meine Methode arbeite mit vollständig ausreichender Genauigkeit" konnte daher von mir neuerdings bestätigt werden. Bei Ölen mit geringem Eugenolgehalt läßt jedoch die Genauigkeit der Methode zu wünschen übrig.

Es war nunmehr ferner zu versuchen, welchen Einfluß ein Gehalt des Nelkenöles an Eugenolestern auf meine Bestimmungsmethode für Eugenol ausübt. Da es sich hierbei vorwiegend um Eugenolacetat handelt, wurde dieses zu einem Gemisch mit Eugenol und Caryophyllen verwendet; in einem zweiten Versuch an Stelle des Acetats das Benzoat.

Das zu diesen Versuchen verwendete Benzoat schmolz bei 70°, das frisch bereitete Eugenolacetat war durch Fraktionieren gereinigt; sein Siedepunkt lag bei 163—164° unter 13 mm Druck (Thermometer ganz im Dampf), sein Schmelzpunkt bei 30°.

a) 5 g eines Gemisches aus 7 Teilen Eugenol, 3 Teilen Caryophyllen und 1 Teil Eugenolacetat (entsprechend 63.63 Proz. freiem Eugenol und 70.1 Proz. Gesamteugenol) lieferten 5.09 g Benzoyleugenol, das sind

$$\frac{4100\ (5.09+0.55)}{67.5} = 69.02 \text{ Proz. Eugenol.}$$

b) 5 g eines Gemisches aus 7 Teilen Eugenol, 3 Teilen Caryophyllen und 1 Teil Eugenolbenzoat (entsprechend 63.63 Proz. freiem Eugenol und 69.2 Proz. Gesamteugenol) lieferten 5.08 g Benzoyleugenol, das sind

$$\frac{4100\ (5.08+0.55)}{67.5} = 68.9 \text{ Proz. Eugenol.}$$

Aus diesen beiden Versuchen geht hervor, daß Eugenolacetat zum weitaus größten Teil in Eugenolbenzoat übergeführt wird, und daß im Gemisch bereits vorhandenes Eugenolbenzoat ebenfalls zum großen Teil mit zur Wägung gelangt.

Steigt der Gehalt an Estern, so fallen allerdings die Bestimmungen ungünstiger aus. Deshalb erscheint es notwendig, bei Ausführung einer Gesamteugenolbestimmung zuvor eine Verseifung der Ester vorzunehmen.

Unter Berücksichtigung der durch die nochmalige Prüfung meiner Eugenolbestimmungsmethode gewonnenen Erfahrungen trete ich heute daher erneut für die Brauchbarkeit dieser Methode ein und empfehle für sie die folgende Ausführung:

5 g Nelkenöl werden mit 20 g Natronlauge (15 Proz.) übergossen und auf dem Wasserbade $^{1}/_{2}$ Stunde lang erwärmt. Auf der Flüssigkeit scheidet sich alsbald die Sesquiterpenschicht ab. Der Inhalt des Becherglases wird noch warm in einen kleinen Scheidetrichter mit kurzem Abflußrohr gegeben und die sich gut und bald absetzende warme Eugenol-Natronlösung in das Becherglas zurückgegeben. Das im Scheidetrichter zurückbleibende Sesquiterpen wäscht man zweimal mit je 5 ccm Natronlauge (15 Proz.) und vereinigt diese mit der Eugenol-Natronlösung.

Hierauf gibt man zu letzterer 6 g Benzoylchlorid und schüttelt um, wobei sich unter starker Erwärmung die Bildung des Benzoyleugenols sogleich vollzieht. Die letzten Anteile unangegriffenen Benzoylchlorids zerstört man durch kurzes Erwärmen auf dem Wasserbade.

Man verfährt nun weiter genau so, wie früher angegeben: Man filtriert nach dem Erkalten die über dem erstarrten Ester befindliche Flüssigkeit ab, spült mit 50 ccm Wasser die etwa auf das Filter gelangten Kriställchen in das

Becherglas zurück und erwärmt, bis der Kristallkuchen wieder ölförmig geworden ist. Man läßt nach sanftem Umschütteln abermals erkalten, filtriert die überstehende klare Flüssigkeit ab und wäscht in gleicher Weise noch zweimal mit je 50 ccm Wasser den wieder geschmolzenen Kuchen aus.

Das dann im Becherglase zurückbleibende Benzoyleugenol ist von Natriumsalz und überschüssigem Natron frei. Es wird noch feucht in demselben Becherglas mit 25 ccm Alkohol von 90 Proz. übergossen, auf dem Wasserbade unter Umschwenken erwärmt, bis Lösung erfolgt ist. Man setzt das Umschwenken des vom Wasserbade entfernten Becherglases so lange fort, bis das Benzoyleugenol in klein kristallinischer Form sich ausgeschieden hat. Das ist nach wenigen Minuten der Fall.

Man kühlt nunmehr auf eine Temperatur von 17° ab, bringt den kleinkristallinischen Niederschlag auf ein Filter von 9 cm Durchmesser und läßt das Filtrat in einen graduierten Zylinder einlaufen. Es werden bis gegen 20 ccm desselben mit dem Filtrate angefüllt. Man drängt die auf dem Filter im Kristallbrei noch vorhandene alkoholische Lösung mit soviel Alkohol von 90 Gewichtsprozent nach, daß das Filtrat im ganzen 25 ccm beträgt, bringt das noch feuchte Filter mit dem Niederschlag in ein Wägegläschen (letzteres war vorher mit dem Filter bei 101° ausgetrocknet und gewogen) und trocknet bei 101° bis zum konstanten Gewicht. (Von 25 ccm 90-prozentigen Alkohols werden bei 17° = 0,55 g reines Benzoyleugenol gelöst, welche Menge dem Befunde hinzugezählt werden muß.)

Bezeichnet a die gefundene Menge Benzoësäureester, b die angewandte Menge Nelkenöl (gegen 5 g), und filtriert man 25 ccm alkoholischer Lösung vom Ester unter den oben erläuterten Bedingungen ab, so findet man den Prozentgehalt des Nelkenöles an Eugenol nach der Formel

$$\frac{4100\,(a+0.55)}{67\,.\,b}\,.$$

Man ermittelt so die in dem Nelkenöl enthaltene Gesamtmenge Eugenol, also sowohl das freie, wie das veresterte. Daß die vorstehend formulierte Methode tatsächlich mit hinreichender Genauigkeit arbeitet, beweisen die Ergebnisse nachstehender Analysen:

a) Ein Gemisch aus 7 Teilen Eugenol,

3 „ Caryophyllen,
0.5 „ Benzoyleugenol,
1 „ Aceteugenol,

enthaltend **70.44** Proz. Gesamteugenol, ergab nach vorstehender Methode 5.2447 g Benzoyleugenol.

$$\text{Daher gefunden } \frac{4100\,(5.2447+0.55)}{67.5} = \textbf{70.91 Proz. Eugenol.}$$

b) Ein Gemisch aus 5 Teilen Eugenol,

5 „ Caryophyllen,
0.5 „ Benzoyleugenol,
1 „ Aceteugenol,

enthaltend **53.02** Proz. Gesamteugenol, ergab nach vorstehender Methode 3.6784 g Benzoyleugenol.

$$\text{Daher gefunden } \frac{4100\ (3.6784+0.55)}{67.5} = \mathbf{51.75} \text{ Proz. Gesamteugenol.}$$

Will man neben der Bestimmung des Gesamteugenolgehaltes auch eine solche des im Nelkenöl vorhandenen freien Eugenols ausführen (durch Subtraktion des letzteren vom ersteren würde man die in veresterter Form vorhandene Menge Eugenol feststellen können), so verfährt man wie folgt:

5 g Nelkenöl werden in 20 g Äther gelöst und diese Lösung in einem Scheidetrichter schnell mit 20 g 15-prozentiger Natronlauge ausgeschüttelt; mit je 5 g Natronlauge der gleichen Stärke wird der Äther nachgewaschen, die vereinigten Eugenol-Natronlösungen werden auf dem Wasserbade zum Austreiben des gelösten Äthers schwach erwärmt und sodann in gewöhnlicher Weise benzoyliert.

Das obige Gemisch a, welches 60.87 Proz. freies Eugenol enthält, lieferte 4.5180 g Benzoyleugenol, das sind

$$\frac{4100\ (4.5180+0.55)}{67.5} = 62.02 \text{ Proz. Eugenol.}$$

Das obige Gemisch b, welches 43.48 Proz. freies Eugenol enthält, lieferte 2.9258 g Benzoyleugenol, das sind

$$\frac{4100\ (2.9258+0.55)}{67.5} = 42.56 \text{ Proz. Eugenol.}$$

5 g eines Gemisches, welches aus gleichen Teilen Eugenol und Caryophyllen, also ohne Zusatz von Estern, hergestellt war (entsprechend 50 Proz. Eugenol) lieferte 3.47 g Benzoyleugenol, das sind

$$\frac{4100\ (3.47+0.55)}{67.5} = 49.2 \text{ Proz. Eugenol.}$$

Ein durch Destillation von Nelken, die im botanischen Garten zu Victoria in Kamerun gezogen waren, selbst dargestelltes, sehr wohlriechendes Nelkenöl erwies sich, nach vorstehender Methode geprüft, als bestehend aus 79.87 Proz. Gesamteugenol; davon waren 9.04 Proz. Eugenol in veresterter Form vorhanden.

Die vorstehenden Versuche beweisen also die Brauchbarkeit der Benzoylmethode der Eugenolbestimmung.

Sollte in Anbetracht der leichteren Ausführbarkeit der Umneyschen Methode dieser als Pharmakopöemethode der Vorzug gegeben werden, so wird man aber ergänzend die Identifizierung des Phenols als Eugenol hinzufügen müssen. Das wird geschehen können, indem man eine Probe der Alkaliphenolatlösung benzoyliert, das Benzoyleugenol mit Wasser wäscht, aus Alkohol umkristallisiert und seinen Schmelzpunkt bestimmt. Das Benzoyleugenol schmilzt bei 70.5°.

Kommt es darauf an, in exakter Weise das Eugenol im Nelkenöl zu bestimmen, so glaube ich aber, daß meine Methode nicht entbehrt werden kann. Für die Zweckmäßigkeit dieser spricht ferner der Umstand, daß sie in ihrer vorstehend bekanntgegebenen Modifikation sowohl das freie, wie das veresterte Eugenol zu bestimmen ermöglicht.

Zum Schluß möchte ich noch darauf hinweisen, daß meiner Ansicht nach es wohl besser unterblieben wäre, in dem Arzneibuch für das Deutsche

Reich, Ausgabe IV, das Nelkenöl durch Eugenol zu ersetzen. Wenn überdies in dem Arzneibuch Oleum Caryophyllorum mit Eugenol für gleichbedeutend gehalten wird, so trifft dies nicht zu. Das Nelkenöl hat zufolge seines Estergehaltes einen sehr aromatischen Geruch, wegen dessen es als Parfümeriemittel z. B. bei *Mixtura oleosa balsamica* und zu anderen Zwecken angewendet worden ist, während das ganz reine Eugenol nur einen äußerst schwachen Geruch besitzt.

Über den Extraktgehalt der Rhizome von in Deutschland kultiviertem Rheum palmatum tanguticum.

Von **O. Weinhagen**.

Herr Dr. Udo Dammer, Kustos am Kgl. Botanischen Museum der Universität Berlin, hat auf seinem Grundstück in Groß-Lichterfelde *Rheum palmatum tanguticum* kultiviert. Hr. Dr. Dammer schreibt dem hiesigen Institut am 10. November 1902 darüber das Folgende:

„Anbei übersende ich Ihnen einige Pflanzen von *Rheum palmatum tanguticum*, welche ich im Frühjahr 1897 aus Samen, den ich aus dem St. Petersburger Botanischen Garten erhielt, gezogen habe. Die Wurzeln sind sehr brüchig und bei dem Herausnehmen aus der Erde zum Teil leider zerbrochen. Ich habe die Pflanzen heute Nachmittag selbst aus der Erde genommen. Sie sind auf sandigem Lehmboden gewachsen. Die Samen wurden 1897 ins freie Land gesät und keimten leicht. Die Sämlinge wurden frühzeitig an Ort und Stelle gepflanzt und entwickelten sich dann ohne besondere Pflege, und ohne daß ein nennenswerter Prozentsatz einging, bis heute gut. Im vorigen Jahre haben eine Anzahl Pflanzen geblüht und zum Teil reichlich Samen geliefert. In diesem Jahre hat nur eine Pflanze geblüht, die aber keine Früchte lieferte.

Es würde mich freuen, wenn die Untersuchung ergäbe, daß die Wurzeln eine brauchbare Droge liefern, weil diese Art die Stammpflanze der *Radix Rhei moscovitici*, des „Kronrhabarbers" ist, der leider nicht mehr im Handel erhältlich."

Die uns überlieferten Rhizome wurden sorgfältig getrocknet, nachdem sie von anhängenden Schmutzteilen befreit waren. Da eine absolut verläßliche Methode zur quantitativen Bestimmung der wirksamen Bestandteile des Rhabarbers zur Zeit nicht bekannt ist, so beschränkte ich mich darauf, eine Extraktbestimmung der Droge auszuführen.

Das Ergebnis war folgendes:

Feuchtigkeitsgehalt der getrockneten und feingepulverten Wurzel . . . . $= 6.81\ ^0/_0$

Grenzzahlen für den Feuchtigkeitsgehalt der Rhabarberwurzel sind angegeben . . . . $zu\ 4.45 - 8.75\ ^0/_0$.

Aschegehalt der feingepulverten Wurzel . . . . $= 10.72\ ^0/_0$

Grenzzahlen für den Aschegehalt der Rhabarberwurzel sind angegeben . . . . $zu\ 11.75 - 13.40\ ^0/_0$.

Aus der vorliegenden Wurzel wurden auf dem Wege der Perkolation drei verschiedene Extrakte dargestellt und zwar:

1. ein wässeriges;
2. ein alkoholisches, ausgezogen mit 70-proz. Alkohol;
3. ein alkoholisches, nach Vorschrift des D. A. B. IV, mit 40-proz. Alkohol.

Die Ausbeute für das wässerige Extrakt betrug 38 Proz.

„   „   „   „ 70-proz. alkoh. „   „   44   „

„   „   „   „ 40-proz.   „   „   „   43   „

Nach den Angaben der Arzneibücher soll der Gehalt an Extrakt der offiziellen *Radix Rhei* 36—42 betragen.

Dieses, nach Vorschrift des D. A. B. IV dargestellte Extrakt zeigte einen

Feuchtigkeitsgehalt von 5.29 Proz.   Normal: 2 – 5 Proz.

Aschegehalt   „   5.4   „   Normal: 4—5   „

Die Eigenschaften des nach D. A. B. IV dargestellten Extraktes von Rheum palmatum tanguticum entsprachen ganz denjenigen eines aus käuflicher Rhabarberwurzel hergestellten.

III.

Arbeiten aus dem Gebiete der Nahrungs- und Genussmittel.

Allgemeine Übersicht über die analytische Tätigkeit.
Von **G. Fendler**.

Die Tätigkeit der nahrungsmittelchemischen Abteilung erstreckte sich sowohl auf die Einführung von Praktikanten in die praktische Nahrungsmittelchemie und die verwandten Gebiete der angewandten Chemie, als auch auf die Ausführung wissenschaftlicher Arbeiten aus dem einschlägigen Gebiete, sowie auf die Ausfuhrung von Untersuchungen im Interesse von Behörden und Privaten.

Die aus der Abteilung hervorgegangenen wissenschaftlichen Arbeiten, welche bereits anderweitig zum Abdruck gelangt sind, werden am Schlusse dieses Berichts nebst den noch nicht veröffentlichten Arbeiten folgen.

Im Auftrage der Gemeinden Steglitz und Strausberg wurden Untersuchungen von Butter, Schmalz, Milch, Wurst, Fleisch, Marzipan, Mehl, Kakao, Kaffee, Kaffeesurrogaten, Tee, Hefe, Gewürzen, Zucker, Honig, Bier, Wein, Essig, Speiseöl, Spielzeug, Metallgegenständen, Tapeten, Trinkwasser, Abwasser und Badewasser ausgeführt. Zu einer Beanstandung gab nur eine Probe von Hackfleisch Anlaß, welches mit Präservesalz versetzt war; es erfolgte in diesem Falle die Verurteilung des betreffenden Schlächters.

Für den Verein der Apotheker von Berlin und Umgegend wurde in dem Berichtsjahr eine Reihe von Weinanalysen ausgeführt. Diese Analysen erstreckten sich in erster Linie auf Medizinal-Ungar- und Sherry-Weine. Bezüglich der Sherry-Weine machten wir die Erfahrung, daß es auch für bedeutende Weinfirmen offenbar mit großen Schwierigkeiten verknüpft ist, den Anforderungen des Arzneibuches bezüglich des Maximal-Schwefelsäuregehaltes zu entsprechen. Das deutsche Arzneibuch gestattet für sämtliche Medizinalweine nur einen Höchstgehalt von 0,2 g Kaliumsulfat in 100 ccm. Die untersuchten Weine enthielten g Kaliumsulfat in 100 ccm: 0.0810 — 0.0872 — 0.1034 — 0.1185 — 0.2116 — 0.2245 — 0.2285 — 0.2317 — 0.2400 — 0.2882 — 0.5159. Von 11 Proben entsprachen somit nur 4 den Anforderungen des Arzneibuches. Diese Verhältnisse werden sich kaum ändern, wenn nicht — was nicht zu erwarten ist — die spanischen Weinproduzenten das von ihnen beliebte starke Gipsen des Weines aufgeben. Nach einer kürzlich veröffentlichten Arbeit von Rocques (Chem. Centralbl. 1903, I 658—660) werden in Spanien bei der Herstellung der Sherry- und Malagaweine auf 500

Liter Most 1,14 kg Gips verwendet. Die Arbeit gibt auch im übrigen interessante Aufschlüsse über die Gewinnung dieser Weine, sodaß auf dieselbe verwiesen sei.

Von den untersuchten Sherry-Weinen war ferner einer zu stark gespritet, er enthielt 16,71 g Alkohol (21,06 Vol. % in 100 ccm), während das Arzneibuch nur einen Gehalt von 16 g in 100 ccm zuläßt.

Ein Algier-Rotwein hatte folgende Zusammensetzung:

Spez. Gew. des Weines bei 15° C.   0,9261
„   „   „ Destillates bei 15° C. 0,9842

Der Wein enthält in 100 ccm bei 15° C.

Alkohol	9.63 g (12.14 Vol. %).
Extrakt	2.85 g
Mineralbestandteile	0.3046 g
Schwefelsäure (SO_3)	0.0501 g
Freie Säuren (Gesamtsäure) als Weinsäure berechnet	0.6510 g
Flüchtige Säuren, als Essigsäure berechnet .	0.1584 g
Nichtflüchtige Säuren, als Weinsäure berechnet	0.4530 g
Glyzerin	0.8010 g
Zucker	0.1670 g
Polarisation im 200 mm Rohr	— 0.5°

Fremde Farbstoffe waren nicht vorhanden.

Wie notwendig eine Prüfung der Verbandstoffe seitens des Apothekers ist, geht daraus hervor, daß von 13 uns von Fabriken zur Untersuchung überlassenen Proben von Verbandwatte nur 6 den Anforderungen des Arzneibuches entsprachen. Teils zeigten sie saure Reaktion, teils waren sie nicht genügend permanganatbeständig, oder auch beides. Auch war die äußere Beschaffenheit nicht immer diejenige, welche den an eine brauchbare Verbandwatte zu stellenden Anforderungen entspricht.

Im Auftrage des Kolonialwirtschaftlichen Komitees und anderer kolonialer Institute wurden eine große Anzahl Untersuchungen an Kolonialprodukten ausgeführt. Die erste Stelle nahmen Analysen von Kautschuk- und Guttaperchaproben aus unseren Kolonien ein. Der Kautschuk gewinnt mit dem Anwachsen der Automobil- und verwandter Industrien von Jahr zu Jahr an Wichtigkeit, und die Auffindung neuer kautschukliefernder Pflanzen sowie der Anbau von Kautschukpflanzen bildet eine Hauptaufgabe der kolonialen Pioniere. Leider steht die Qualität der eingesandten Proben noch sehr häufig hinter der durchschnittlichen Zusammensetzung eines brauchbaren Kautschuks zurück. Es ist ja bei der Beurteilung des Rohkautschuks die chemische Analyse allein nicht maßgebend, sie bildet aber doch einen wichtigen und nicht zu vernachlässigenden Faktor sowohl bei der Beurteilung des Handelswertes wie bei der Kontrolle junger Kautschukpflanzungen bezüglich des von ihnen zu erwartenden Produktes. In letzterem Falle bietet die chemische Analyse sogar häufig den einzigen Anhaltspunkt dar, da die von jungen Pflanzen entnommenen Proben oft so klein sind, daß sie für eine technische Beurteilung garnicht hinreichen. Die chemische Kautschukanalyse beginnt neuerdings neue Bahnen einzuschlagen. Während man sich früher bei der Untersuchung des Rohkautschuks fast nur auf die Bestimmung des Harzgehaltes und des Aschegehaltes beschränkte, setzt man sich jetzt die Bestimmung des Kautschukkohlenwasserstoffs, von Weber Polypren genannt, zum Ziel. In Proben, welche keine mechanischen Beimengungen enthalten, die in Chloroform, Benzol u. s. w. unlöslich sind, und solche kommen kaum vor, ist die Kautschukbestimmung sehr einfach, indem man alsdann aus der Lösung der Probe einfach den Kohlenwasserstoff mit Alkohol zu fällen in der Lage ist. Liegen aber mechanische Verunreinigungen vor, so bietet diese Art der Analyse wegen der an Unmöglichkeit grenzenden schweren Filtrierbarkeit von Kautschuklösungen unüberwindliche technische Schwierigkeiten. Wir haben uns bemüht, dieselben durch die Ausarbeitung eines brauchbaren Verfahrens zu überwinden und hoffen, demnächst zum Abschluß dieser Arbeit zu kommen, worüber alsdann später ausführlich berichtet werden soll. Neuerdings haben auch Harries und Weber Methoden zur quantitativen Bestimmung des Kautschuks ausgearbeitet; ersterer bringt das durch Einwirkung salpetriger Säure auf den Kautschukkohlenwasserstoff erhaltene Nitrosit zur Wägung, letzterer das Einwirkungsprodukt von N_2O_4 auf Kautschuk. Beide Verfahren scheinen nach unseren bisherigen Versuchen brauchbare Resultate zu liefern. Das Webersche Verfahren dürfte aber dem von Harries wegen der Umständlichkeit des ersteren bedeutend nachstehen. Das Harriessche Verfahren ist offenbar vorzüglich zur Analyse von vulkanisiertem Kautschuk geeignet, für Rohkautschuk hoffen wir es, wie oben angedeutet, durch eine brauchbare Fällungsmethode ersetzen zu können.

Eine von Hrn. Schlechter neu entdeckte Kautschukpflanze in Neu-Caledonien, eine *Apocynacee*, die kleine Bäume bildet, wie einige *Tabernaemontana*-Arten, enthält in Blättern und Zweigen Kautschuk. Die Untersuchung der eingesandten Blätter und der ziemlich reichlich beigemischten jungen Zweigenden wurde gesondert vorgenommen, durch längeres Extrahieren der grobgepulverten Pflanzenteile mit warmem Benzin und Eintragen des stark chlorophyllhaltigen Auszuges in Alkohol. Die ausgeschiedene kautschukartige Substanz wurde gesammelt, getrocknet und gewogen. Es wurden so erhalten:

aus den Blättern 2.5 Proz.

aus den Stengeln 4.8 „

einer Substanz, welche große Ähnlichkeit mit Kautschuk besitzt. Über die Brauchbarkeit dieser kautschukähnlichen Substanz für technische Zwecke ließ sich durch das chemische Experiment kein Urteil fällen, hierüber müßten Versuche mit größeren Substanzmengen in einer einschlägigen Fabrik vorgenommen werden. Bezüglich der eventuellen Gewinnungsweise dürfte es sich empfehlen, zu versuchen, ob sich an Ort und Stelle der Milchsaft aus den frischen Pflanzenteilen durch Auspressen gewinnen und hierauf koagulieren läßt.

Auch auf neue Guttapercha-liefernde Pflanzen wird eifrig gefahndet.

Blätter, welche uns seitens des Kolonial-Wirtschaftlichen Komitees ohne nähere Bezeichnung zugesandt wurden, enthielten etwa 1 Proz. Guttapercha. Bezüglich eventueller Verwertung gilt hier gleichfalls das über die Kautschukblätter Gesagte.

Guttaperchaähnliche Produkte, welche vielfach zur Untersuchung eingesandt werden, bestehen meistens zum allergrößten Teil aus Harz und enthalten nur einen geringen Prozentsatz guttaperchaähnlicher Substanz, sodaß in den weitaus häufigsten Fällen die Hoffnungen der Entdecker vermeintlicher Guttaperchapflanzen getäuscht werden.

Die Bestimmung des Guttaperchagehaltes derartiger Produkte geschieht am einfachsten durch Lösen derselben in Petroläther und Fällen der Lösung mit absolutem Alkohol. Die ausgeschiedene Gutta wird gesammelt, getrocknet und gewogen.

Ein häufiges Untersuchungsobjekt bilden ferner Gummi arabicum-Sorten.

Ein frisches Gummi der *Acacia arabica* aus Kuntori bei Manga-Togo war bei der Einlieferung noch feucht und stellte eine weißlich-gelbe, zähe Masse mit geringen pflanzlichen Verunreinigungen dar. Durch mehrtägiges Trocknen über Schwefelsäure wurden schmutzigweiße, harte, sehr spröde Stücke erhalten, welche sich in dem doppelten Gewicht Wasser zum größten Teil lösten; einige gallertartige Klumpen blieben jedoch ungelöst. Der erhaltene Schleim reagierte sauer, gab beim Verdünnen mit Wasser eine trübe, ziemlich homogene Flüssigkeit, die sich mit Bleiacetat trübte und mit Bleiessig einen erheblichen Niederschlag gab, auch durch Alkohol und Eisenchlorid koaguliert wurde. Das lufttrockene Gummi enthielt 5.13 Proz. Asche. Der Schleim besaß gute Klebkraft. Das Gummi dürfte somit als billiges Klebgummi technische Verwendung finden können. Auch ist es nicht ausgeschlossen, daß seine Qualität durch eine sachgemäße Gewinnungsweise verbessert wird.

Eine alte, vor der Regenzeit gesammelte Probe derselben Herkunft war dagegen völlig unbrauchbar.

Gummi von *Acacia decurrens* aus dem Versuchsgarten zu Amani stellte gelb-, rot-, braungefärbte traubenförmige Stücke dar, welche glashell und durchscheinend, aber im Gegensatz zu gutem Gummi arabicum schwer pulverisierbar waren. Mit Wasser im Verhältnis 1:2 zusammengebracht, quoll das Gummi stark auf, gab jedoch auch auf weiteren Wasserzusatz nur eine höchst unvollkommene Lösung. Auch mit 60-prozentigem Chloralhydrat, in welchem gutes Gummi sich nach 24stündigem Stehen völlig zu lösen pflegt, wurde nur eine sehr unvollständige Lösung erzielt. Das Gummi war somit stark bassorinhaltig und dürfte eine Verwendbarkeit desselben ausgeschlossen sein.

Gummi arabicum ohne Angabe der Stammpflanze aus dem Bezirk Manga-Togo bestand teils aus weißen, teils aus gelben, durchschnittlich sehr kleinen Stücken von der Sprödigkeit des offizinellen Gummis. Es löste sich in Wasser zum größten Teil zu einem filtrierbaren Schleim, während ein geringer Rest aufgequollen zurückblieb. Der filtrierte Schleim war dunkelgelb, reagierte schwach sauer und gab die bekannten Reaktionen mit Bleiacetat, Eisenchlorid und Weingeist. Es klebte gut; das Gummi ist somit für technische Zwecke geeignet.

Eine Gummiprobe aus Sokodè war völlig unbrauchbar, da sie mit Wasser nur aufquoll, ohne sich zu lösen.

Eine als „Baumharz" eingelieferte Warenprobe aus Neu-Langenburg erwies sich als aus minderwertigem Gummi arabicum bestehend. Sie war von braungelber Farbe, muschligem Bruch und löste sich bis auf einige Verunreinigungen im doppelten Gewicht Wasser zu einem Schleim, der filtrierbar war, aber die auffällige Eigenschaft besaß, nach 1—2 tägigem Stehen zu gelatinieren.

Als Harzmäntel von „*Sarcocaulon rigidum*" wurde uns ein Harz übersandt, welches die Zweige der genannten Pflanze stellenweise völlig umhüllt. Die dünneren Stücke waren zäh, die dickeren spröde, auf dem Bruch durchscheinend. Beim Erwärmen erweicht das Harz unter Verbreitung eines aromatischen Geruches. In warmem Alkohol lösen sich 80.5 Proz. und scheiden sich beim Erkalten zum größten Teil wieder aus. Der Verdampfungsrückstand der kalten alkoholischen Lösung war von elastischer Konsistenz. In Äther lösten sich 62,2 Proz. schon in der Kälte. Der Verdampfungsrückstand des Äthers war hellgelb und spröde. Ob dieses Harz für eine technische Verwendung geeignet ist, ist noch fraglich. Nach Ansicht eines Fachmannes dürfte es für Spirituslacke, nicht aber für Öllacke ganz gut geeignet sein.

Ölhaltige Früchte und Samen wurden mehrfach untersucht. Über Samen von *Aleurites moluccana*, Melonenkerne aus Togo und Acrocomia-Früchte siehe weiter unten.

Ferner lagen Telfairia-Samen ans Wilhelmsthal von *Telfairia pedata Hook* zur Untersuchung vor, deren Analyse unter den Kolonialchemischen Arbeiten mitgeteilt ist.

Von der Neu-Guinea-Kompagnie wurde ein Öl übersandt, bezüglich dessen in dem Anschreiben folgendes bemerkt war: „Beim Landklären wurde ein Baum niedergeschlagen, aus dessen Schnittwunde ein stark riechendes Öl herausfloß. Das Öl wurde in einem Fläschchen gesammelt und mit der Bitte hier eingereicht, zu prüfen, ob dasselbe in irgend einer Weise verwertbar ist." Das Öl war hellgelb, klar, dicklich, von harzartigem, andererseits an Sandelholzöl erinnerndem Geruch. Durch mehrstündige Wasserdampfdestillation ließen sich bis 65 Proz. ätherisches Öl von Sandelholz-Geruch abtreiben; der Rückstand war harzig. Das Öl ist offenbar einer weitergehenden Untersuchung und eventuell einer pharmakologischen Prüfung wert. Eine solche dürfte aber zweckmäßig erst in Angriff genommen werden, wenn reichlicheres Untersuchungsmaterial und genaue Angaben über die botanische Herkunft vorliegen.

Die Untersuchung einer farbstoffhaltigen Droge aus Togo ist unter den kolonial-chemischen Arbeiten mitgeteilt.

Die Samen einer Amomumart aus Neu-Langenburg in Deutsch-ostafrika waren durchschnittlich 5 mm lang und 2.5—3 mm breit, somit größer, als die von Busse 1898 beschriebenen Samen einer Amomum-Art aus Kamerun. Sie besaßen ein kräftiges, dem der echten Cardamomen sehr ähnliches, etwas kampferartiges Aroma und stark aromatischen, kampferartig brennenden Geschmack. Durch Wasserdampfdestillation konnten annähernd bis 2 Proz. eines ätherischen Öles isoliert werden. Dasselbe war hellgelblich, von angenehmem, etwas strengem, kampferähnlichem Geruch. Das Öl ist für Parfümeriezwecke offenbar gut verwendbar; ob die Samen jedoch geeignet sind, mit den echten Cardamomen in Wettbewerb zu treten, muß noch dahingestellt bleiben.

Früchte einer wild vorkommenden Pflanze aus Deutsch-Ostafrika, welche nach Ansicht des Pflanzungsleiters der Sigi-Pflanzungsgesellschaft eine Abart von Cardamomum ist, bestanden aus den noch zusammenhängenden, von der Fruchtschale befreiten Samen. Die Samenkomplexe sind bis zu 35 mm lang und von entsprechendem Durchmesser. Es handelt sich somit um eine recht großfrüchtige Varietät. Die Größenverhältnisse der Samen sind etwa 4 : 5 mm. Sie besitzen sehr angenehmes, mildes Aroma und ebensolchen Geschmack.

Durch Wasserdampfdestillation wurden aus den Samen geringe Mengen eines ätherischen Öles von vorzüglichem, mildem Aroma gewonnen.

Eine Mengenbestimmung und Charakterisierung des Öles war bei der sehr geringen Menge verfügbaren Materials nicht möglich.

Eine Sammlung von 20 Wangamesi-Medikamenten, welche uns übersandt wurde, bestand ausschließlich aus vegetabilischen Pulvern, die einzelnen Proben wogen nur etwa 10 g, so daß eine eingehende Untersuchung natürlich nicht möglich war; dieselbe hätte aber auch bei dem Vorliegen ausreichenden Materials solange keinen Zweck, als die Stammpflanzen der einzelnen Medikamente nicht bestimmt sind.

Ein präpariertes Batatenmehl, welches nach Angabe des Hrn. Korpsstabsapotheker Bernegau hergestellt war, enthielt:

Wasser	8.56 %
Asche	3.65 „
Eiweiß (nach Stutzer)	3.99 „
Rohfaser	2.64 „
Fett	0.55 „
Stärke	42.10 „
Lösliche Kohlehydrate	38.25 „
Zucker	16.3 „
Dextrine	12.7 „

Erdnußöl und Sesamöl[1]).

Von **G. Fendler**.

Es sind in letzter Zeit verschiedentlich Arbeiten erschienen, welche sich mit dem Sesamöl-Gehalt des käuflichen Erdnußöles beschäftigten. Aus allen diesen Veröffentlichungen geht hervor, daß ein Erdnußöl, welches die Baudouinsche Reaktion nicht gibt, im Handel nicht zu haben ist, oder daß sein Vorkommen wenigstens eine Seltenheit bedeutet. Soltsien[2]) fand bis zu 15 Proz. Sesamöl im Erdnußöl und konnte selbst auf ausdrückliche Reklamation hin nur Öle von 0,25—5 Proz. Sesamölgehalt erhalten; garantiert reine Muster konnten selbst bekannte Händler ihm nicht liefern.

J. Schnell[3]) erhielt gelegentlich der Untersuchung einiger Erdnußöle des Kleinhandels mit diesen gleichfalls durchgehends die Baudouinsche Reaktion, dasselbe war bei garantiert reinen Ölen der Fall; dagegen gaben die fraglichen Öle nicht die Soltsiensche Zinnchlorür-Reaktion. Da diese Reaktion noch einen Gehalt von 1 Proz. Sesamol und darunter erkennen läßt, so schließt Schnell daraus, daß die betreffenden Öle nicht verfälscht, sondern mit geringen Mengen Sesamöl zufällig verunreinigt waren — etwa durch Benutzung einer vorher für die Sesamöl-Gewinnung verwendeten Presse. Schnell empfiehlt daher, in Zweifelsfällen die Soltsiensche Reaktion heranzuziehen, oder besser die Baudouinsche Reaktion durch jene zu ersetzen, da sie empfindlich genug zum Nachweis einer Verfälschung sei.

Ganz vor kurzem[4]) hat sich J. J. A. Wijs mit dieser Frage beschäftigt und festgestellt, wie weit eine Verunreinigung von Erdnußöl durch Sesamöl bei Benutzung gleicher Pressen und Preßtücher stattfinden kann. Bei Beginn der Pressung beträgt die Verunreinigung bei Benutzung von Seiherpressen 8 Proz., bei Plattenpressen 30 Proz. Im ersteren Falle war sie nach 4 Stunden auf $1^1/_2$ Proz., nach 12 Stunden auf etwa $^1/_{10}$ Proz. heruntergegangen, im letzteren Falle betrug sie nach 4 Stunden 9 Proz., nach 12 Stunden 4 Proz., nach 24 Stunden $^1/_2$ Proz., nach 48 $^1/_{10}$ Proz., aber selbst nach 4 Tagen war noch eine eben wahrnehmbare Furfurol-Reaktion bemerkbar.

---

[1]) Vgl. Ztschr. f. Unters. d. Nahrungs- u. Genußmittel **6** [1903].

[2]) Chem. Revue d. Fett- u. Harz-Industrie **8**, 202 [1901]; Ztschr. f. Unters. d. Nahrungs- u. Genußmittel **5**, 463 [1902].

[3]) Ztschr. f. Unters. d. Nahrungs- u. Genußmittel **5**, 962 [1902].

[4]) Ztschr. f. Unters. d. Nahrungs- u. Genußmittel **5**, 1154 [1902].

Vor einiger Zeit bezog unser Institut von einem sehr bekannten Berliner Großdrogenhause Sesam- und Erdnußöl. Das Erdnußöl gab mittels der Furfurol-Reaktion eine starke Rotfärbung, mit Zinnchlorür nach Soltsien eine hellrote Färbung, enthielt also einen nicht geringen Prozentsatz von Sesamöl. Das Sesamöl dagegen gab nur eine schwach rötliche Furfurol-Reaktion, während die Soltsiensche Reaktion ganz ausblieb. Ein zur Kontrolle mit allen Vorsichtsmaßregeln selbst gepreßtes Erdnußöl gab, wie zu erwarten war, keine der beiden Reaktionen. Das als Sesamöl gelieferte Öl enthielt mithin nur Spuren, höchstens 1 Proz. Sesamöl. Da ich eine Verwechselung vermutete, wurde von demselben Hause etwa 3 Wochen später nochmals je eine Probe Sesam- und Erdnußöl bezogen. Diesmal gab das Sesamöl sofort eine fast blutrote Furfurol-Reaktion, während das Erdnußöl mit Furfurol hellrot, mit Zinnchlorür stark rot gefärbt wurde. Aus der Stärke der Reaktionen zu urteilen, entstammte das Erdnußöl demselben Vorrate wie das zuerst gelieferte, das Sesamöl dagegen verhielt sich diesmal normal, während das vorher bezogene, wahrscheinlich schon in der Fabrik, mit durch Sesamöl verunreinigtem Erdnußöl verwechselt worden war.

Diese Umstände bestätigen den aus den Veröffentlichungen der anderen Autoren zu ziehenden Schluß, daß die Fabrikation des Erdnußöles, wohl meist bona fide, nicht mit derjenigen Sorgfalt gehandhabt wird, welche man erwarten dürfte. Kleine zufällige Verunreinigungen mit Sesamöl, bis zu etwa 1 Proz. dürfte man wohl gelten lassen; was darüber hinausgeht, überschreitet meiner Ansicht nach die Grenzen des Erlaubten. Ein gewisser Druck auf die Fabrikanten seitens der Großhändler und Käufer dürfte geeignet sein, diese Erscheinung aus dem reellen Handel verschwinden zu lassen. Als billiger Ausweg wäre der Schnellsche Vorschlag zu empfehlen, nämlich, daß Öle, welche wohl die Baudouinsche, nicht aber die Soltsiensche Reaktion geben, als unverfälscht zu betrachten sind; anderenfalls sollte ihrem Vertrieb mittels der gesetzlichen Handhaben entgegengetreten werden, wenn sie nicht entsprechend deklariert sind. Große technische Schwierigkeiten dürfte diese Forderung kaum im Gefolge haben. Werden keine Grenzen gezogen, so sind auch dem unreellen Handel Tür und Tor geöffnet.

Da diese Frage immerhin einige Wichtigkeit für den Nahrungsmittel-chemiker beansprucht, dürfte es wohl im allgemeinen Interesse liegen, wenn auch noch andere Fachgenossen dazu Stellung nehmen würden.

Nachweis von Eigelb in Margarine[1].
Von **G. Fendler**.

Das Bestreben, der Margarine die wertvollen Eigentümlichkeiten der Naturbutter, das Schäumen, Bräunen und Ausbleiben des Spritzens, zu verleihen, hat in der jüngsten Zeit eine ganze Reihe von Patenten gezeitigt. Die durch letztere geschützten Verfahren erreichen den gewünschten Zweck sämtlich nicht vollständig, nähern sich dem gesteckten Ziele jedoch mehr oder weniger. Von anerkannt günstigem Einflusse auf die erwähnten Eigenschaften der Margarine ist das Bernegausche Verfahren, welches in dem Zusatz von Eigelb und Zucker zur Margarine besteht. Ein Zusatz von Zucker ist eigentlich überflüssig, da die geringen Mengen, welche erforderlich sind, im Verein mit dem Eigelb das Schäumen und Bräunen zu verursachen, schon in dem mit der Milch zugesetzten Milchzucker gegeben sind. So besteht denn das Wesentliche des Bernegauschen Verfahrens in dem Zusatze von Eigelb zur Milchmargarine. Ursprünglich war die Menge des zugesetzten Eigelbs eine ganz beträchtliche, es wurden bis zu 10 Proz. verwendet. Mit der Zeit hat sich jedoch herausgestellt, daß eine solche Quantität nicht nur überflüssig ist, sondern auch die Haltbarkeit der Margarine ungünstig beeinflußt. Der gewünschte Effekt wird auch durch 0.5—1 Proz. Eigelb erreicht.

Im Interesse des Patentinhabers aber liegt es natürlich, ein solches Patent wirksam geschützt zu wissen; es trat daher an unser Institut die Aufgabe heran, ein Verfahren auszuarbeiten, welches es gestattet, auch sehr kleine Mengen genuinen Eigelbs in der Margarine nachzuweisen, eine Aufgabe, deren Lösung nicht nur für diesen speziellen Fall wichtig erscheint, da die gewonnenen Resultate sich auch auf ähnliche Fälle übertragen lassen werden.

Auf analytischem Wege läßt sich der gewünschte Zweck nicht erreichen, wenn man bedenkt, daß durch einen Zusatz von 0.5 Proz. Eigelb der Gehalt an Gesamtstickstoffsubstanz nur um 0.08 Proz., an Lecithinphosphorsäure um 0.004 Proz., an Gesamtphosphorsäure um 0.006 Proz. erhöht wird, ganz abgesehen davon, daß diese Zahlen auch durch den Zusatz anderer Eiweißstoffe, wie er tatsächlich vielfach erfolgt, beeinflußt werden. Auch die von Mecke[2] empfohlene Methode zum Nachweis von Eigelb in Margarine

---

[1] Vgl. Ber. d. d. pharm. Ges. XIII, 284 [1903].
[2] Ztschr. f. öffentliche Chemie **5**, 231 [1899].

läßt bei so geringen Zusätzen im Stich. Mecke schmilzt 100 g Margarine bei 45°, schüttelt sie mit 50 ccm 1-prozentiger Kochsalzlösung aus, befreit die abgelaufene wässerige Flüssigkeit durch Petroläther vom Fett, klärt mit Aluminiumhydroxyd und filtriert. Durch Verdünnen des Filtrats mit Wasser auf das sechsfache Volumen erhält man bei Gegenwart von Eigelb eine flockige Ausscheidung von Vitellin, welches nur in Kochsalzlösungen gewisser Konzentration, nicht aber in Wasser löslich ist. Wie ich mich mit einer klaren Lösung von reinem Eigelb in 1-prozentiger Kochsalzlösung überzeugt habe, ist dies Verfahren bei konzentrierten Eigelblösungen verwendbar, läßt aber bei so verdünnten Lösungen, wie man sie aus der jetzigen Eigelbmargarine erhält, im Stich. Wollte man versuchen, durch Verwendung von weniger Kochsalzlösung bezw. durch einfaches Schmelzen der Margarine, Ablassen der wässerigen Flüssigkeit, Klären und Filtrieren derselben eine konzentriertere Eigelblösung zu erhalten, so würde man ebensowenig zum Ziele gelangen, da, wenn die Margarine, wie üblich, 2 Proz. Kochsalz enthält, eine so stark kochsalzhaltige Flüssigkeit erhalten würde, daß dieselbe zum Nachweis des Eigelbs auf ein derartiges Volumen verdünnt werden müßte, daß die Reaktion ebenfalls nicht mehr mit Sicherheit zu erkennen wäre.

Es galt somit, einen anderen Weg zu finden, um in der durch Ausschütteln der Margarine mit Kochsalzlösung erhaltenen und geklärten Flüssigkeit das Eigelb nachzuweisen. Bei meinen ersten Versuchen verfuhr ich zur Erzielung einer klaren Flüssigkeit wie Mecke, indem ich die abgelassene kochsalzhaltige Lösung mit Petroläther ausschüttelte, dann mit Aluminiumhydroxyd klärte und filtrierte. Ich fand jedoch bald, daß das Aluminiumhydroxyd leicht einen Teil des Eigelbs, bei verdünnten Lösungen auch wohl die Gesamtmenge desselben, fällt und somit dem Nachweis entzieht, so daß von diesem Klärmittel abgesehen und an seine Stelle zunächst Filtrierpapierschnitzel gesetzt wurden. Später gab ich auch dieses Hilfsmittel auf, wovon weiter unten die Rede sein wird.

Vorerst war ich bestrebt, Fällungsreaktionen aufzufinden, welche für das Eigelb charakteristisch sein könnten. Zu diesem Zweck stellte ich Versuche an mit Lösungen, die ich mir folgendermaßen bereitete:

a) 8 g frisches, flüssiges Eigelb wurden mit einer 1-prozentigen Kochsalzlösung[1]) angeschüttelt, die Lösung mit Petroläther entfettet, zu einem Liter aufgefüllt, mit Filtrierpapier durchgeschüttelt und filtriert.

b) 15 g frisches Eiweiß wurden mit 1-prozentiger Kochsalzlösung auf ein Liter aufgefüllt und filtriert.

---

[1]) Bei einem späteren Versuch machte ich die überraschende Beobachtung, daß das Eigelb sich in diesem Falle in 1-prozentiger Kochsalzlösung nicht löste, sondern mehr Kochsalz zur Lösung bedurfte. Der Grund dieses merkwürdigen Verhaltens, welches aufzuklären ich mich bemühen werde, liegt vielleicht in äußeren Umständen, indem etwa die Jahreszeit, zu welcher die Eier gelegt wurden, ihr Alter, oder andere Ursachen mitsprechen.

Tabelle I.

	a) Eigelblösung	b) Eiweiß-lösung	c) Aus-schüttelung eigelbhaltiger Margarine	d) Aus-schüttelung gewöhnlicher Milch-margarine
1. Zusatz von 2—3 Tropfen 25-proz. Salpeter-säure in der Kälte.	Starke Trübung.	Mäßige Trübung.	Starke Trübung.	Bleibt klar.
2. Hierauf folgendes Er-wärmen im Wasserbad.	Starke Fällung.	Sehr starke Fällung.	Starke Fällung.	Bleibt klar.
3. Schichten über 25-proz. Salpetersäure.	Sofortige Trübung der ganzen überschichteten Flüssigkeit	Schmale weiße Zone	Wie a.	Bleibt klar.
4. Zusatz des gleichen Vo-lumens gesättigter Pi-krinsäurelösung.	Starke Trübung und sichtbare Fällung.	Wie a.	Wie a.	Schwache Trübung.
5. Zusatz von 1—2 Tropfen 98-proz. Essigsäure.	Starke Trübung	Bleibt klar.	Starke Trübung.	Bleibt klar.
6. Zusatz des gleichen Vo-lumens 98-proz. Essig-säure.	Klar.	Klar.	Klar.	Klar.
7. Erwärmen mit 1—2 Tropfen Essigsäure im Wasserbad.	Fällung.	Ganz schwache Trübung.	Fällung	Kaum wahr-nehmbare Trübung.
8. Erwärmen mit dem gleichen Volumen 98-proz. Essigsäure im Wasserbad.	Ganz schwache Trübung.	Klar.	Wie a.	Klar.
9. Zusatz einiger Tropfen Ferrocyankalium-lösung u. Essigsäure.	Dicke Trübung.	Wie a.	Wie a.	Minimale Trübung.
10. Kaliumquecksilber-jodid u. Salpetersäure.	Dicke weiße Fällung.	Wie a.	Wie a.	Schwache Trübung.
11. Kaliumwismutjodid.	Dicke Fällung.	Wie a.	Wie a.	Fällung.
12. Phosphorwolfram-säure u. Salpetersäure.	Starke Fällung.	Sehr starke Fällung.	Wie a.	Wie a.
13. Gerbsäure.	Dicke Fällung.	Wie a.	Wie a.	Wie a.
14. Versetzen mit dem doppelten Volumen Al-kohol.	Trübung.	Trübung.	Trübung.	Sehr schwache Trübung.
15. Verdünnen mit Wasser auf das 6—10fache Vo-lumen.	Schwache Trübung.	Klar.	Klar.	Klar.
16. Millons Reagens.	Reaktion tritt deutlich ein.	Wie a.	Wie a.	Wie a.
17. Xantoprotein-reaktion.	Tritt ein.	Wie a.	Wie a.	Wie a.
18. Biuretreaktion.	Tritt ein.	Wie a.	Wie a.	Wie a.

Tabelle II.

	Margarine						
	Nr. 0 Ohne Eigelb oder Eiweiß	**Nr. I** Ohne Eigelb oder Eiweiß	**Nr. 2** ca. 0.3 Proz. Eigelb	**Nr. 3** ca. 0.4 Proz. Eigelb	**Nr. 4** ca. 0.5 Proz. Eigelb	**Nr. 5** ca. 0.6 Proz. Eigelb	**Nr. 6** ca. 1.0 Proz. Eigelb
Farbe der filtrierten Ausschüttelung	farblos	farblos	schwach gelblich	deutlich gelb	deutlich gelb	deutlich gelb	deutlich gelb
Reaktion a . .	Ätherschicht setzt sich in Form einer 1 cm hohen, noch nach 24 Stunden bestehenden weißen Emulsion ab.		Äther scheidet sich schnell klar ab, ist schwach gelblich gefärbt.	Der Äther scheidet sich schnell klar ab, er ist deutlich gelb gefärbt.			
Reaktion b . .	Das Dialysat ist nicht getrübt.		Das Dialysat ist deutlich getrübt und wird auf Kochsalzzusatz wieder klar.				
Reaktion c . .	Klar, auch nach 24 Stunden keine Abscheidung		Schwach, aber deutlich trübe, nach 24 Stunden deutlich weißer Ring.	Deutlich trübe, schon nach einer viertel Stunde hat sich der größte Teil der Trübung oben als weißer Ring abgeschieden; nach 24 Stunden fast völlige Abscheidung als sehr deutlicher weißer Ring.			

c) Aus authentischer, 1-prozentiger Eigelbmargarine wurde, wie oben beschrieben, eine Ausschüttelung bereitet.

d) Ebenso wurde eigelbfreie Milchmargarine, welche keine fremden Zusätze enthielt, behandelt.

Für jede Reaktion wurden 2—3 ccm der zu prüfenden Flüssigkeit verwendet und die Beobachtungen sofort angestellt. Tabelle I gibt einen Überblick über die gewonnenen Ergebnisse, aus denen hervorzugehen schien, daß gewisse Reaktionen, wie No. 3, 5, 7, geeignet seien, eigelbhaltige Margarine von eigelbfreier bezw. eiweißhaltiger zu unterscheiden. Spätere Versuche mit einer Reihe Margarineproben bekannter Zusammensetzung zeigten jedoch, daß diese Voraussetzungen in praxi nicht zutreffen, da nicht nur die Konzentrationsverhältnisse von großem Einfluß auf den Ausfall der Reaktionen sind, sondern auch gewisse Zusätze zur Margarine zu Täuschungen Anlaß geben; so würde beispielsweise ein Zusatz von Alkali-Kaseïnat zur Margarine, der tatsächlich geübt zu werden scheint, wie ich aus gewissen Beobachtungen bei der Untersuchung einiger Margarineproben schließe, dieselben Reaktionen veranlassen.

Tabelle II.

Margarine				Butter
Nr. 7 ca. 0.3 Proz. Eiweiß	**Nr. 8** ca. 0.4 Proz. Eiweiß	**Nr. 9** ca. 0.5 Proz. Eiweiß	**Nr. 10** ca. 0.8 Proz. Eiweiß	
farblos	farblos	farblos	farblos	farblos
Verhalten sich wie 0 und 1.				Der Äther setzt sich schnell und farblos ab.
Das Dialysat ist nicht getrübt.			Dialysat etwas getrübt, wird jedoch auf Salzzusatz n i c h t wieder klar.	Dialysat ist nicht getrübt.
Auch nach 24 Stunden keine Trübung oder Abscheidung.				Mäßige Trübung, die sich innerhalb 24 Stunden als flockige Abscheidung absetzt.

Aus den gleichen Gründen ließ mich auch eine Reaktion im Stich, auf welche ich zunächst große Hoffnung setzte, und die in manchen Fällen zur Unterscheidung von Vitellin und Albumin geeignet erscheint. Erhitzt man nämlich 5 ccm einer mit Kochsalz bereiteten, verdünnten (0.25—0.5 Proz.) und filtrierten Eigelblösung zum Sieden, so koaguliert das Vitellin; auf hierauf folgenden Zusatz von 0.5 ccm 1-prozentiger Salpetersäure und 1 minütiges Kochen bleibt der Niederschlag bestehen, bezw. er wird noch stärker. Eine 1-prozentige E i w e i ß lösung (auf frisches, flüssiges Eiweiß bezogen) wird dagegen nach vorhergegangener Koagulation durch Erhitzen beim Kochen mit der angegebenen Menge Salpetersäure wieder klar. Die letztere Beobachtung ist nicht neu, aber sie scheint mir für den vorliegenden Zweck noch nicht herangezogen zu sein.

Weiterhin versuchte ich folgende von mir gemachte Beobachtung zum Nachweis des Eigelbes heranzuziehen. Eine mit Kochsalz bereitete Eigelblösung mischt sich klar mit dem gleichen Volumen rauchender (38-prozentiger) Salzsäure. Bei 1 Minute langem Kochen trübt sich die Flüssigkeit mehr oder weniger, je nach dem Eigelbgehalt, jedenfalls unter Abscheidung von Zersetzungsprodukten des Lecithins. In kurzer Zeit ($^1/_4$—$^1/_2$ Stunde) setzt sich die Trübung in ganz charakteristischer Weise an der Oberfläche der Flüssigkeit ab, einen weißen Ring an der Wandung des Reagenzglases bildend. Eine Eiweißlösung liefert dagegen, in gleicher Weise behandelt, eine klare Flüssigkeit.

Diese Reaktion hat sich nur als bestätigende brauchbar erwiesen. Wert zu legen ist auf die charakteristische Art der Abscheidung der Trübung in Form eines Ringes an der Oberfläche, da in manchen Fällen, z. B. bei einer aus Butter bereiteten Ausschüttelung (siehe Tabelle II) und manchen eigelbfreien Margarinen, gleichfalls Trübungen entstanden, die sich jedoch in ganz anderer Weise — als voluminöse Flocken — absetzten; eine solche Abscheidung wurde in einigen Fällen auch neben jener charakteristischen erhalten.

Da mich alle diese Versuche nicht in befriedigender Weise zum Ziele führten, arbeitete ich darauf hin, den Eigelbfarbstoff nachzuweisen, wobei ich von der Voraussetzung ausging, daß wasserlösliche Farbstoffe zum Färben der Margarine nicht mehr verwendet werden, was allerdings, wie mir eine spätere Erfahrung zeigte, nicht ganz zutrifft. Eigelb gibt an Äther seinen Farbstoff ab, und zwar tut dies sowohl genuines wie koaguliertes Eigelb. Schüttelt man eine mit Kochsalz bereitete, durch häufiges Filtrieren durch ein angenäßtes Filter geklärte Eigelblösung mit Äther aus, so geht der Farbstoff gleichfalls in den Äther über, es bildet sich jedoch eine lästige, erst nach langem Stehen sich trennende Emulsion. Koaguliert man jedoch die Eigelblösung durch Kochen mit verdünnter Schwefelsäure und schüttelt nach dem Erkalten mit Äther, so scheidet sich derselbe fast sofort klar und hell — bis goldgelb (je nach der Konzentration) gefärbt ab. Das koagulierte Vitellin bleibt hierbei an der Oberfläche der wässerigen Flüssigkeit, eine weiße Zone bildend, über der die gefärbte Ätherlösung sich befindet.

Um diese Reaktion, sowie die vorhergehende und den weiter unten beschriebenen Nachweis durch Dialyse auf ihre Brauchbarkeit zu prüfen, ließ ich mir von einer bekannten Margarinefabrik 11 Proben Milchmargarine von verschiedener Zusammensetzung, teils mit Eigelb oder Eiweiß in verschiedenen Mengen, teils ohne solchen Zusatz, herstellen. Ein Ausäthern der kochsalzhaltigen Ausschüttelung zwecks Entfernung des Fettes mußte jetzt natürlich unterbleiben, da sonst der Eigelbfarbstoff von vornherein entfernt worden wäre; diese Operation erwies sich jedoch überhaupt als überflüssig. Anhaltendes Filtrieren durch ein angenäßtes Filter genügt, um, je nach der Art der Margarine, in längerer oder kürzerer Zeit eine klare Flüssigkeit zu erhalten. Ich verfahre folgendermaßen:

300 g Margarine werden in einem Becherglas in ein großes Wasserbad von 50° C gehängt und 2—3 Stunden darin belassen. Man gießt alsdann in einen angewärmten Schütteltrichter, schüttelt mit 150 ccm 2-prozentiger Kochsalzlösung von 50° C gut durch und hängt den Schütteltrichter nach etwa 2 Stunden zum Absetzen in das Wasserbad von 50°. Die wässerige Flüssigkeit wird alsdann abgelassen, stark abgekühlt, um

suspendiertes Fett zum Erstarren zu bringen, und auf ein glattes angenäßtes Filter gegeben, welches groß genug ist, um die gesamte Menge
aufzunehmen. Man gießt das Filtrat so oft auf das Filter zurück, bis es
klar abtropft.

Während das Filtrieren in den meisten Fällen keine allzugroßen Schwierigkeiten macht, liefern manche Margarinen doch äußerst schwer klar zu er-
haltende Ausschüttelungen. Ich will deshalb darauf hinweisen, daß man sich
vielfach die Mühe ersparen kann, ein vollkommen klares Filtrat herzustellen;
ein solches ist nur für die Dialysenprobe notwendig, während eine mäßige
Trübung bei der Farbstoffreaktion und der Salzsäurereaktion gleichgültig ist.
Treten nun die beiden letzteren nicht ein, so kann man von der Abwesenheit
von Eigelb überzeugt sein und auf die Dialysenproben verzichten.

Zur Ausführung der auf den Nachweis des Eigelbfarbstoffs hinzielenden
Reaktion, welche wir als a) bezeichnen wollen, wird folgendermaßen verfahren:

Reaktion a): 10 ccm der wie eben beschrieben bereiteten Margarineausschüttelung werden in einem möglichst weiten Reagenzglase zum Sieden
erhitzt; hierauf gibt man 1 ccm 1-prozentiger Schwefelsäure hinzu, erhält
eine Minute im Sieden, kühlt unter der Wasserleitung ab, gibt 2 ccm Äther
hinzu, schüttelt unter Verschließen des Glases mit dem Daumen 1—2
Minuten kräftig durch und läßt absetzen. Die Färbung der Ätherschicht
beobachtet man im auffallenden Licht bei weißem Hintergrunde. Hart-
näckige Emulsionen werden mittels einiger Tropfen Alkohol zerstört.

Wie aus der Tabelle II ersichtlich ist, schied sich bei sämtlichen eigelbfreien Margarinen, ob dieselben nun Eiweiß enthielten oder nicht, der Äther
in Form einer weißen, noch nach 24 Stunden bestehenden Emulsion, ab,
welche sich durch Zusatz von einigen Tropfen Alkohol und vorsichtiges
Umschwenken zerstören ließ. Dagegen erfolgte bei den eigelbhaltigen Margarinen fast sofort eine klare Abscheidung des je nach dem Eigelbgehalte
mehr oder weniger gelb gefärbten Äthers.

Dieser Nachweis ist sehr scharf und überzeugend, tritt jedoch leider
auch bei mit wasserlöslichen Farbstoffen gefärbten Margarinen ein, so daß
er nur als Ausleseraktion zu gebrauchen ist; tritt er nicht ein, so enthält
die betreffende Margarine sicher kein Eigelb, andernfalls hat eine weiter-
gehende Prüfung zu erfolgen.

Ich hoffte, eventuell vorhandene wasserlösliche Farbstoffe eliminieren
zu können, indem ich eine größere Menge der filtrierten Margarineausschüttelung durch Kochen koagulierte, die Flüssigkeit von den Eiweißstoffen
abfiltrierte, diese mit heißer 2-prozentiger Kochsalzlösung auswusch und dann
den nach dem Koagulieren in der Kochsalzlösung unlöslichen Eigelbfarbstoff
mit Alkohol oder Äther auszog. Jedoch habe ich gefunden, daß auch ein
Teil der wasserlöslichen Margarinefarbstoffe durch das koagulierte Vitellin
eingeschlossen wird und so zu Täuschungen Veranlassung geben kann.

Es lag ferner nahe, den isolierten Farbstoff auf Grund seines spektro-
skopischen Verhaltens als Eigelbfarbstoff zu charakterisieren. Abgesehen

jedoch davon, daß die erhaltenen Lösungen zu verdünnt sind, es sei denn, daß man sehr große Mengen Margarine in Arbeit nimmt, konnte ich mit aus reinem Eigelb hergestellten alkoholischen und ätherischen Lösungen des Eigelbfarbstoffes die in der Literatur als charakteristisch angegebenen Absorptionsstreifen nicht erhalten. Bei Verwendung von Lösungen verschiedenster Konzentration konnte ich stets nur eine Auslöschung ungefähr des gesamten Blau und Violett beobachten. Auch die Entfärbungsreaktion mit salpetriger Säure schien mir für den vorliegenden Zweck nicht zuverlässig genug zu sein; die Entfärbung tritt mit Lösungen reinen Eigelbfarbstoffs zwar sehr gut ein; anders liegen die Verhältnisse jedoch bei dem aus der Margarine isolierten Farbstoff, der immerhin noch manche Verunreinigungen enthält.

Nachdem so alle anderen Möglichkeiten erschöpft waren, blieb mir nichts anderes übrig, als zum einwandfreien Nachweis des Eigelbs auf die oben erwähnte Eigenschaft des Vitellins, sich wohl in Kochsalzlösung, nicht aber in Wasser zu lösen, zurückzugreifen. Den übrigen, für den vorliegenden Fall in Betracht kommenden Eiweißstoffen, wie Albumin, Kaseïn, Pflanzeneiweiß u. s. w. kommt diese charakteristische Eigenschaft nicht zu, so daß Trugschlüsse ausgeschlossen sind.

Ein Verdünnen der Ausschüttelung zwecks Herabsetzung des Kochsalzgehaltes ist bei der in Betracht kommenden geringen Konzentration, wie bereits anfangs erläutert wurde, erfolglos. Ich versuchte nun den umgekehrten Weg einzuschlagen, nämlich das Kochsalz durch D i a l y s e herauszuschaffen. Einige Versuche zeigten in der Tat, daß eine klare Eigelblösung, der Dialyse unterworfen, innerhalb weniger Stunden sich infolge des Kochsalzverlustes trübt und daß, was besonders wichtig ist, diese Trübung auf Zusatz vom Kochsalz wieder verschwindet.

Das Verfahren gestaltet sich somit folgendermaßen:

Reaktion b: 25—50 ccm der wie oben bereiteten klaren Margarineausschüttelung werden in einen gut ausgewaschenen, noch feuchten Dialysatorschlauch gefüllt, welcher in ein großes, 5—10 l fassendes Gefäß mit Wasser gehängt wird. Nach 5—6 Stunden, meist schon in kürzerer Zeit, ist die Dialyse beendigt. Man füllt den Inhalt in zwei gleich weite Reagenzgläser; ist das Dialysat trübe, so schüttelt man die eine Probe mit ca. 2 g Kochsalz bis zur Lösung des letzteren und läßt sie ungefähr 10 Minuten ruhig stehen. Erscheint alsdann diese Probe klar, oder doch bedeutend klarer als der nicht mit Kochsalz behandelte Anteil des Dialysats (s c h w a c h e Trübungen bleiben manchmal bestehen), so ist die Anwesenheit von Eigelb erwiesen.

Wie Tabelle II zeigt, trat die Reaktion selbst bei einer Margarine mit 0.3 Proz. Eigelbgehalt noch deutlich ein.

Als bestätigende Reaktion kann, wie schon oben erwähnt, diejenige mit rauchender Salzsäure betrachtet werden:

Reaktion c: 5 ccm der wie oben bereiteten Margarineausschüttelung werden mit 5 ccm rauchender (38-prozentiger) Salzsäure zum Sieden erhitzt und 1 Minute im Sieden erhalten. Trübt sich die Flüssigkeit hierbei, und setzt sich die Trübung bald oder innerhalb einiger Stunden als weißer Ring auf der Oberfläche der Flüssigkeit an der Wandung des Reagenzglases ab, so ist vermutlich Eigelb zugegen, bezw. werden die anderen Reaktionen dadurch bestätigt.

Wie Tabelle II zeigt, trat diese Reaktion bei sämtlichen eigelbhaltigen, nicht aber bei den eigelbfreien Margarinen ein. Sämtliche Margarineausschüttelungen nahmen aber eine mehr oder weniger rosa oder schmutzigbraune Färbung an, welche den weißen, von der Trübung gebildeten Ring um so deutlicher sich abheben ließ.

Meine Versuche haben somit eine Reihe von Reaktionen ergeben, welche es gestatten, genuines Eigelb noch in sehr verdünnten Lösungen nachzuweisen und von Eiweiß zu unterscheiden. Von diesen Reaktionen haben sich die drei zuletzt und ausführlicher behandelten auch als geeignet erwiesen, 0.3 Proz. und wahrscheinlich auch noch weniger genuines Eigelb in der Margarine nachzuweisen. Von diesen drei Reaktionen sehe ich für den vorliegenden Fall die Dialysenprobe als beweisend an.

Über die Bestimmung von Eiweißstoffen, Milchzucker und Salzen in Butter und Margarine[1].

Von G. Fendler.

Für die Bestimmung von Kaseïn, Milchzucker und Salzen in Butter und Margarine geben die „Vereinbarungen" folgende Vorschrift:

5—10 g Butter werden in einem Becherglase unter häufigem Umschütteln etwa 6 Stunden im Trockenschranke bei 100—105° C. vom größten Teile des Wassers befreit; nach dem Erkalten wird das Fett mit etwas absolutem Alkohol und Äther gelöst, der Rückstand durch ein vorher tariertes Filter filtriert und mit Äther hinreichend nachgewaschen.

Der getrocknete und gewogene Filterinhalt ergibt die Menge des wasserfreien Nichtfettes (Kaseïn + Milchzucker + Salze); er wird bei möglichst niedriger Temperatur verascht (unter Ausziehen mit Wasser) und liefert so die Menge der Salze; diese von der Gesamtmenge von Kaseïn + Milchzucker + Salzen abgezogen, ergeben die Menge des sogenannten „organischen Nichtfettes" (Kaseïn + Milchzucker).

Zur Bestimmung des Kochsalzes wird die Asche mit Wasser ausgelaugt und das vorhandene Chlor nötigenfalls in einem aliquoten Teil der Lösung gewichts- oder maßanalytisch bestimmt.

Aus einer zweiten, etwa gleich großen Menge Butter wird mit Alkohol und Äther die Hauptmenge des Fettes durch Abfiltrieren durch ein schwedisches Filter entfernt und Filter nebst Inhalt nach Kjeldahl verbrannt. Der gefundene Stickstoff, mit 6.37 multipliziert, ergibt die Menge des vorhandenen Kaseïns.

Den Milchzucker berechnet man meist aus der Differenz von (Kaseïn + Milchzucker + Salze) und den einzeln ermittelten Mengen von (Kaseïn + Salze.)

Die Erfahrungen, welche ich bei der Untersuchung einer großen Reihe von Margarineproben sammelte, veranlaßten mich, das angegebene Verfahren in einigen Punkten abzuändern. Es stellte sich nämlich als ein Übelstand heraus, daß bei dem sechsstündigen Trocknen sich ein großer Teil des Kochsalzes und auch ein Teil der Eiweißstoffe[2]) derartig fest an die Wandung des

---

[1]) Vgl. Ztschr. f. Unters. d. Nahrungs- u. Genußmittel Heft 21 [1903].

[2]) Ich vermeide absichtlich die Bezeichnung „Kaseïn", da einem Teil der heute in den Handel gebrachten Margarine auch andere Eiweißstoffe zugesetzt sind.

Becherglases ansetzt, daß sie quantitativ nicht mehr daraus entfernbar sind. Handelt es sich nun nur um eine Bestimmung des wasserfreien Nichtfettes (Eiweißstoffe + Milchzucker[1]) + Salze), so läßt sich diesem Übelstande leicht abhelfen, indem man auch das Becherglas trocknet und wägt. Alsdann ergibt die Summe der Gewichtszunahmen von Filter und Becherglas die Gesamtmenge des wasserfreien Nichtfettes.

Nicht aber läßt sich mit dieser Bestimmung eine exakte Aschenbestimmung vereinigen, wie die „Vereinbarungen" und auch die amtliche „Anweisung zur Untersuchung von Fetten und Käsen" es vorschreiben. Ich verfahre zur Bestimmung der Asche derart, daß ich die vorgeschriebene Menge (5—10 g) Butter oder Margarine in eine Platinschale wäge und hierin etwa 6 Stunden bei 100—105° trockne. Alsdann wird das Fett in Äther gelöst, die ätherische Lösung durch ein aschenfreies Filter filtriert, das Filter in die Schale gegeben, und deren Inhalt nach kurzem Trocknen in der bekannten Weise verascht.

Dagegen läßt sich mit der Bestimmung des wasserfreien Nichtfettes die Bestimmung der Eiweißstoffe vereinigen, wenn man an Stelle des Becherglases ein Hoffmeistersches Schälchen verwendet. Hat man nach dem Trocknen und Wägen aus der Gewichtszunahme von Filter und Schälchen die Menge des gesamten wasserfreien Nichtfettes ermittelt, so wird das Schälchen in bekannter Weise zertrümmert und samt dem Filter in einen Kjeldahl-Kolben übergeführt. Man vermeide, das Schälchen zu fein zu zerkleinern, da sonst beim Verbrennen und Destillieren die Kolben unangenehm stoßen. Das kann man verhindern, indem man das Drahtnetz unter dem Kolben mit Asbestpapier belegt.

Nach diesem Verfahren habe ich bei Doppelbestimmungen stets übereinstimmende Ergebnisse erhalten, während ich früher, genau nach den „Vereinbarungen" arbeitend, häufig größere Unterschiede zu verzeichnen hatte.

---

[1]) Hier ist, soweit Margarine in Betracht kommt, besser „Zucker" zu setzen, da der Margarine auch vielfach kleine Mengen Rohrzucker oder andere Zuckerarten zugesetzt werden.

Versuche zur Entgiftung des Tabakrauches[1].
Von H. Thoms.

In einer Reihe vortrefflicher Arbeiten, die zum großen Teil in dieser
Zeitschrift veröffentlicht worden sind, hat in den letzten Jahren besonders
R. Kißling die Tabakschemie wesentlich gefördert und Anregung zur Be-
schäftigung mit dem Gegenstande auch für andere gegeben. Verf. der nachfolgenden Ausführungen hat sich seit dem Jahre 1899 der Untersuchung der
Rauchprodukte des Tabaks gewidmet und in einer ersten Mitteilung gelegentlich
der Naturforscherversammlung in München über die Ergebnisse seiner Versuche berichtet[2]. Wenige Monate später folgte eine neue Mitteilung[3], in
welcher eine Bestimmungsmethode für das Nikotin und ein neuer Apparat
zum künstlichen Verrauchen von Zigarren beschrieben wurden. In dieser
Arbeit wurde auch der Nachweis geführt, daß beim Verrauchen von Tabak
tatsächlich Blausäure gebildet wird, wie bereits von anderen Autoren be-
hauptet war. Im März 1900 hat dann Verf. in einem öffentlichen Vortrage
in der Urania in Berlin die Resultate seiner Untersuchungen zusammen-
gefaßt und besonders darauf hingewiesen, daß das unter den Rauchprodukten
sich findende, außerordentlich unangenehm riechende ätherische Brenzöl,
dessen Giftwirkung bereits auf der Naturforscherversammlung in München
von dem Vortragenden erwähnt und in der Diskussion von A. Hilger-
München und A. Heffter in Bern bestätigt werden konnte, sich durch
Filtrieren des Tabakrauches durch faseriges Material, z. B. Verbandwatte,
zum größten Teil zurückhalten lasse.

Neuere wichtige Arbeiten über die Bestandteile des Tabakrauches liegen
vor von F. Wahl-Bonn[4], welcher sich mit der Frage des Kohlenoxydgehaltes
besonders eingehend befaßte, ferner interessante Versuche von J. Haber-
mann-Brünn[5]) und von Pontag[6]. Der letztere Forscher kommt zu dem

---

[1] Chem. Ztg. 1 [1904].

[2] Verhandlungen der Gesellschaft deutscher Naturforscher und Ärzte,
71. Versammlung zu München, 17.—23. September 1899, 2. Teil, 2. Hälfte, S. 664.

[3] H. Thoms, Über die Rauchprodukte des Tabaks; D. pharm. Ges. Ber.
10, 19. [1900].

[4] Arch. Physiologie des Menschen und der Tiere 78, 262 [1899].

[5] Hoppe-Seylers Ztschr. physiol. Chem. 37, 1 [1902/03]; 40, 148 [1903].

[6] Arbeiten aus dem Pharmakologischen Institut der Universität Dorpat.
Mitgeteilt von Chlopin. [1903].

Resultate, daß mit Rücksicht auf die große Menge giftiger Produkte, welche der Tabakrauch enthält, die Schädlichkeit des Rauchens nicht bestritten werden könnte. Pontag hat besonders Rauchversuche mit russischen Zigaretten vorgenommen und nimmt an, daß der Tabak rund 2 Proz. Nikotin enthält, wovon ungefähr die Hälfte beim Rauchen in den Rauch übergeht, so daß ein Raucher, der täglich 20 Zigaretten ausraucht, neben Schwefelwasserstoff, giftigen harzigen Produkten, großen Mengen Kohlensäure u. s. w. folgende Stoffe in seinen Organismus einzieht: 0.09 g Nikotin, 0.01 g Pyridinbasen, 0.032 g Ammoniak, 0.0006 g Blausäure und 369 ccm Kohlenoxyd. Wenn diese Mengen des Nikotins, der Blausäure und des Kohlenoxyds im ganzen in dem Körper des Rauchers bleiben würden, so könnten sie „bei einem wenig gewohnten Raucher den Tod herbeiführen“. Pontag schließt sich daher dem Vorschlage an, den Tabakrauch durch eine bedeutende Menge Watte zu filtrieren. Die Tatsache, daß die Frage nach den toxischen Bestandteilen des Tabakrauches auch in der Tagespresse häufig erörtert wird, spricht für das große Interesse, das man dem Gegenstande allseitig entgegenbringt. Es erklären sich aus diesem Umstande auch die fortgesetzten Bemühungen, die Giftwirkung des Tabakrauches zu beseitigen bezw. herabzusetzen.

Um über die Möglichkeit einer Beseitigung der durch den Tabakrauch den Organismus bedrohenden Gefahren ein Urteil zu gewinnen, muß man sich vergegenwärtigen, woraus die Rauchprodukte des Tabaks bestehen. Es sind im wesentlichen: Nikotin und dessen Spaltungsprodukte (Pyridinbasen), Ammoniak, Methylamine, Pyrrole, Schwefelwasserstoff, Blausäure, Buttersäure, Kohlensäure, Kohlenoxyd, Wasserdampf, ätherisches Brenzöl und teerige bezw. harzartige Produkte, unter welch letzteren kleine Mengen von Phenolen beobachtet worden sind. Von diesen Produkten müssen besonders die basischen Körper Nikotin, Pyridinbasen, Methylamine, sowie die sauren Körper Blausäure und Schwefelwasserstoff, ferner das ätherische Brenzöl und endlich das Kohlenoxyd, wenn in größerer Menge dem Organismus zugeführt, als Gifte bezeichnet werden. Das Nikotin ist bereits vorgebildet in dem Tabak enthalten, während die übrigen Produkte meist erst infolge des Rauchens entstehen; sie sind die Produkte einer trockenen Destillation. Um die Schädlichkeiten des Tabakrauches zu beseitigen, hat man versucht, das Nikotin vorher dem Tabak zu entziehen. Hierbei zeigte sich jedoch, daß eine derartige Extraktion dem Tabak außer dem Nikotin auch diejenigen Stoffe entzieht, welche das Aroma des Tabaks bedingen und beim Rauchen einen eigenen Genuß gewähren. Ein vorher extrahierter Tabak schmeckt beim Rauchen nicht anders, als wenn Stroh geraucht wird. Aber trotz vorherigen Extrahierens liefert Tabak beim Verrauchen immer noch Produkte, welche schädlich wirken können. Es seien hier genannt: Methylamine, Ammoniak, Schwefelwasserstoff, Blausäure, Kohlenoxyd. Die sogenannten „nikotinfreien“ Zigarren besitzen daher, selbst wenn sie, was fast nie der Fall ist, wirklich nikotinfrei sind, nur einen sehr problematischen Wert. Andere Verfahren, die Schädlichkeiten des Tabakrauches herabzusetzen, bestehen darin, daß man Nikotin durch chemische Mittel zu binden oder in andere Verbindungsformen überzuführen versucht, die keine giftigen Verbrennungsprodukte liefern sollen, oder daß man Tabakfabrikate herstellt, deren Nikotingehalt ein sehr niedriger ist, oder endlich, daß man den Tabakrauch filtriert. Als Filtermittel hierfür dienen Faserstoffe (Asbest, Watte), Holzkohle und dergl. Um die Wirkungsfähigkeit der Faserstoffe zu erhöhen, tränkt man sie mit Säuren (Schwefelsäure, Phosphorsäure, Zitronensäure, Weinsäure, Salicylsäure) oder mit chemischen Körpern, welche als Alkaloidfällungsmittel gelten. Durch die vorstehend genannten Mittel wird jedoch der Zweck meist nur unvollkommen erreicht. Die Verwendung von Säuren beeinflußt vielfach das Aroma des Tabakrauches nicht unerheblich und ruft Trockenheit im Schlunde hervor. Alkaloidfällungsmittel sind oft an und für sich giftig und können daher nur mit größter Vorsicht verwendet werden.

Meine eigenen Versuche, ein geeignetes Mittel zum Tränken von faserigem Material zu finden, um damit wenigstens einen Teil der giftigen Rauchprodukte abzuscheiden bezw. zurückzuhalten, waren sehr zahlreich. Von vornherein mußte man sich klar darüber sein, daß von einer Gesamtbindung der schädlichen Stoffe nicht die Rede sein kann. Denn die Giftstoffe des Tabakrauches gehören zu verschiedenen Klassen chemischer Verbindungen an, als daß man ein Mittel finden könnte, sie alle zu beseitigen. Aber selbst, wenn dies gelänge, so würde damit dem Raucher gar nicht gedient sein, denn er könnte dann das Rauchen ruhig einstellen, wenn er vielleicht weiter nichts aus den Zigarren herauszöge als etwas Wasserdampf und Kohlensäure.

Viel gewonnen wäre, wenn man neben dem giftigen ätherischen Brenzöle einen Teil der giftigen Basen (Nikotin und dessen Spaltungsprodukte, Ammoniak, Methylamine), sowie Schwefelwasserstoff und Blausäure durch geeignete Mittel zurückhalten könnte. Das Kohlenoxyd binden zu wollen, darauf mußte man von vornherein verzichten.

Als Imprägnierungsmittel für das Filter (Watte) können nur solche Mittel in Frage kommen, die 1. selbst ungiftig sind, 2. nicht durch Verdampfen mit in den Rauch gelangen, 3. das Aroma des Tabakrauches nicht beeinflussen. Ein Mittel, das diese Forderungen erfüllt, glaube ich in der Verwendung von faserigem Material, welches mit einer Eisenoxydul- oder Eisenoxydsalzlösung getränkt ist, gefunden zu haben. Die Eisensalze werden durch die flüchtigen Basen des Tabakrauches zerlegt, welche dann von den Säuren der betreffenden Eisensalze zurückgehalten werden. Daß Schwefelwasserstoff von dem Eisen gebunden würde, war wohl anzunehmen, und ebenso erschien es wahrscheinlich, daß auch die Blausäure zum Teil oder ganz gebunden würde. Inwieweit diese Voraussetzungen sich bestätigten, geht aus der weiter unten mitgeteilten Versuchsreihe hervor.

Meine ersten Versuche nach der erwähnten Richtung hin machte ich mit Eisenvitriol bezw. Ferro-Ammoniumsulfat. Zur Herstellung einer derartigen Schutzvorrichtung wurde 1 Teil Ferro-Ammoniumsulfat

$$SO_4Fe + SO_4(NH_4)_2 + 6\,H_2O$$

in 4 Teilen destilliertem Wasser gelöst und mit dieser Lösung 1 Teil Watte getränkt, so daß nach dem Trocknen die so behandelte Watte etwa 50 Proz. Salz enthält, welches unter Zusatz eines Klebemittels, z. B. Glyzerin, an der Wollfaser haftend gemacht wird. Zu diesem Zwecke gibt man das Klebemittel der wässerigen Lösung von Anfang an hinzu. Bei Verwendung von Glyzerin genügen $^1/_{10}$—$^1/_5$ Teil Glyzerin. Eine Zigarre, deren Nikotingehalt 2.78 Proz. betrug, wurde langsam verraucht (unter Benutzung des früher[1]) beschriebenen Apparates). Der Rauch wurde, bevor er in die Absorptionsflüssigkeit gelangte, durch ein Glasrohr gesaugt, in welchem sich 0.5 g der nach vorstehender Vorschrift hergestellten Watte befand. Die Zigarre wog 5.2 g, enthielt also 0.1445 g Nikotin. In den Absorptionsflüssigkeiten wurden durch Kaliumwismutjodid fällbare und auf Nikotin berechnete Basen wieder gefunden 0.014 g, d. s. unter Berücksichtigung der im Stummel verbliebenen Menge von 0.057824 g Nikotin nur 16.1 Proz. In einem zweiten Versuche betrug die Menge Nikotinbasengemisch, welches das Filter ungebunden passiert hatte, 20.3 Proz. Um die technische Anwendbarkeit dieses Verfahrens prüfen zu lassen, setzte ich mich mit einer größeren Firma, nämlich Wendts Zigarrenfabriken in Bremen, welche sich das Verfahren der Verwendung eisensalzhaltigen Filtermaterials durch D. R. P. schützen ließ, in Verbindung. Bei den praktischen Versuchen stellte sich nun heraus, daß mit Eisenchlorid imprägniertes faseriges Material beim Rauchen sich als besonders geeignet erwies. Nachdem somit die technische Verwendung derartiger Rauchfilter festgestellt war, bin ich in Versuche darüber eingetreten, welche chemische Bindungsfähigkeit Eisenchloridwatte gegenüber dem Tabakrauche besitzt. Ich habe die Wirkungsfähigkeit geprüft gegenüber dem unangenehm riechenden ätherischen Brenzöle, gegenüber Nikotin und dessen Spaltungsprodukten, sowie Ammoniak, Schwefelwasserstoff und Blausäure. Im nachfolgenden berichte ich über den Ausfall dieser Versuche.

Es kamen Zigarren, die ich bereits vor 10 Monaten nach folgender Vorschrift hatte zusammensetzen lassen, in Anwendung:

Sumatra-Deck- und Umblatt.

Einlage: Ein Gemisch aus $^1/_3$ St. Felix-Brasil-, $^1/_3$ Sumatra-, $^1/_3$ Havanna-Tabak.

Gewicht jeder einzelnen Zigarre etwa 5 g.

Die Analyse dieser Zigarren gab folgende Werte:

Gesamt-Stickstoffgehalt: 4.30 Proz. (nach Dumas)

     „   „   : 3.79 Proz. (nach Kjeldahl)

    Nikotingehalt: 1.5552 Proz. (nach meiner Methode[2]) bestimmt)

    Ammoniakgehalt: 0.39 Proz.

    Salpetersäure (N_2O_5): 0.49 Proz.

---

[1]) Ber. d. d. pharm. Ges. Ber. **10**, 26 [1900].

[2]) Ber. d. d. pharm. Ges. Ber. **10**, 23 [1900].

Die aus einer großen Reihe Untersuchungen anderer Autoren berechneten Mittelwerte für Gesamt-Stickstoff, Nikotin, Ammoniak, Salpetersäure im Tabak ergeben nach König[1]) die folgenden Zahlen:

Gesamt-Stickstoff:	Nikotin:	Ammoniak:	Salpetersäure:
3.68	1.96	0.42	0.86
(1.05—8.16)	(0—7.96)	(0—1.82)	(0.05—3.78)

Prüfung auf den Blausäuregehalt des Tabakrauches.

Versuch 1. Das Verrauchen der vorstehend beschriebenen Zigarren geschah folgendermaßen: Ein in eine Woulfesche Flasche eintauchendes Glasrohr erweitert sich außerhalb dieser und ist in stumpfem Winkel nach oben gebogen. Länge des erweiterten Teiles des Glasrohres 10 cm. In dieses wird die zu verrauchende Zigarre gesteckt. Der zweite Tubus der Woulfeschen Flasche ist mittels eines rechtwinkelig gebogenen, durch den Tubus einer zweiten Woulfeschen Flasche eingeführten und bis auf den Boden dieser reichenden Glasrohres verbunden. An den zweiten Tubus der zweiten Woulfeschen Flasche ist eine Saugvorrichtung (Wasserstrahlpumpe) angeschlossen. Das Verrauchen ging derartig vor sich, daß der Rauch durch die in den Woulfeschen Flaschen befindlichen Absorptionsflüssigkeiten (in jeder Flasche befanden sich 150 ccm 10-prozentiger Natronlauge) langsam hindurchgesaugt wurde. Zur Blausäurebestimmung dienten 10 Zigarren im Gewichte von 54.25 g. Das Gewicht der von der Asche sorgfältig befreiten, getrockneten Stummel betrug 7.97 g, so daß an Zigarrenmasse zum Verrauchen gelangten 54.25—7.97 = 46.28 g. Die Zeit des Verrauchens dieser Zigarrenmasse beanspruchte 378 Min., für eine jede Zigarre also 37.8 Min., für jedes Gramm Zigarrenmasse 8.17 Min. Nach Beendigung des Rauchens wurden die alkalischen Flüssigkeiten vereinigt, mit Äther die reichlich suspendierten harzigen und teerigen Anteile, sowie die in Lösung gehaltenen Basen ausgeschüttelt, der zurückgehaltene Äther durch schwaches Erwärmen beseitigt und mit verdünnter Schwefelsäure unter starker Abkühlung in einem Destillationskolben übersäuert. Es entwickelten sich reichliche Menge Kohlensäure und Schwefelwasserstoff; ein in die Nähe der Flüssigkeit gebrachter Bleipapierstreifen bräunt sich. Durch eingeblasenen Dampfstrom wurden hierauf die flüchtigen Säuren abgetrieben. Das Destillat wurde in vorgelegte Natronlauge geleitet, diese mit Ferrosulfat und Ferrichlorid versetzt und mit Salzsäure übersättigt. Das nach 12-stündigem Stehen abgeschiedene Berlinerblau wurde auf einem bei 100° getrockneten Filter gesammelt und bei 100° bis zum konstanten Gewichte getrocknet. An Berlinerblau wurden erhalten 0.014 g, auf 100 g verrauchter Zigarrenmasse

berechnet $\dfrac{0.014 \cdot 100}{46.28} = 0.03025$ g Berlinerblau.

---

[1]) S. Königs Chemie der menschlichen Nahrungs- und Genußmittel 4. Auflage bearbeitet von Bömer. 1, 1042.

$$\underbrace{\mathrm{Fe_4[Fe(CN)_6]_3}}_{860.02} : \underbrace{18\,\mathrm{HCN}}_{486.9} = 0.03025 : x$$

$$x = \frac{486.9 \cdot 0.3025}{860.02} = \mathbf{0.01712}\ \text{Proz. HCN.}$$

Versuch 2. Von der gleichen Sorte der Zigarren wurden zwecks
einer Kontrollbestimmung 10 Zigarren im Gewichte von 52.5 g verraucht.
Das Gewicht der übrig gebliebenen Stummel betrug 7.9 g, so daß an
Zigarrenmasse zum Verrauchen gelangten 52.5—7.9 = 44.6 g. Die Zeit des
Verrauchens dieser Zigarrenmasse beanspruchte 305 Min., für eine jede
Zigarre also 30.5 Min., für jedes Gramm Zigarrenmasse 6.84 Min.
Es wurden erhalten 0.011 g Berlinerblau, das sind auf 100 g verrauchter Zigarren-
masse 0.0269 g Berlinerblau oder $\dfrac{486.9 \cdot 0.0269}{860.02} = \mathbf{0.01523}$ Proz. HCN.

Prüfung auf den Blausäuregehalt des Tabakrauches nach seinem Hindurchleiten durch Eisenchloridwatte.

Zur Berlinerblaubildung ist bekanntlich die Verwendung eines eisen-
oxydulsalzhaltigen Eisenoxydsalzes erforderlich, welches durch Blausäure bei
Gegenwart von Alkali oder Ammoniak in dem gewünschten Sinne reagiert.
Um festzustellen, ob eine Bindung der Blausäure des Tabakrauches durch
Eisen möglich ist, wurden zwei Versuche ausgeführt. Hierbei wurde von
der Voraussetzung ausgegangen, daß der ammoniakalisch reagierende Tabakrauch seine Blausäure vielleicht an das Eisen der vorgelegten Eisenchloridwatte abgeben würde. Unter Benutzung des gleichen Apparates, wie er bei
den Versuchen 1 und 2 in Anwendung kam, wurde der Rauch der Zigarren
vor seinem Eintritt in die alkalischen Absorptionsflüssigkeiten durch in dem
Glasrohre untergebrachte Eisenchloridwatte gesaugt. Hierzu diente eine
selbstbereitete Eisenchloridwatte, welche 45 Proz. Ferrichlorid und 5 Proz.
Ferrochlorid, ferner eine solche, die gegen 50 Proz. Ferrichlorid enthielt.
Dieser letztere Versuch wurde in der Annahme ausgeführt, daß die
reduzierend wirkenden Körper des Tabakrauches dafür sorgen würden, die
zur Berlinerblaubildung erforderliche Menge Oxydulsalz zu schaffen.
Versuch 3. 10 Zigarren im Gewichte von 55.4 g wurden verraucht.
Das Gewicht der übrig gebliebenen Stummel betrug 12 g, so daß an Zigarrenmasse verraucht wurden 55.4 minus 12 gleich 43.4 g. In dem Glasrohre
befand sich ein Flock eisenchlorürhaltiger Eisenchloridwatte im Gewichte von
0.4 g, der in den verjüngten Teil des Glasrohres zwar fest eingedrückt wurde,
aber doch nicht so fest, daß das Hindurchsaugen des Rauches erschwert war.
In die beiden Vorlagen wurden je 100 g 15-prozentiger Natronlauge gegeben.
Die Zeit des Verrauchens beanspruchte 329 Min., so daß für eine jede Zigarre
32.9, für jedes Gramm Zigarrenmasse 7.58 Min. erforderlich waren. Die
alkalische Flüssigkeit der Vorlagen war weingelb gefärbt, wenig trübe. Sie
wird mit Äther ausgeschüttelt, durch schwaches Erwärmen von Äther befreit,

sodann in dem Destillationskolben allmählich und unter guter Kühlung mit einem erkalteten Gemische von 100 g Wasser $+$ 80 g Schwefelsäure übersäuert und mit Wasserdampf die Blausäure abgetrieben. Aus dem Destillate wurde sie dann als Berlinerblau abgeschieden.

Erhalten 0.007 g Berlinerblau; das sind auf 100 g Zigarrenmasse 0.01613 g Berlinerblau oder $\dfrac{486.9 \cdot 0.01613}{860.02} = 0.00913$ Proz. HCN.

Es ist hier zu bemerken, daß beim Übersäuern der alkalischen Flüssigkeiten das Auftreten von Schwefelwasserstoff nicht beobachtet wurde. Wie zu erwarten, war Schwefelwasserstoff durch das Eisensalz zurückgehalten worden. Wohl aber entstand in schwachem Maße ein Geruch, der an Mercaptan erinnerte. Der Tabakrauch enthält wahrscheinlich nicht nur Schwefel in Form von Schwefelwasserstoff, sondern auch in Form organischer Schwefelverbindungen, die bisher nicht charakterisiert wurden.

Versuch 4. 10 Zigarren im Gewichte von 51.5 g wurden verraucht. Das Gewicht der übrig gebliebenen Stummel betrug 11.8 g, so daß an Zigarrenmasse verraucht waren 51.5 minus 11.8 gleich 39.7 g. Verwendete Eisenchloridwatte 0.4 g. Die Zeit des Verrauchens beanspruchte 367 Min., so daß für eine jede Zigarre 36.7, für jedes Gramm Zigarrenmasse 9.25 Min. erforderlich waren.

Berlinerblau $= 0.0058$ g, das sind auf 100 g Zigarrenmasse 0.01461 g oder $\dfrac{486.9 \cdot 0.01461}{860.02} = 0.00827$ Proz. HCN.

Aus vorstehenden Versuchen läßt sich der Schluß ziehen, daß beim Hindurchsaugen des Tabakrauches durch Eisenchloridwatte der Blausäuregehalt verringert wird.

Prüfung des Basengehaltes des Tabakrauches nach seinem Hindurchleiten durch Eisenchloridwatte.

Saugt man Tabakrauch durch ein Rohr, in welchem man ein Stück Eisenchloridwatte untergebracht hat, so bemerkt man, daß der Tabakrauch, welcher vordem eine beißende Schärfe besaß, diese verloren hat. Extrahiert man nach dem Verrauchen einer Zigarre das mit teerigen Massen durchtränkte, außerordentlich übelriechende braunschwarz gefärbte Stück Watte mit Salzsäure, wobei sich ein reichlicher Salmiaknebel bildet, oder mit verdünnter Schwefelsäure und fügt zu dem Filtrate Kaliumwismutjodidlösung, so fällt ein reichlicher Alkaloidniederschlag aus. Feuchte und etwas fester zusammengedrückte Watte wirkt besser als trockene, lockere. Um den Grad der Absorptionsfähigkeit der Eisenchloridwatte gegenüber den basischen Produkten des Tabakrauches festzustellen, wurde folgender Versuch vorgenommen. Es wurden 3 Zigarren der gleichen Sorte, wie sie zu den vorhergehenden Bestimmungen benutzt waren, mit dem beschriebenen Apparate künstlich verraucht. Das Gewicht der Zigarren betrug 16.3 g, das Gewicht der von der Asche sorgfältig befreiten trockenen Stummel 3.1 g, so daß 13.2 g Zigarren-

masse verraucht wurden. Der Rauch einer jeden Zigarre wurde über je
0.3 g Eisenchloridwatte (50 Proz. $FeCl_3$ haltend) geleitet und die Wasserstrahlpumpe so eingestellt, daß die Rauchdauer einer Zigarre 40 Minuten
beanspruchte. Als Absorptionsflüssigkeit dienten 150 ccm 20-prozentiger
Schwefelsäure, die auf die beiden Woulfeschen Flaschen verteilt waren.
Nach dem Verrauchen wird die Schwefelsäure filtriert. Es bleibt eine ganz
geringe Menge harziger Rückstand auf dem Filter, das Filtrat ist bräunlich
rot gefärbt, riecht schwach aromatisch, jedenfalls nicht unangenehm, die vereinigten Filtrate werden mit Kaliumwismutjodidlösung ausgefällt, wobei geringe
Reduktion des Reagens eintritt, die Fällung auf einem Filter gesammelt und
nach dem Auswaschen mit sehr verdünnter Schwefelsäure in einem Schüttel-
glase mit Alkali zerlegt, die in Freiheit gesetzten organischen Basen werden
mit einem Gemisch gleicher Volumina Äther und Petroläther (je 20 ccm)
ausgeschüttelt und 20 ccm dieses Äther-Petroläthergemisches mit $\frac{n}{10}$-Salz-
säure titriert.

Es wurden verbraucht für 20 ccm 0.4 ccm $\frac{n}{10}$-Salzsäure, für die Gesamtmenge der in den Wismutniederschlag gegangenen Basen daher 0.8 ccm.
Auf Nikotin berechnet, entspricht diese Menge $0.0162 \times 0.8 = 0.01296$ g Nikotin.
Das Filtrat von der Fällung der organischen Basen mit Kaliumwismutjodid
wird auf dem Wasserbade konzentriert, von der stickstofffreien Abscheidung
abfiltriert, mit NaOH der Destillation unterworfen und das Destillat in
100 ccm $\frac{n}{10}$-HCl aufgefangen. Nach beendigter Destillation wird mit 100 ccm
$\frac{n}{10}$-NH_3 und der Rest des Ammoniaks mit $\frac{n}{10}$-HCl titriert. Verbraucht hierzu
7.6 ccm $\frac{n}{10}$-HCl, das sind $0.001707 \times 7.6 = 0.01129732$ g NH_3.

Die vom Verrauchen der drei Zigarren herrührende Watte wird nach be-
endigtem Rauchversuche sogleich in 20-prozentige Schwefelsäure geworfen, das
Glasrohr mit reiner Watte ausgewischt und diese ebenfalls mit Schwefelsäure
extrahiert. Das Filtrat von der Eisenwatte ist braun gefärbt und von sehr
unangenehmem Geruche. Auf dem Filter verbleibt neben der braun gefärbten
Watte ein reichlicher harziger Rückstand. Das Filtrat wird mit 10 ccm
Kaliumwismutjodidlösung ausgefällt; es entsteht ein schön roter Niederschlag,
der sich allmählich dunkel färbt. Die Fällung wird, wie vorstehend, behandelt.
Zur Bindung der von dem Äther-Petroläther-Gemisch aufgenommenen Basen
sind 2.8 ccm $\frac{n}{10}$-HCl erforderlich; auf Nikotin berechnet entspricht diese Menge
$0.0162 \times 2.8 = 0.04536$ g Nikotin. Das Filtrat von der Fällung der organischen
Basen mit Kaliumwismutjodid wird wie oben behandelt und das Ammoniak
bestimmt. Zur Bindung desselben waren erforderlich 47.1 ccm $\frac{n}{10}$-HCl, das
sind $0.001707 \times 47.1 = 0.0803997$ g NH_3.

Aus diesen Versuchen geht hervor, daß unter den genannten
Bedingungen von der Eisenchloridwatte ein großer Prozentsatz
an organischen Basen (Nikotin und dessen Spaltbasen), sowie
Ammoniak zurückgehalten wurden, und zwar waren von der
Gesamtmenge der Basen des Tabakrauches 77.78 Proz. Nikotin

bezw. Spaltbasen von der Watte gebunden und 22.22 Proz. dieser Basen ungebunden durch die Watte hindurchgegangen. Beim Ammoniak stellte sich das Verhältnis wie 86.11 Proz. Ammoniak gebunden und 13.89 Proz. Ammoniak ungebunden. Es hat damit also eine erhebliche Entgiftung des Tabakrauches stattgefunden. Da meinen früheren Arbeiten zufolge das letzte Ende der Zigarre, der Stummel, ein natürliches Aufspeicherungsobjekt für das Nikotin darstellt und eine Anreicherung an organischen Basen darin oft bis auf das 3—4-fache des ursprünglich in der Zigarre enthaltenen Prozentsatzes an Nikotin stattfindet, so wurde auch in den von dem soeben besprochenen Rauchversuche herstammenden 3 Stummeln eine Nikotinbestimmung ausgeführt. Zur Bindung der organischen Basen aus den 3 Stummeln im Gewichte von 3.1 g wurden 4 ccm $\frac{n}{10}$-HCl gebraucht, das sind $0.0162 \times 4 = 0.0648$ g Nikotin oder $\frac{0.0648 \cdot 100}{3.1} = 2.09$ Proz. Nikotin.

Um noch festzustellen, ob das von der Eisenchloridwatte unter den angegebenen Bedingungen ungebunden gebliebene Basengemisch unverändertes Nikotin enthält, wurden die von den Versuchen 3 und 4 herrührenden Ätherausschüttelungen der alkalischen Flüssigkeiten vorsichtig eingedampft, der Rückstand mit Wasser extrahiert und das Filtrat mit Pikrinsäurelösung gefällt. Der entstehende Niederschlag wurde aus Wasser umkristallisiert. Das Pikrat kam in gelb gefärbten Nadeln heraus, die nach dem Trocknen bei 218—219° unter Zersetzung schmolzen, also den von Pinner und Wolffenstein[1]) angegebenen Schmelzpunkt des pikrinsauren Nikotins zeigten. Die erhaltene Menge war eine außerordentlich geringe, so daß sie nicht einmal ausreichte zu einer Elementaranalyse.

Durch die vorstehenden Versuche konnte also der Nachweis erbracht werden, daß beim Hindurchleiten von Tabakrauch durch eisenchloridhaltige Watte das höchst unangenehm riechende ätherische Brenzöl und Schwefelwasserstoff gebunden, Blausäure zu ungefähr der Hälfte und Nikotin, dessen Spaltbasen und Ammoniak zum größten Teile zurückgehalten werden. Ein völliges Binden der Rauchprodukte nach dieser Methode ist nicht möglich und auch gar nicht anzustreben, will man dem Raucher nicht jeden Genuß rauben. Es läßt sich nun einmal nicht aus der Welt schaffen, daß der Tabakgenuß etwas Unschädliches nicht ist. Das sollten sich alle Raucher vergegenwärtigen. Das einzige, was hier getan werden kann, ist, die Giftwirkung des Tabakrauches abzuschwächen. Eine sehr erhebliche Verringerung der giftigen Bestandteile desselben läßt sich meinen Versuchen zufolge durch die Verwendung eisensalzhaltiger Rauchfilter erzielen. Über den Grad der hierdurch erzielten Abschwächung der Giftwirkung in hygienischer Beziehung kann ich als Nichtmediziner selbstverständlich nicht urteilen.

---

[1]) Ber. d. d. chem. Ges. Ber. **24**, 66 [1891].

IV.

Kolonial-Chemische Arbeiten.

Zur Kenntnis der Früchte von Elaeïs guineensis und der daraus gewonnenen Öle, des Palmöles und Palmkernöles[1]).

Von **G. Fendler**.

In einer umfassenden Abhandlung über „Die wirtschaftliche Bedeutung der Ölpalme"[2]), deren Inhalt für jeden Kolonialfreund von großem Interesse sein muß, hat Hr. Prof. P r e u ß, ehemaliger Direktor des Botanischen Gartens zu V i k t o r i a in K a m e r u n, seine reichen Erfahrungen über Wachstumsverhältnisse, Ausbeutung und speziell Ertragsfähigkeit der Ölpalme niedergelegt. Aus dieser Arbeit geht hervor, daß die Ölpalme, *Elaeïs guineensis*, die wichtigste Nutzpflanze der Waldregion von West- und Zentralafrika, noch heute ausschließlich durch die Eingeborenen ausgebeutet wird; trotzdem diese sich niemals die Mühe nehmen, den Baum zu kultivieren, und trotzdem ihre Ausbeutungsmethoden außerordentlich mangelhaft sind, ist der Ertrag an Palmöl und Palmkernen doch ein außerordentlich hoher.

Nach S e m l e r[3]) gelangen jährlich ungefähr 700 000 bis 800 000 dz Palmöl und 1 200 000—1 300 000 dz Palmkerne im Werte von rund 50 Millionen Mark in den Welthandel. H a m b u r g allein führte im Jahre 1895 149 783 dz Öl ein. Die Exportstatistik von K a m e r u n und T o g o zeigt für die Jahre 1899 und 1900 nach Preuß (l. c.) folgende Ziffern:

	Kamerun 1899	Togo 1899
Palmöl	2 632 481 kg	2 066 936 kg
Palmkerne . . .	6 909 281 „	5 818 461 „
	Kamerun 1900	Togo 1900
Palmöl	2 807 229 kg	1 987 382 kg
Palmkerne . . .	7 945 169 „	6 330 108 „

Diese Zahlen stellen noch dazu nur einen Bruchteil des Gesamtertrages dar.

Die Ölpalme besitzt Traubenfruchtstände, welche ganz beträchtliche Dimensionen annehmen und bis zu 50 kg Gewicht erreichen; gewöhnlich

---

[1]) Vgl. Ber. d. d. pharm. Ges. 115 [1903].

[2]) Der Tropenpflanzer, Zeitschrift für tropische Landwirtschaft. Organ des Kolonial-Wirtschaftlichen Komitees, Nr. 9, 450—478 [1902].

[3]) S e m l e r, Trop. Agrikultur. 2. Aufl., I, 667 [1897].

wiegen sie 20—30 kg. Ein mittelgroßer Fruchtstand liefert nach Preuß im Durchschnitt 1650 Früchte im Gewicht von 10,84 kg; aus einem sehr großen Bündel wurden 2323 Früchte im Gewicht von annähernd 24 kg erhalten. Die einzelnen Früchte erreichen je nach der Varietät der Stammpflanze ein Gewicht von 3,5 bis über 10 g. Sie sind pflaumenförmig, am unteren, kantigen Teile lebhaft orange- bis feuerrot, in dem oberen, gerundeten Teile braunrot bis beinahe schwarz und bestehen aus dem fetten, faserigen Fruchtfleisch, welches einen hartschaligen Samen umhüllt.

Das Fruchtfleisch, je nach der Varietät des Baumes 24 bis über 70 Proz. der ganzen Frucht ausmachend, liefert das Palmöl, die von der harten Schale befreiten Samen, die Palmkerne, 9—25 Proz. der Frucht, liefern das Palmkernöl.

Das Palmöl ist zu 46—66.5 Proz. im Fleisch enthalten. Es wird fast ausschließlich in recht roher Weise am Produktionsort durch die Eingeborenen gewonnen. Nach Preuß (l. c.) geschieht dies folgendermaßen: „Ein großer Kessel wird fast bis zum Rande mit Früchten gefüllt, dann wird soviel Wasser hinzugegossen, daß die Früchte eben davon bedeckt sind. Nun wird das Ganze $1^1/_2$—2 Stunden gekocht. Durch das Kochen lockert sich das faserige Fruchtfleisch und wird in einen Zustand versetzt, in welchem es sich sowohl leicht von der harten Samenschale löst als auch das Öl weniger schwer abgibt. Erscheint der Kochprozeß vollendet, so gießt man das Wasser fort, wirft die Früchte in einen hölzernen oder auch metallenen Behälter und zerstampft sie darin mit hölzernen Keulen so lange, bis das ganze Fruchtfleisch von den Samenschalen gelöst erscheint. Mit den Händen sondert man nun die ölhaltige faserige Masse von dem Samen, und preßt, ebenfalls mit den Händen, soviel Öl wie möglich heraus. Alsdann werden sowohl die Samen als auch das schon teilweise ausgepreßte Fruchtfleisch in einen Behälter mit viel kaltem Wasser geworfen und tüchtig durchgerührt. Die Samen liest man dann aus und wirft sie auf einen Haufen, um aus ihnen später die Palmkerne zu gewinnen. Das Fruchtfleisch preßt man nochmals mit den Händen tüchtig aus, wobei man aber die ausgepreßte Flüssigkeit in den Behälter mit kaltem Wasser zurücklaufen läßt, und wirft es dann fort. Natürlich enthält es noch eine gewisse und zwar große Menge Öl, welches auf diese Weise verloren geht. Um das in dem Behälter befindliche Öl schnell von dem Wasser zu sondern, wird die Flüssigkeit mit einem rohen Quirl, der aus einem am Ende mehrfach gespaltenen Stock besteht, tüchtig und andauernd durchgequirlt. An der Oberfläche bildet sich dabei ein gelber Schaum. Dieser wird mit den Händen oder mit Löffeln abgeschöpft und in den Kochkessel geworfen. Sobald die Bildung des ölhaltigen Schaumes zu schwach wird, gießt man die gesamte, in dem Behälter befindliche Flüssigkeit fort, wobei natürlich auch wieder eine gewisse, wenn auch nur geringe Menge Öl verloren geht. Der in den Kochtopf geworfene Schaum, aus dem sich Öl und Wasser absetzt, wird noch einmal eine halbe Stunde lang gekocht. Hierbei scheidet sich das Öl von dem

Wasser, wird abgeschöpft und zu dem anfangs ausgepreßten Öl getan, und die Prozedur ist beendet."

Es gehen bei dieser Art der Gewinnung mehr als $^2/_3$ des wirklich vorhandenen Palmöles verloren, nur ein knappes Drittel wird gewonnen.

Das frische Palmöl besitzt bei mittlerer Temperatur Butterkonsistenz, es ist lebhaft gefärbt, etwa wie Orleans, und besitzt einen ganz charakteristischen Geruch. Die Eingeborenen verwenden es in ausgedehntem Maße als Speisefett, in Europa wird es in beträchtlichem Umfange in der Seifen- und Kerzenfabrikation verwendet.

Das Palmkernöl wird fast ausschließlich in Europa gewonnen, zu welchem Zwecke die Palmkerne, d. h. die von den harten Schalen befreiten Samen, in großen Mengen eingeführt werden. Die Gewinnung der Palmkerne erfolgt ebenfalls in sehr primitiver Weise unter großer Verschwendung menschlicher Arbeitskraft seitens der Eingeborenen durch Aufklopfen der Samen mit Steinen oder Hämmern, da geeignete Maschinen zu diesem Zwecke bisher noch nicht konstruiert worden sind. Ein großer Teil der Samen verrottet ungenützt.

Das Palmkernöl wird in Europa durch Extraktion oder Auspressen der Kerne gewonnen, welche etwa 43—50 Proz. davon enthalten. Es ist je nach seiner Gewinnungsweise weiß oder gelblich, von fester Konsistenz und ähnelt dem Kokosfett, gleich welchem es zur Herstellung von Seifen u. s. w. sowie zur Fabrikation von Pflanzenbutter Verwendung findet.

Das Kolonial-Wirtschaftliche Komitee hat vor einiger Zeit ein Preisausschreiben für ein Verfahren zur maschinellen Bereitung der Produkte der Ölpalme erlassen. Wie Hr. Prof. Preuß anläßlich seines in der April-Sitzung der Deutschen Pharmazeutischen Gesellschaft gehaltenen Vortrages „Über die bisherigen Erfahrungen und Aussichten der deutsch-afrikanischen Kulturen" mitteilte, geht diese Aufgabe ihrer Lösung entgegen, so daß wir einen wichtigen Schritt vorwärts auf diesem Gebiete zu verzeichnen hätten.

Genaue Analysen der Palmfrüchte lagen bisher in der Literatur kaum vor, hier und da fand man nur spärliche Angaben über den Gehalt an Palmöl und Palmkernöl; systematisch, zwecks Auffindung der zur Kultur geeignetsten Varietät, scheinen dieselben bisher überhaupt nicht ausgeführt zu sein. Es ist das Verdienst des Hrn. Prof. Preuß, dieser Aufgabe seine Aufmerksamkeit zugewandt zu haben.

Wie aus den unten mitgeteilten Analysen hervorgeht, bestehen in dem Gehalt der Früchte verschiedener Varietäten an Fleisch, Kernen und Samen sowie an dem Gehalt von Palmöl und Palmkernöl ganz bedeutende Unterschiede. Diejenige Frucht, welche am reichlichsten Fruchtfleisch mit hohem Ölgehalt und zugleich am wenigsten Ballast, d. h. den geringsten Prozentsatz an Samenschalen führt, bietet die günstigsten Kulturaussichten. Auch die größere oder geringere Stärke der Samenschalen spielt eine wichtige Rolle.

Hrn. Prof. Preuß ist es gelungen, eine höchst ausgezeichnete Spielart der Ölpalme aufzufinden, welche unter Berücksichtigung des eben Gesagten die günstigsten Aussichten bietet. Diese Varietät wird von den Bakwili „Lisombe", seltener „Isombe" genannt. Ihr charakteristisches Merkmal liegt in der geringen Stärke und Dicke der Samenschale, welche die Neger sogar mit den Zähnen aufzuknacken vermögen, sowie auch in der üppigen Entwickelung des Fruchtfleisches. Preuß unterscheidet je nach der Größe von Frucht und Kernen unter der Lisombe wieder zwei Spielarten, eine großfrüchtige und großkernige, sowie eine kleinfrüchtige und kleinkernige. Auf seine Veranlassung hat Dr. Strunk, Chemiker am Botanischen Garten zu Viktoria in Kamerun, Analysen sowohl von Lisombefrüchten als auch von Früchten der gewöhnlichen Ölpalme ausgeführt. Die Analysen sind in der bereits mehrfach zitierten Abhandlung veröffentlicht; sie finden sich in Spalten V—IX der unten abgedruckten Tabelle I wiedergegeben. Die von Strunk analysierten Früchte stammen sämtlich aus Kamerun. Die Lisombe ist dort sehr selten, bei Viktoria konnten nur 4 Exemplare ermittelt werden. Folgende Zusammenstellung gibt die Größe und Anzahl der analysierten Bündel wieder:

	Lisombe, kleinkernig	Lisombe, großfrüchtig, vollreif	Lisombe, großfrüchtig	Gewöhnliche Ölpalme, regulär	Gewöhnliche Ölpalme sehr großes Bündel
Zahl der analysierten Bündel .	2	1	1	13	1
Durchschnittszahl d. Früchte .	1430	273	1340	1650	2323
Gesamtgewicht derselben . .	7.795 kg	2.730 kg	9.920 kg	10.84 kg	23.79 kg

Preuß stellt im Anschluß an die Analysen folgende Berechnung auf: 100 kg Lisombefrüchte enthalten:

39.15 kg Palmöl . . . . = 18.40 Mk.

13.1 „ Kerne . . . . = 3.38 „

Zusammen . . . = 21.78 Mk.

100 kg gewöhnliche Palmfrüchte enthalten:

22.64 kg Palmöl . . . . = 10.64 Mk.

14.58 „ Kerne . . . . = 3.79 „

Zusammen . . . = 14.43 Mk.

und zieht hieraus folgenden Schluß: „Hiernach sind nicht allein die Lisombefrüchte wertvoller als die gewöhnlichen Palmfrüchte, sondern in gleichen Gewichtsmengen von Früchten repräsentiert das Öl der ersteren für sich allein einen erheblich höheren Wert als Öl und Kerne der letzteren zusammengenommen. Es dürfte demnach nicht zweifelhaft sein, welcher der beiden Varietäten man bei Anlage einer Anpflanzung den Vorzug zu geben hätte. Selbst wenn die Lisombe weniger Früchte liefern sollte als die gewöhnliche Ölpalme, was ich für wahrscheinlich halte, so ist immerhin zu bedenken, daß 100 Früchte der ersteren ebensoviel Öl enthalten wie 173 der letzteren, und daß 12 Fruchtbündel der ersteren à 1111 Früchte an Öl gleichwertig sind 14 Bündeln der letzteren à 1650 Früchten."

Bezüglich der weiteren ausführlichen Rentabilitätsberechnungen muß auf die Originalarbeit verwiesen werden.

Von gleicher Wichtigkeit war es nun, auch die Zusammensetzung der Früchte der in Togo vorkommenden Elaëis-Varietäten kennen zu lernen. Durch Vermittelung des Kolonial-Wirtschaftlichen Komitees bezw. des Hrn. Prof. Preuß gingen dem Pharmazeutischen Institut der Universität Berlin am 30. Januar 1903 2 Kisten mit Fruchtständen von Elaëis guineensis zur Untersuchung zu, welche am 9. Dezember 1902 durch das Kaiserliche Gouvernement in Togo an das Kolonial-Wirtschaftliche Komitee abgesandt waren.

Das diesbezügliche Begleitschreiben des Herrn Gouverneurs von Togo besagt darüber folgendes:

„Demnach gibt es in Togo 4 Arten der Ölpalme:

1. Die gewöhnliche Ölpalme mit der allgemeinen Bezeichnung De. Sie ist am meisten verbreitet, stellt die geringsten Anforderungen und erscheint am dankbarsten, da sie sowohl für die Öl- wie die Kernegewinnung und den Konsum der Eingeborenen gebraucht wird.

2. De-de bakui, d. h. die Palme, deren Kern so weich ist, daß man ihn mit den Zähnen zerbeißen kann. Sie gilt den Eingeborenen auch als die Palme, die viel Öl gibt. Voraussetzung zu ihrem Gedeihen ist viel Feuchtigkeit. Bei vermehrtem Regen wird die Haut stärker und fleischiger und der Kern kleiner und dünnschaliger; in trockneren Jahren entwickelt sich die Haut weniger gut, während andererseits die Stärke und Güte des Kernes zunimmt. In dem letzteren Falle kann sie ihren Charakter so verändern, daß sie der Sorte zu 1 gleicht. Die Palme wird im allgemeinen wesentlich zur Ölgewinnung, weniger zur Produktion von Kernen benutzt, auch sind ihre Früchte ein beliebtes Speisemittel. Sie ist über das ganze Land verbreitet und bildet etwa den vierten Teil der vorhandenen Bestände.

3. Se-de, d. h. die Palme, welche eine Seele hat, weil sie Heilkraft besitzt.

   Sie liefert wenig Öl, aber gute Kerne. Das Öl wird vorwiegend als Heilmittel gegen frische Wunden benutzt. Ihre Früchte sind an dem grünen Kopf erkenntlich. Sie kommt für den Handel nur wenig in Frage und wird verhältnismäßig nur selten und dann in einzelnen Exemplaren angetroffen.

   4. Afa-de, d. h. Palme des Fetisches. Afa-fat, Schicksal. — Da sich ihre Blätter im Gegensatz zu denen der übrigen Arten zu verschiedenen großen Blättern vereinigen, und da sie als ein besonders heiliger Baum sehr häufig mit Tüchern behängt wird, heißt

sie im Volksmunde die Palme, die ein Tuch trägt oder die reiche
Palme, welche sich mit Tüchern kleidet. Ihre Kerne gelten bei den
Eingeborenen als sehr wertvoll und begehrt. Sie werden in den
Händen durcheinander geschüttelt und auf die Erde ausgestreut;
aus ihrer Lage verkündet der Fetisch Afa das Schicksal.

Die Palme ist sehr selten, scheint sich nur schwer fortzupflanzen
und hat für den Handel keinerlei Bedeutung.

Ich verdanke diese vorläufigen Mitteilungen den Forschungen
des Eingeborenen-Assistenten Amussu Bruce, welcher nicht nur
ein altbewährter Beamter, sondern gleichzeitig ein vorzüglicher
Kenner von Land und Leuten ist, und glaube, daß dieselben durch
die nachfolgenden weiteren Erhebungen in den einzelnen Verwaltungs-
bezirken kaum eine Veränderung erfahren werden.

Demnach nehme ich an, daß die von Dr. Preuß als Lisombe
bezeichnete Art der Ölpalme mit der unter Nr. 2 genannten identisch
ist und daher in Togo sehr häufig vorkommt und gut gedeiht.
Von einem alten Kameruner, welcher gegenwärtig hier eine Gefängnis-
strafe verbüßt, wurde sie mir auch direkt als Lisombe bezeichnet.

Ich habe daher von der schätzenswerten Abhandlung des
Dr. Preuß und den Bestrebungen des Komitees mit um so größerem
Interesse Kenntnis genommen. Für Togo scheint mir aber der
plantagenmäßige Anbau der Ölpalme unter europäischer Leitung
wenig empfehlenswert. Die ganze Ölpalmenkultur wurde bisher sehr
schön von den Eingeborenen besorgt; ich glaube kaum, daß selbst
der bedürfnisloseste Europäer, auch wenn er mit den vollkommensten
Maschinen ausgerüstet wäre, jemals mit ihnen konkurrieren könnte.
Dahingegen sind unsere Eingeborenen so intelligent, daß sie sich
voraussichtlich sehr bald die modernen Fortschritte selbst zu nutze
machen werden, sofern es der Kaufmann nicht vorzieht, die Maschinen
in seinen Buschfaktoreien aufzustellen. Noch viel wichtiger als
der wichtige Bau von Maschinen für die Erntebereitung erscheint
mir aber der Bau einer Eisenbahn in das Innere. Unendliche Schätze
der Ölpalme werden heute wegen zu weiter Entfernung entweder
nur zum Teil geerntet oder gelangen überhaupt nicht zur Ernte
und verrotten. Weite fruchtbare Landstrecken könnten sofort der
Ölpalmenkultur dienstbar gemacht werden. Die Schätze liegen
da und brauchen nur gehoben zu werden. Darum kann für das
Togoland nicht oft und dringend genug auf den baldigen Bau der
Inlandsbahn hingewiesen werden."

Hr. Prof. Dr. Thoms übertrug mir die Aufgabe, eine genaue Analyse
der 4 Spielarten Palmfrüchte auszuführen.

Im ganzen standen 10 Fruchtstände von sehr verschiedener Größe zur
Verfügung, und zwar von:

De 2 Stück

     von 22 cm Länge und 22 cm Durchmesser

     „ 19 „   „   „ 16 „   „

De-de bakui 3 Stück

     von 28 cm Länge und 24 cm Durchmesser

     „ 24 „   „   „ 23 „   „

     „ 30 „   „   „ 28 „   „

Se-de 4 Stück

     von 32 cm Länge und 30 cm Durchmesser

     „ 23 „   „   „ 19 „   „

     „ 16 „   „   „ 14 „   „

     „ 14 „   „   „ 13 „   „

Afa-de 1 Stück

     von 30 cm Länge und 23 cm Durchmesser.

Die Bündel der einzelnen Spielarten waren zwar in besonderen Abteilungen der Kisten für sich verpackt, jedoch hatte diese Art der Verpackung nicht ausgereicht, um eine Vermengung der zum Teil abgefallenen Einzelfrüchte miteinander zu verhüten. Es ist dieser Umstand insofern bedauerlich, als es nicht möglich war, festzustellen, wieviel Früchte auf die Bündel der einzelnen Spielarten entfallen.

Dagegen habe ich die Gesamtmenge der Früchte festgestellt, dieselbe betrug 7374 Stück im Gesamtgewicht von 32.0 kg, so daß im Durchschnitt auf jedes der 10 Bündel 737 Früchte im Gewicht von 3.2 kg entfallen. Diese Zahlen sind jedoch nicht ohne weiteres als Durchschnittswerte anzunehmen, da, wie ich oben zeigte, die Größenverhältnisse der einzelnen Bündel ganz bedeutende Abweichungen voneinander zeigen. Jedenfalls sind die Bündel ganz beträchtlich kleiner als die in Kamerun untersuchten.

Für die Untersuchung der einzelnen Sorten, welche ich in Gemeinschaft mit den Herren Diesfeld und Schönewald ausführte, wurden natürlich nur die noch an den Bündeln festsitzenden und somit zweifellos identischen Früchte verwendet. Nachdem das Gewicht von 150 Früchten festgestellt war, wurden diese des Fruchtfleisches entkleidet, dann die Samen aufgeschlagen und Schalen und Kern voneinander getrennt. Die Mengenverhältnisse von Fleisch, Kernen, Schalen usw. zueinander wurden genau festgestellt, die entsprechenden Zahlen finden sich in Tabelle I. Diese Tabelle enthält in der V. bis IX. Spalte zur Erleichterung des Vergleiches die von Dr. Strunk für Kamerunfrüchte gefundenen Zahlen; diese sind teils die Originalzahlen von Dr. Strunk, teils sind sie, soweit dies möglich war, aus diesen durch Rechnung gefunden.

Auffällig ist es zunächst, daß die Früchte der vier untersuchten Abarten sämtlich ganz beträchtlich kleiner sind, als die von Dr. Strunk untersuchten Früchte. Nr. II hat sogar durchschnittlich nur etwas mehr als halb so große Früchte wie die gewöhnliche Ölpalme mit normal großen Früchten und

Tabelle I.

	Palmfrüchte aus Togo (Analyt. Fendler)				Palmfrüchte aus Kamerun (Analyt. Strunk)				
	I. De	II. De-de bakui	III. Se-de	IV. Afa-de	V. Li-sombe, klein-kernig	VI. Li-sombe, groß-früchtig, vollreif	VII. Li-sombe, groß-früchtig	VIII. Ge-wöhn-liche Öl-palme regulär	IX. Ge-wöhn-liche Öl-palme, sehr großes Bündel
150 Früchte wiegen	625.2 g	547.7 g	780.1 g	773.0 g	—	—	—	—	—
Durchschnittsgewicht der Frucht .	4.17 „	3.65 „	5.20 „	5.15 „	5.45 g	10.00 g	7.41 g	6.6 g	10.24 g
150 Früchte lieferten:									
Fruchtfleisch	152.6 g =24.4 %	147.1 g =26.9 %	195.4 g =25.0 %	177.2 g =23.1 %	71.0 %	71.0 %	64.5 %	37.5 %	32.03 %
Samen	472.6 g =75.6 %	400.6 g =73.1 %	584.7 g =75.0 %	595.8 g =76.9 %	29.0 %	29.0 %	25.5 %	62.5 %	67.96 %
davon Kerne	130.8 g =21.0 %	133.5 g =24.4 %	143.2 g =18.5 %	122.2 g =15.6 %	9.54 %	12.5 %	17.27 %	14.58 %	15.82 %
„ Schalen	341.8 g =54.6 %	267.1 g =48.7 %	441.5 g =56.5 %	473.6 g =61.3 %	19.45 %	16.5 %	18.23 %	47.92 %	52.14 %
Eine Frucht enthält im Durchschnitt:									
Fruchtfleisch	1.02 g	0.98 g	1.30 g	1.18 g	3.87 g	7.1 g	4.78 g	2.47 g	3.28 g
Samen	3.15 „	2.67 „	3.90 „	3.97 „	1.58 „	2.90 „	2.63 „	4.17 „	6.96 „
davon Kerne	0.87 „	0.89 „	0.96 „	0.81 „	0.52 „	1.25 „	1.28 „	0.96 „	1.62 „
„ Schalen	2.28 „	1.78 „	2.94 „	3.16 „	1.06 „	1.65 „	1.35 „	3.21 „	5.34 „

Das Fruchtfleisch enthält:									
Öl	66.5 %	58.5 %	59.2 %	62.9 %	46.0 %	62.5 %	60.5 %	60.3 %	54.6 %
Feuchtigkeit	5.3 „	5.7 „	6.9 „	5.6 „	54.0 „	37.5 „	39.5 „	39.8 „	45.4 „
Rückstände	28.2 „	35.8 „	33.9 „	31.5 „	(siehe oben)	(siehe oben)	(siehe oben)	(siehe oben)	(siehe oben)
oder auf Trockensubstanz berechnet:									
Öl	70.2 „	62.0 „	63.6 „	66.6 %	—	—	—	—	—
Rückstände	28.8 „	38.0 „	36.4 „	33.4 „	—	—	—	—	—
Die Kerne enthalten:									
Öl	43.7 %	49.1 %	49.2 %	45.5 %	49.2 %	48.9 %	49.2 %	48.9 %	49 13 %
Feuchtigkeit	8.2 „	6.5 „	5.9 „	6 5 „	50.8 „	51.1 „	50.8 „	51.1 „	50.87 „
Rückstände	48.1 „	44.4 „	44.9 „	48.0 „	(siehe oben)	(siehe oben)	(siehe oben)	(siehe oben)	(siehe oben)
oder auf Trockensubstanz berechnet:									
Öl	47.6 „	52.5 „	52.3 „	49.7 „	—	—	—	—	—
Rückstände	52.4 „	47.5 „	47.7 „	51.3 „	—	—	—	—	—
Eine Frucht enthält im Durchschnitt:									
Gesamtfett (Palmöl + Kernöl)	1.06 g =25.3 %	1.01 g =27.7 %	1.24 g =23 8 %	1.11 g =21.6 %	2.04 g =37.4 %	5.06 g =50.6 %	3.62 g =48.8 %	1.96 g =29.5 %	2.62 g =25.6 %
Palmöl	0.68 g =16.2 %	0.57 g =15.6 %	0.77 g =14.8 %	0.74 g =14.4 %	1.78 g =32.66 %	4.44 g =14.44 %	2.99 g =40.35 %	1.49 g =22.64 %	1.8 g =17.58 %
Palmkernöl	0.38 g = 9.1 %	0.44 g =12.1 %	0.47 g = 9.0 %	0.37 g = 7.2 %	0.258 g = 4.91 %	0.61 g = 6.15 %	0.63 g = 8.5 %	0.47 g = 7.13 %	0.818 g = 7.98 %
Fruchtfleischrückstände	0.29 g =6.95 %	0.35 g = 9.6 %	0.44 g =8.46 %	0.37 g =7.18 %	—	—	—	—	—
Fruchtfleischrückstände + Feuchtigkeit des Fruchtfleisches	0.34 g =8.15 %	0.41 g =11.2 %	0 53 g =10.2 %	0.44 g =8.54 %	2.09 g =38.34 %	2.66 g =26.56 %	1.79 g =24.15 %	0.98 g =14.86 %	1.48 g =14.45 %
Kernrückstände	0.42 g =10.07 %	0.39 g =10.70 %	0.43 g =8.27 %	0.39 g =7.44 %	—	—	—	—	—
Kernrückstände inkl. Feuchtigkeit	0.49 g =11.82 %	0.45 g =12.40 %	0.48 g =9.34 %	0.44 g =8 50 %	0.26 g = 4.77 %	0.64 g = 6.40 %	0.65 g = 8.77 %	0.49 g = 7.42 %	0.80 g = 7 81 %

Tabelle II. Palmöl.

	I. De	II. De-de bakui	III. Se-de	IV. Afa-de	V. Literatur-angaben
Schmelzpunkt . . .	42°	43°	41°	35°	27—42.5°, je nach Alter u. Herkunft des Fettes
Erstarrungspunkt . .	38°	39°	37°	31°	Durchschnitt-lich 44.1°, meist 44.5 bis 45°, sel-ten 39—41°
Verseifungszahl. . .	205.52	203 78	201.9	200.8	196.3—202.5°
Säuregrad	191.7	195.3	196.4	202.8	—
=Prozent freier Säure, auf Ölsäure be-rechnet	54.06 °/₀	55.07 °/₀	55.38 °/₀	57.18 °/₀	12—100 °/₀
Reichert-Meisslsche Zahl.	0.857	0.742	1.87	0.90	0.50
Jodzahl	53.38	53.18	57.41	55.68	51—52

Tabelle III. Palmkernöl.

	I. De	II. De-de bakui	III. Se-de	VI. Afa-de	V. Literatur-angaben
Schmelzpunkt . . .	30.0°	28.5°	29.0°	28.0°	23—28°
Erstarrungspunkt . .	23.0°	24.0°	23.0°	24.0°	20.5°
Verseifungszahl . .	248.77	249.39	250.00	246.31	246—250
Säuregrad	18.2°	13.2°	12.6°	11.7°	—
= Prozent freier Fett-säure auf Ölsäure berechnet	4.13 °/₀	3.72 °/₀	3.55 °/₀	3.29 °/₀	3.3—17.6 °/₀, in altem Öl bis 58 °/₀
Reichert-Meisslsche Zahl	5.85	6.34	6.22	6.82	—
Jodzahl	14.9	16.8	15.6	15.4	10.3—17.5

bleibt ganz beträchtlich hinter den von Preuß angegebenen Durchschnitts-
zahlen für Lisombefrüchte zurück. Diese sind für die großfrüchtige Varietät
7.41—10.0 g, für die kleinkernige 5.45 g. Dagegen zeichnet sich Nr. II vor
den übrigen von mir untersuchten drei Varietäten durch eine dünne Kern-
schale aus und zeigt insofern Ähnlichkeit mit Lisombefrüchten. Zwischen
I einerseits und VIII und IX andererseits, welche ja alle drei Früchte der
gewöhnlichen Ölpalme sein sollen, ist in den Zahlenverhältnissen von Fleisch,
Schalen, Kernen u. s. w. wenig Ähnlichkeit zu finden. Auch die übrigen drei
Togovarietäten weichen ganz beträchtlich von den von Strunk gefundenen
Zahlen ab. Auffallend ist hierbei, daß die Zahlen für das Fruchtfleisch bei
den Togofrüchten durchgehend ungünstiger, für die Kerne dagegen fast
durchgehend günstiger ausgefallen sind. Deutlich heben sich die drei Lisombe
(V. VI. VII.) mit ihrem hohen Fruchtfleisch- und niedrigen Schalengehalt ab.

Durch Extraktion des getrockneten Fruchtfleisches bezw. der zerkleinerten
und ausgetrockneten Kerne mit Äther wurden die betreffenden Fette erhalten.
Die Fruchtfleischfette einerseits und die Kernfette andererseits zeigten untereinander in ihrem Äußeren keine Verschiedenheiten. Die die Beziehungen
zwischen Fett, Feuchtigkeit, Rückständen u. s. w. illustrierenden Zahlen
finden sich gleichfalls in Tabelle I. Sie zeigen, daß bezüglich des Ölgehaltes
des Fruchtfleisches große Unterschiede nicht obwalten, allein Nr. V mit sehr
geringem prozentualem Ölgehalt des Fruchtfleisches macht hierein eine
Ausnahme. Auch im Fettgehalt der Kerne bestehen nur minimale Unterschiede. Anders liegen die Verhältnisse jedoch, wenn man den Fettgehalt
auf die ganze Frucht bezieht, welcher Gesichtspunkt ja für die Praxis nur
in Betracht fällt. Da sind die Kamerunfrüchte in der Ausbeute an Palmöl
bei weitem am günstigsten gestellt; in der Ausbeute an Kernöl bleiben sie
jedoch mehrfach nicht unbeträchtlich hinter den Togofrüchten zurück. Was
die Ausbeute an Gesamtfett betrifft (Palmöl $+$ Palmkernöl), so liegen auch
hier die Verhältnisse für die Lisombefrüchte am günstigsten, von den beiden
gewöhnlichen Kamerunvarietäten (VIII, IX) übertrifft Nr. IX sämtliche Togofrüchte, Nr. VIII dagegen wird von einer derselben (Nr. II) überflügelt.

Aus diesen Analysen geht zur Evidenz hervor, daß unter den vier aus
Togo eingesandten Varietäten sich keine findet, welche der von Hrn.
Prof. Preuß in Kamerun aufgefundenen Lisombe auch nur annähernd
gleichwertig wäre. Auch hinter den gewöhnlichen Kameruner Elaeïsfrüchten
stehen die Togofrüchte zurück.

Um festzustellen, ob die von mir aus den vier Abarten der Elaeïs
extrahierten Öle in ihrer Zusammensetzung Abweichungen voneinander zeigen,
und wie weit sie in ihrer Zusammensetzung mit den Literaturangaben
übereinstimmen, habe ich für das Palmöl sowohl, wie auch für das Palmkernöl die wichtigsten Konstanten festgestellt; diese Zahlen sind in Tabelle II
und III niedergelegt, Spalte V dieser Tabellen enthält zum Vergleich die in
der Literatur sich findenden Werte. Wesentliche Unterschiede haben sich
hierbei nicht ergeben.

13*

Auffällig ist es, daß das frisch extrahierte Palmöl schon so hohe Säuregrade aufweist, so daß man annehmen muß, daß die Spaltung in Glyzerin und Fettsäuren schon sehr energisch in den Früchten vor sich geht. Nach Benedikt[1]) enthält frisches Palmöl 12 Proz. freie Fettsäuren, der Gehalt kann in ganz altem auf 100 Proz. steigen. Nördlinger fand in einer älteren Ölprobe 50.82 Proz. freie Säuren, und auch nach Lewkowitsch, welcher häufig 50—70 Proz. freie Fettsäuren in Palmölproben fand, kann die Spaltung in Glyzerin und Fettsäuren quantitativ verlaufen, wobei das Glyzerin sich zum größten Teil als solches ausscheidet und durch Abgießen oder Ausziehen mit Wasser gewonnen werden kann.

Strunk fand in Nr. V 26.5 Proz. und in Nr. VIII 28.05 Proz. freie Fettsäuren, auf Ölsäure berechnet; das Öl war etwa drei Tage nach der Ernte aus dem Fruchtfleisch extrahiert worden. Die von mir untersuchten Früchte waren bei ihrer Verarbeitung etwa zwei Monate alt. Da das aus ihnen gewonnene und sofort untersuchte Öl einen schon so enorm hohen, nach den Literaturangaben sich erst in älteren Ölen findenden Gehalt von nahezu 60 Proz. freien Fettsäuren, auf Ölsäure berechnet, aufweist, möchte ich aus diesem Umstande den Schluß ziehen, daß die Spaltung beim längeren Verbleiben des Öls in den Früchten ganz bedeutend schneller vor sich geht, als das bei dem isolierten Öle der Fall ist. Es wäre dies nicht unverständlich, da ja nach neuesten Forschungen diese Spaltung auch in anderen Ölen durch ein aus gewissen Samen isoliertes Ferment hervorgerufen werden kann. Die Gegenwart eines solchen Fermentes muß man demnach auch im Palmfleische annehmen. So läßt es sich verstehen, daß das Öl in steter Berührung mit dem Fruchtfleische einer schnelleren und energischeren Zersetzung unterworfen ist, als im isolierten Zustande. Wie Hr. Prof. Preuß mir mitteilte, erwärmen sich die in Haufen geschichteten Palmfrüchte in kurzer Zeit ganz beträchtlich; diese Erwärmung ist vielleicht auf eine Spaltung des Öls zurückzuführen. Die Eingeborenen vermeiden daher eine solche Schichtung der Früchte und verschmähen für den Konsum ein Öl, welches nach auch nur eintägiger derartiger Lagerung aus den Früchten gewonnen ist.

Ich glaube, daß durch diese Beobachtungen ein Fingerzeig für die Praxis gegeben ist. Das Palmöl wird ja in Europa nur technisch verwendet, und für die Seifen- und Kerzenfabrikation besitzen die freien Fettsäuren naturgemäß einen höheren Wert als das unverseifte Öl. Es wäre nun durch praktische Versuche am Produktionsorte festzustellen, ob es möglich ist, durch kürzere oder längere Lagerung der Früchte unter entsprechend günstigen noch zu ermittelnden Bedingungen, vielleicht unter öfterem Umschaufeln, um eine zu starke Erwärmung zu vermeiden, vielleicht auch gerade unter dem Einfluß der Sonnenwärme, eine quantitative oder nahezu quantitative Spaltung des Öls schon in den Früchten in Glyzerin und Fettsäuren zu er-

---

[1]) Dr. Rudolf Benedikt, Analyse der Fette und Wachsarten. 3. Aufl. S. 524.

reichen. Bei der heutigen primitiven Gewinnungsart des Öls wäre dann allerdings das Glyzerin verloren; wenn dagegen jedoch in nicht allzuferner Zeit das Öl durch Pressen gewonnen wird, so könnte mit den freien Fettsäuren zugleich das aus dem Öle abgespaltene Rohglyzerin erhalten werden, welches zum Teil mit den Säuren ausgepreßt, zum Teil durch Extraktion der Preßrückstände mit Wasser erhalten werden könnte. Diese Vorteile wären derartig evident, daß dahinzielende praktische Versuche wohl die Mühe lohnen würden. Der Botanische Garten in Viktoria, an welchem auch ein Chemiker ständig tätig ist, dürfte das geeignete Feld für derartige Versuche abgeben.

Bericht über die Untersuchung von Palmöl und Palmfleisch-Preßkuchen.

Von **G. Fendler.**

Im Anschluß an die vorstehende Arbeit „Über die Früchte von Elaëis guineensis und die daraus gewonnenen Öle, das Palmöl und Palmkernöl", sei das Ergebnis einer Untersuchung wiedergegeben, welche über die Brauchbarkeit einer von der Maschinenfabrik Fr. Haake-Berlin konstruierten Vorrichtung zur maschinellen Aufarbeitung der Produkte der Ölpalme zu entscheiden hatte. Es lagen zur Untersuchung vor:

1 Preßkuchen von Ölpalmfruchtfleisch im Gewicht von 2630 g
2 Kuchen Palmöl im Gewicht von 3170 und 690 g.

Der Preßkuchen bestand nicht ausschließlich aus den Preßrückständen des Fruchtfleisches, er enthielt vielmehr 450 g (= 17 Proz.) Samen, zum Teil ganz, zum Teil mit zertrümmerter Schale, beigemischt.

Ein Durchschnittsmuster des Preßkuchens (nach Aussonderung der Samen) lieferte bei der Extraktion mit Äther 10.4 Proz. Fett.

Der größere Ölkuchen enthielt 52.8 Proz. freie Säure, auf Ölsäure berechnet, der kleinere 54 Proz. freie Säure.

Vorausgesetzt, daß die eingelieferten Proben (Preßkuchen und Öl) die Gesamtmenge der aus dem verarbeiteten Material erhaltenen Produkte darstellen, wären durch die Pressung 63.9 Proz. des Palmfleisches (nach Abzug der beigemengten Samen) an Öl gewonnen worden, nach folgender Rechnung:

Eingelieferte Preßkuchen (nach Abzug der beigemengten
    Samen) . . . . 2180 g
Eingeliefertes Öl . . . . 3860 „
Gewicht des ursprünglichen Palmfleisches . . . . . . 6040 g

$$3860 : 6040 = \mathbf{63.9} : 100.$$

Da der Preßkuchen noch 10.4 Proz. Fett enthielt, hätte demnach das ursprüngliche Palmfleisch 67.7 Proz. Fett enthalten, eine Zahl, welche etwas hoch erscheint, so daß anzunehmen ist, daß doch ein Teil des Preßkuchens verloren gegangen ist.

Auf die Beurteilung des Resultates hat dieser Umstand jedoch keinen Einfluß. Der Gehalt des Preßkuchens an Öl wird, dasselbe Preßverfahren vorausgesetzt, in allen Fällen derselbe sein. Nehmen wir den durchschnittlichen Fettgehalt des Palmfleisches zu 60 Proz. an, so werden durch die

Pressung 92.3 Proz. des Gesamtöls erhalten, ein Resultat, das als recht gut bezeichnet werden muß gegenüber der geringen Ausbeute von etwa 30 Proz. des Gesamtöls, die nach dem bisherigen primitiven Verfahren der Eingeborenen erhalten wurde.

Es wäre anzustreben, daß die Beimengung von Samen zu dem auszupressenden Fruchtfleisch vermieden wird, und zwar aus zwei Gründen. Erstens wird durch diese Beimengung auch eine, wenn auch geringe, Verunreinigung des Palmöls mit Palmkernöl veranlaßt, zweitens würde sich durch die Eliminierung der Samen wohl auch eine noch höhere Ausbeute an Palmöl erzielen lassen, da die steinharten Samen eine rationelle Pressung natürlich beeinträchtigen.

Was nun die Frage nach der Qualität des eingelieferten Öls betrifft, so ist diese als eine normale zu bezeichnen. Der Gehalt an freien Säuren bewegt sich in denselben Grenzen wie bei den seiner Zeit von mir aus dem Palmfleisch extrahierten Öl.

Das Gesamtresultat der Untersuchung ist mithin ein recht günstiges.

Zur Kenntnis einiger fetthaltigen Früchte bezw. Samen[1].

Von **G. Fendler**.

1. Samen von Aleurites moluccana.

Durch das „Kolonialwirtschaftliche Komitee" ging unserem Institut ein kleinerer Posten dieser Samen zur Untersuchung zu. Dieselben waren als „Aleurites-Samen" bezeichnet, stammten aus dem botanischen Garten zu Viktoria in Kamerun und wurden von Hrn. Professor Preuß als Samen von Aleurites moluccana bestimmt.

Eine Untersuchung erschien um so wünschenswerter, als die Angaben über das aus diesen Samen gewonnene Öl in der Literatur ganz widersprechend sind.

Das Öl heißt nach Benedikt[2]) Candlenußöl, Bankulnußöl, Huile de noix de chandelle, Candlenutsoil. Nach Nördlinger[3]) enthalten die Samen „60.5 Proz. eines dickflüssigen Öls, welches schon bei gewöhnlicher Temperatur Stearin abscheidet". Diese Angaben hat auch Benedikt übernommen. Nach Bornemann ist das „kalt gepreßte Öl klar, farblos oder gelblich, von angenehmem Geruch und Geschmack, jedoch wegen seiner purgierenden Eigenschaften als Speiseöl nicht verwendbar".

B. Lach[4]) beschreibt ein unter dem Namen „Noix de chandelle" von Frankreich aus offeriertes Produkt. Dasselbe war von salbenartiger Konsistenz, erstarrte bei 21° und wurde bei 24° durchscheinend. Es hatte die Farbe des hellen Ockers und einen charakteristischen, starken Wanzengeruch, der ein Arbeiten mit größeren Mengen fast unmöglich machte. Dem Licht und der Luft ausgesetzt, erstarrte es zu einer hornartigen, gelben Substanz. Lach fand als Schmelzpunkt der Fettsäuren 65.5° C, als Erstarrungspunkt derselben 56.0° C und die Jodzahl 118.

Die von mir vorgenommene Untersuchung hat ganz andere Ergebnisse geliefert, so daß ich annehmen muß, daß die von Lach und von Nördlinger beschriebenen Öle anderer Abstammung waren[5]).

---

[1]) Vgl. Ztschr. f. Unters. d. Nahrungs- u. Genußm. 1903, Heft 22.
[2]) Benedikt-Ulzer, Analyse der Fette und Wachsarten. 3. Aufl. S. 441.
[3]) Ztschr. analyt. Chem. 1889, **28**, 183.
[4]) Chem.-Ztg. 1890, **14**, 871.
[5]) Vgl. Benedikt-Ulzer, Analyse der Fette und Wachsarten. 3. Aufl. S. 441.

Die untersuchten Samen sind von graugelblicher Farbe und annähernd herzförmig. Die Größenverhältnisse sind durchschnittlich 2.6 : 2.5 : 3.0 cm. Die sehr harte Samenschale ist 2.5 mm dick; der derselben eng anliegende Samen ist äußerlich kreideweiß, im Innern hellgelblich; er schmeckt nußartig.

Das Durchschnittsgewicht eines Samens beträgt 8.15 g. Hiervon entfallen 5.22 g auf die Schale und 2.93 g auf den Kern.

Die Kerne enthalten:

Wasser 3.65 % | Fett 64.40 %.

Der getrocknete Extraktionsrückstand der Kerne enthält 9.70 Proz. Stickstoff, entsprechend 60.62 Proz. Eiweißstoffen.

Das mit Äther ausgezogene Öl ist hellgelb, von schwach tranartigem Geruch und kratzendem Geschmack.

Es zeigte folgende Konstanten:

Spez. Gew. (15°)	0.9254	Säurezahl	0.97
Erstarrungspunkt des Öls .	−15.0°	Verseifungszahl	104.8
Schmelzpunkt der Fettsäuren	18.0°	Jodzahl	114.2
Erstarrungspunkt der Fett-		Reichert-Meisslsche Zahl .	1.2
säuren	15.5°		

Das Öl ist in absolutem Alkohol schwer löslich; es trocknet in dünner Schicht sehr schnell ein; Glyzerin wurde darin nachgewiesen.

Das Öl ähnelt in seinen Eigenschaften somit einigermaßen dem Leinöl und dürfte vorzüglich als Firnisöl brauchbar sein.

2. Früchte von Acrocomia vinifera Oerst.

50 Stück dieser aus Nikaragua stammenden Früchte gingen unserem Institut durch Hrn. Dr. Dammer zu. Nach den Angaben dieses Herrn wird die Palme in Nikaragua zur Ölbereitung verwendet, sie führt den Namen „Coyol“ und soll bereits nach sechs Jahren Früchte tragen. Die Fruchtstände sind sehr groß.

Die kugeligen Früchte von annähernd 4 cm Durchmesser besitzen ein sprödes, sehr leicht zerbrechliches, etwa 0.7 mm dickes, gelb- bis dunkelbraunes Perikarp, welches nur stellenweise mit dem Mesokarp verwachsen ist. Dieses bildet eine grauweiße, filzige Schicht und ist fest mit dem 3—4 mm dicken, steinharten, ebenholzschwarzen Endokarp verwachsen. Durch einen Hammerschlag läßt sich das Endokarp leicht öffnen. Es umschließt einen graubraunen, innen rein weißen, etwa haselnußgroßen Kern, welcher mit den Kernen der Ölpalme große Ähnlichkeit besitzt.

Das Durchschnittsgewicht einer Frucht beträgt 19.25 g, davon entfallen auf:

Perikarp	Endo- + Mesokarp	Kern
3.50 g	13.03 g	2.72 g

Die Kerne enthalten:

Wasser 6.55 % | Fett 48.66 %.

Das mit Äther ausgezogene Fett ist hellgelb, von angenehmem, mildem Geruch und ebensolchem Geschmack. Bei Zimmertemperatur scheiden sich bald reichlich federförmige Kristalle aus: bei längerem Stehen erstarrt das Öl vollständig.

Das Öl zeigte folgende Konstanten:

Spez. Gewicht (25⁰) 0.9136	Verseifungszahl 246.2
Schmelzpunkt 25⁰	Jodzahl 25.2
Erstarrungspunkt 17⁰	Reichert-Meisslsche Zahl . 5.0
Säurezahl 1.69	

Die zuerst auskristallisierenden Anteile wurden abgepreßt und aus Alkohol umkristallisiert. Nach mehrmaligem Umkristallisieren wurde der konstante Schmelzpunkt 34⁰ erhalten. Die Verseifungszahl dieses Glyzerides (Glyzerin wurde nachgewiesen) betrug 234.6. Die hieraus abgeschiedenen Fettsäuren zeigten erst nach häufigem Umkristallisieren den konstanten Schmelzpunkt 54.5⁰ und enthalten somit vermutlich Myristinsäure. Für den bestimmten Nachweis derselben reichte das Material jedoch nicht aus.

Das Fett von Acrocomia vinifera ähnelt somit bis zu einem gewissen Grade dem Kokosfett.

3. Melonenkerne aus Togo.

Die Melonenkerne gingen unserem Institut durch das Kolonialwirtschaftliche Komitee zu. Sie waren durchschnittlich 1.9 cm lang und 0.8—0.9 cm breit, ungefähr von Mandelform. Der weiße, mildölig schmeckende Kern ist von einer hellen, holzig-lederartigen, leicht zu entfernenden Samenschale umschlossen. Die Schalen machen $^1/_5$ des Gesamtgewichtes der Samen aus.

Die Kerne enthielten:

Wasser 5.80 %	Fett 43.80 %.

Das mit Äther ausgezogene Öl zeigte folgende Konstanten:

Schmelzpunkt des Öls . . . 5.5⁰	Säurezahl 4.81
Erstarrungspunkt des Öls . . 5.0⁰	Verseifungszahl 193.3
Schmelzpunkt der Fettsäuren . 39.0⁰	Jodzahl 101.5
Erstarrungspunkt d. Fettsäuren 36.0⁰	

Das Öl ist hellgelb, fast geruchlos und von mildem Geschmack. Es dürfte als Speiseöl brauchbar sein.

Die vorstehenden Untersuchungen wurden in Gemeinschaft mit den Herren Schönewald, Thaysen und Walter ausgeführt.

Wachs aus Deutsch-Ostafrika[1].

Von G. Fendler.

Durch Vermittelung des Hrn. Apothekers Albert Moritz erhielt unser Institut vor kurzem 2 Proben Bienenwachs aus Deutsch-Ostafrika von zweifellos authentischer Herkunft. Die Wachsproben waren von einem Verwandten des Hrn. Moritz, welcher in Kidugala bei Langenburg am Nyassa ansässig ist, eigenhändig ausgelassen worden. Es war von Interesse, festzustellen, inwieweit dieses afrikanische Wachs den Anforderungen des Deutschen Arzneibuches entspricht, und ob es überhaupt Unterschiede in seiner Zusammensetzung von europäischem Wachs zeigt.

Die in Gemeinschaft mit Hrn. Apotheker Thaysen ausgeführten Untersuchungen ergaben folgendes:

Wachs I ist von schmutzig gelber, etwas ins Grünliche spielender Farbe; nach dem Filtrieren ist es graugelb, von körnigem Bruch. Der charakteristische Honiggeruch ist nur äußerst schwach.

Wachs II ist von schön dunkelgelber Farbe und zeigt im übrigen die Eigenschaften von I.

Nachstehende Tabelle zeigt die Analysenergebnisse, welchen die Anforderungen des Arzneibuches und die Literaturangaben für gewöhnliches Bienenwachs gegenübergestellt sind.

	Wachs I	Wachs II	Pharmakopöe-anforderungen	Literatur-angaben
Spezifisches Gewicht bei 15°	0.9645	0.9489	0.962—0.966	0.956—0.975
Schmelzpunkt	62.5° C.	62.2° C.	63—64° C.	62—64°
Erstarrungspunkt	62°	61.5°	—	60.5°
Säurezahl (heiß)	17.48	18.20	18.48—24.08	18.67—21.47
Verseifungszahl (heiß) . .	89.80	84.36	–	87.8—96.2
Esterzahl	72.32	66.16	70.0—72.8	71.8—75.6
Hüblsche Verhältniszahl . .	4.1	3.6	—	2.9—3.8
Jodzahl	7.50	6.10	—	8—11
Schmelzpunkt der abgeschiedenen und umkristallisierten Cerotinsäure . .	78—79	78—79	—	78.5

[1] Vgl. Apoth.-Ztg. 1903 S. 370.

Die Proben des Arzneibuches — Kochen mit Alkohol, nach einer Stunde abfiltrieren und auf Neutralität des Filtrates prüfen, sowie das Verhalten gegen Sodalösung — fielen zur Zufriedenheit aus.

Wachs I entsprichst somit, bis auf die etwas niedrigere Säurezahl, den Anforderungen des Arzneibuches, Wachs II zeigt in allen Zahlen kleinere, im spezifischen Gewicht und in der Esterzahl sogar nicht unbeträchtliche Abweichungen von den Arzneibuchzahlen. Dagegen ist die Hüblsche Verhältniszahl bei Wachs I sehr hoch. Das Gesamtbild der Analyse zeigt, daß die beiden Wachssorten im wesentlichen in ihrer Zusammensetzung mit unserem europäischen Wachs übereinstimmen. Weitere Untersuchungen müssen lehren, ob die gefundenen Abweichungen regelmäßig wiederkehren, da bei einer nennenswerten Einfuhr von Wachs aus Afrika, von welcher ja jetzt noch nicht die Rede sein kann, die entsprechenden Zahlen des Arzneibuches alsdann eine Modifikation erfahren müßten.

Natürliche Soda aus Togo[1].

Von **G. Fendler**.

Durch das Kolonialwirtschaftliche Komitee gingen unserem Institute zwei Proben von „Bittersalzen", Gurnu und Kanua genannt, zu, welche demselben von Hrn. Dr. Kersting, Bezirksleiter von Sokodé-Togo, übergeben waren. Nach den Mitteilungen dieses Herrn bilden die Salze in Togo einen wertvollen Handelsartikel und werden für das Vieh und auch als leichtes Abführmittel von den Eingeborenen verwendet.

Die in Gemeinschaft mit Hrn. Thaysen ausgeführte Untersuchung ergab folgendes:

a) Gurnu besteht aus einer großen, grauweißen Kristalldruse mit stellenweise gut ausgebildeten Kristallschichten. Es löst sich leicht in Wasser zu einer stark alkalischen, mit Säuren aufbrausenden Flüssigkeit.

Die Analyse ergab folgende Zahlen:

Fremde, wasserunlösliche Bestandteile (Sand u. s. w.)	1.72 $^0/_0$
Chlor (Cl)	0.37 „
Kohlensäure (CO_2)	39.04 „
Wasser (H_2O)	19.45 „
Natriumoxyd (Na_2O) . . .	39.45 „

Von der Kohlensäure waren 13.61 Proz. durch Glühen austreibbar.

Zieht man die unlöslichen Bestandteile und das Chlor als Chlornatrium (0.61 Proz.) ab, so verbleibt für den Rest folgende Zusammensetzung:

Kohlensäure (CO_2)	39.97 $^0/_0$
Wasser (H_2O)	19.91 „
Natriumoxyd (Na_2O) . . .	40.06 „

Das Salz erweist sich somit als natürliche Soda (Trona), d. h. anderthalbfach kohlensaures Natrium. Die Analyse zeigt gute Übereinstimmung mit der von Joffre veröffentlichten Analyse einer Trona von Fezzan (Tripolis)[2]. Dieser Autor fand:

Kohlensäure	40.18 $^0/_0$
Wasser	19.81 „
Natriumoxyd	40.01 „

---

[1] Vgl. Apoth.-Ztg. 1903. S. 467.

[2] Gmelin Kraut, Anorganische Chemie, 6. Aufl., II, 1, 153.

b) **Kanua** besteht aus mehreren kleinkristallinischen Stücken. Es sieht bedeutend unreiner aus als a) und ist rötlich gefärbt, etwa wie Viehsalz. Die Rotfärbung ist jedoch nicht auf einen Eisengehalt, sondern auf Verunreinigungen organischer Natur zurückzuführen. Es löst sich gleichfalls leicht in Wasser zu einer alkalisch reagierenden Flüssigkeit, die mit Säuren stark aufbraust.

Die Analyse ergab:

Fremde, wasserunlösliche Bestandteile
(Sand u. s. w.) . . . . . . 0.63 %
Chlor (Cl) . . . . 0.96 „
Schwefelsäure (SO_3) . . . . 0.73 „
Wasser (H_2O) . . . . . . 24.30 „
Natriumoxyd (Na_2O) . . . 38.36 „
Kohlensäure (CO_2) . . . . 35.10 „

Von der Kohlensäure waren 13.61 Proz. durch Glühen austreibbar.

Nach Abzug der unlöslichen Bestandteile, des Chlors als Chlornatrium (1.58 Proz.) und der Schwefelsäure als Natriumsulfat (1.30 Proz.) verbleibt für den Rest folgende Zusammensetzung:

Kohlensäure (CO_2) . . . . . 36.38 %
Wasser (H_2O) . . . . 25.14 „
Natriumoxyd (Na_2O) . . . 38.29 „

Es handelt sich also gleichfalls um eine — weniger reine — Trona.

Es wäre interessant, zu ermitteln, ob die Salze in Togo natürlich vorkommen oder dorthin vielleicht aus Ägypten importiert werden. Von seiten des Pharmazeutischen Instituts sind diesbezügliche Ermittelungen eingeleitet. Wir werden s. Z. über das Resultat derselben berichten.

Über das ätherische Öl einer Andropogon-Art aus Kamerun[1].

Von **C. Mannich.**

Von dem Direktor des Botanischen Gartens zu Victoria in Kamerun, Hrn. Prof. Dr. Preuß, erhielt Hr. Prof. Thoms eine Probe des ätherischen Öls einer Kameruner Andropogon-Art, über dessen Untersuchung ich kurz berichten möchte. — Hr. Dr. Strunk, Chemiker am Botanischen Garten zu Victoria in Kamerun, macht über dieses Öl im „Tropenpflanzer", Organ des Kolonial-Wirtschaftlichen Komitees, Jahrgang 1903 auf Seite 37 folgende Angaben:

Im Botanischen Garten zu Victoria wird unter dem Namen Andropogon citratus ein Gras kultiviert, dessen Identität bisher nicht bestimmt werden konnte, weil dasselbe bisher hier niemals geblüht hat. Es wurden von Dr. Strunk Versuche gemacht, das ätherische Öl der dort vorhandenen Art in größerer Menge darzustellen. Er verfuhr in der Weise, daß das Gras, ohne es vorher zu trocknen, in einer gewöhnlichen Blase mit Wasser übergossen wurde und dann von 10 kg Gras ungefähr 3 l abdestilliert wurden. Die Menge des übergehenden Öls betrug durchschnittlich 0.38 Proz.

Hr. Dr. Strunk glaubte auf Grund seiner Untersuchung, die er nach seinen eigenen Angaben mit völlig unzureichenden Mitteln ausführte, das Öl als Citronellöl, die Stammpflanze daher als Andropogon Nardus ansprechen zu dürfen. Den Gehalt an Aldehyd gibt er zu 15 Proz. an.

Eine im hiesigen Pharmazeutischen Institut vorgenommene Untersuchung lieferte indessen ein wesentlich anderes Resultat. Danach ist das Öl nicht als Citronellöl, sondern als Lemongrasöl zu bezeichnen; seine Stammpflanze ist mit einem hohen Grade von Wahrscheinlichkeit Andropogon citratus.

Das Öl bildet eine gelbrote, dünne Flüssigkeit von intensiv citronenartigem Geruch, schwach saurer Reaktion und dem spezifischen Gewicht 0.885. Mit 80-prozentigem Alkohol gibt es trübe Lösungen; auch absoluter Alkohol wird nur bis zu einer Menge von $1^{1}/_{2}$ Volumen klar aufgenommen, bei weiterem Zusatz erfolgt Trübung. Bei der Destillation gehen unter 12 mm Druck zwischen 65 und 100° etwa 10 Proz. über, die Hauptmenge destilliert

---

[1] Vgl. Ber. d. d. pharm. Ges. 1903, S. 86.

zwischen 106 und 110°, dann steigt das Thermometer ziemlich rasch bis 130°. Von da bis 160° gehen nur noch sehr kleine Mengen eines gelben Destillats über. Im Rückstand verbleiben 9.5 Proz. einer braunen, schwach riechenden, sehr dicken Flüssigkeit. Diese reagiert ziemlich stark sauer und ist in absolutem Alkohol nahezu unlöslich. Das Destillat ist hingegen in allen Verhältnissen mit absolutem und 80-prozentigem Alkohol mischbar. Es sind also die am schwersten flüchtigen Teile, die die Trübung beim Auflösen des Öls in Alkohol bedingen.

Nach zweitägigem Schütteln des mit Äther verdünnten Öls mit 5-prozentiger Natronlauge ließen sich aus der alkalischen Lösung durch Übersättigen mit verdünnter Schwefelsäure und Ausschütteln mit Äther etwa 2 Proz. einer dicken, aus Säuren und Phenolen bestehenden Flüssigkeit von kresolartigem Geruch erhalten.

Beim Schütteln des mit dem gleichen Volumen Äther verdünnten Öls mit konzentrierter Natriumbisulfitlösung unter Eiskühlung tritt nach kurzer Zeit Reaktion ein, und nach einigen Stunden ist fast die ganze Masse erstarrt. Am folgenden Tage wurde die Natriumbisulfitverbindung abgesaugt, mit Äther gründlich nachgewaschen und durch verdünnte Natronlauge zerlegt. Das ausgeschiedene Öl ging, nach dem Trocknen, unter 26 mm Druck zwischen 123 und 124° über. Aus diesem Siedepunkt, aus dem Geruch und aus der optischen Inaktivität ergab sich, daß der gefundene Aldehyd Citral war und nicht Citronellal; denn dieses ist optisch rechtsdrehend und siedet etwa 30° niedriger. Zur weiteren Charakterisierung des Citrals wurde dessen Semicarbazon dargestellt. Da nach den Arbeiten von Tiemann das Citral stets ein Gemisch zweier einander sehr ähnlicher geometrischer Isomeren ist, so entstehen auch stets zwei Semicarbazone, von denen beim Arbeiten mit kleineren Mengen sich nur das eine, bei 164° schmelzende, rein herstellen, läßt, während das andere vom Schmelzpunkt 171° von der isomeren Verbindung kaum zu trennen ist.

Zur Darstellung des Semicarbazons des a-Citrals wurde nach folgender von Tiemann angegebenen Vorschrift gearbeitet: 5 g Citral wurden in 30 g Eisessig gelöst und die Auflösung von 4 g Semicarbazidchlorhydrat in wenig Wasser hinzugegeben. Nach kurzer Zeit schied sich das Semicarbazon aus, das sodann abgesaugt, ausgewaschen und wiederholt aus Methylalkohol umkristallisiert wurde.

Der sich bei der Darstellung abspielende Prozeß ist der folgende:

$$C_9H_{16}C \underset{O}{\overset{H}{<}} + H_2N - NH \cdot CO \cdot NH_2 =$$

$$C_9H_{15}C \underset{N - NH \cdot CO \cdot NH_2}{\overset{H}{<}} + H_2O.$$

Das Semicarbazon bildet flache, glänzende Nadeln vom Schmelzpunkt 163—164°. Durch weiteres Umkristallisieren ließ sich der Schmelzpunkt nicht mehr erhöhen.

Nachdem so festgestellt war, daß der Hauptbestandteil des Öls Citral war, wurde dieses nach folgender, ebenfalls von Tiemann herrührenden Methode quantitativ bestimmt. 50 g Öl wurden mit der Lösung von 175 g kristallisierten schwefligsauren Natriums unter Zusatz von 62 g Natriumbicarbonat 6 Stunden lang an der Maschine geschüttelt. Das Citral wird dabei unter Bildung von citraldihydrodisulfonsaurem Natrium von der wässerigen Lösung aufgenommen. Nachdem die Flüssigkeit sich durch längeres Stehen in zwei Schichten getrennt hatte, wurde das oben schwimmende, nicht an Natriumsulfit gebundene Öl gesammelt und gewogen. Seine Menge betrug 15 g, mithin bestehen 30 Proz. des Öls nicht aus Citral. — Die Lösung des citraldihydrodisulfonsauren Natriums wurde durch Natronlauge zerlegt, das sich abscheidende Citral gesammelt und im Vakuum destilliert. Obgleich beim Trocknen und bei der Destillation kleine Verluste nicht zu vermeiden sind, so gingen doch unter 9 mm Druck zwischen 101—103° 34.1 g reines, fast farbloses Citral über, das sind 68.2 Proz. des in Arbeit genommenen Öles. Der Citralgehalt des Öls beträgt daher nach dieser Bestimmung rund 70 Proz.

Zur Prüfung auf Citronellal wurden die, wie oben angegeben, vom Citral befreiten Bestandteile des Öls (15 g) 6 Stunden lang mit einer Lösung von 85 g kristallisiertem Natriumsulfit und 6.2 g Natriumbicarbonat in 100 g Wasser geschüttelt. Es war indessen keinerlei Kristallbildung zu bemerken, Citronellal kann demnach, wenn überhaupt, nur in sehr kleinen Mengen zugegen sein. Im Einklange mit diesem Befunde steht, daß Lemongrasöl meistens nur wenig, manchmal gar kein Citronellal enthält.

Der Nachweis anderer im Lemongrasöl enthaltenen Bestandteile, des Geraniols und Methylheptenons, konnte bei der geringen Menge des verfügbaren Materials nicht mit Sicherheit erbracht werden. Indessen spricht für die Gegenwart dieser Verbindungen mancherlei. So zeigen die hochsiedenden Bestandteile, nach Entfernung des Citrals, unverkennbaren Geraniolgeruch· Der Versuch, das Geraniol nach den Angaben von Erdmann und Huth als Diphenylurethan abzuscheiden, schlug aber fehl. Die Anwesenheit des Methylheptenons in dem Öl ist eigentlich selbstverständlich, da es durch langsame Oxydation aus Citral entsteht. Die Gegenwart von Methylheptenon in den citralfreien Bestandteilen des Öls wird durch folgendes Verhalten wahrscheinlich gemacht. Schüttelt man diese Bestandteile unter Eiskühlung mit Natriumbisulfitlösung, so bilden sich nach einiger Zeit Kristalle, die indessen schon wenig über Zimmertemperatur wieder zerfallen. Das entspricht völlig der Unbeständigkeit der Natriumbisulfitverbindung des Methylheptenons. Die Menge der sich abscheidenden Kristalle war indessen zu gering, um sie mit Aussicht auf Erfolg weiter verarbeiten zu können.

Das Resultat dieser Untersuchung ist also, daß das Öl der in Kamerun wachsenden Andropogonart Lemongrasöl, die Stammpflanze selbst mithin Andropogon citratus ist. Vom indischen Lemongrasöle unterscheidet sich die untersuchte Probe durch ein etwas niedrigeres spez. Gewicht und durch sein Verhalten beim Lösen in Alkohol; derartige Abweichungen sind übrigens schon bei Ölen brasilianischer Herkunft beobachtet worden. Der Citralgehalt des Öls beträgt 70 Proz., Citronellal scheint völlig zu fehlen.

Da der Verbrauch an Lemongrasöl infolge der Verwendung des Citrals für die Ionondarstellung in ständigem Steigen begriffen ist, so kann das Öl für unsere Kolonie vielleicht von Bedeutung werden.

Über die Bestandteile der Samen von Monodora Myristica Dunal aus Kamerun[1].

Von H. Thoms.

Von der Chemischen Fabrik Güstrow (Dr. Hillringhaus und Dr. Heilmann) gingen dem Pharmazeutischen Institut die Samen einer westafrikanischen Pflanze zur Untersuchung zu. Über die Droge enthielt ein Begleitschreiben die folgenden Angaben: Die Samen stammen ab von Monodora Myristica Dunal, einer Pflanze, die an der Westküste Afrikas, von Sierra Leone über Oberguinea, Kamerun, Gaboon bis nach Angola verbreitet ist. Es ist bekannt, daß diese Samen von den Eingeborenen, besonders in Angola, sehr gesucht werden, teils als Gewürz wegen ihres eigenartigen Aromas, teils als Arznei-Ingredienz.

Es ließ sich unschwer feststellen, daß die Samen in reichlicher Menge fettes, wie ätherisches Öl enthalten. Letzteres bedingt den sehr aromatischen Geruch der zerquetschten Samen.

Das Ätherextrakt der Samen wurde im hiesigen Institut von Hrn. Dr. Otto Mayer, der mir den nachfolgenden Bericht darüber einlieferte, das ätherische Öl von meinem Assistenten, Hrn. Lucius, untersucht. Wir berichten nachstehend über die Ergebnisse dieser Untersuchung.

I. Das Ätherextrakt.

100 Stück der braunen, glatten Samen, welche die Form der Eicheln besitzen, wogen 104 g, demnach Gewicht eines Samens = 1.04 g.

Von den den braunen Samen beigemischten grauen, schwach behaarten Samen wiegen 20 Stück = 22.8 g, demnach Gewicht eines Samens = 1.14 g.

50 g braune Samen wurden von der Schale befreit, deren Gewicht zu 11 g bestimmt, während jenes des Samens 39 g betrug. Das Gewicht der Samenschale zu dem des Samens verhält sich daher wie 1 : 3.5.

Der Gewichtsverlust der Samen beim Trocknen bis 104° beträgt:

	Menge	Verlust	Prozente
Bei den braunen Samen	21.06 g	2.78 g	13.2
Bei den Samenschalen dieser	7.69 „	0.89 „	11.5
Bei den grauen Samen	23.67 „	2.86 „	12.1
Bei den Samenschalen dieser	5.94 „	0.63 „	10.6

[1] Vgl. Ber. d. d. pharm. Ges. 1904, S. 21.

70 g der zerriebenen braunen Samen wurden während 20 Stunden mit Äther im Soxhlet-Apparat extrahiert. Gleich zu Anfang der Extraktion schieden sich an den Wänden des Kölbchens braune, harzartige Massen ab.

Nach Verdampfen des Äthers hinterblieb ein Rückstand, der nach dem Austrocknen bei 97° 31.90 g betrug. Nach weiterer 30stündiger Extraktion wurden noch 3.55 g einer ölig-harzartigen Masse gewonnen.

Das Gesamtgewicht des Ätherextraktes war 35.45 g, die Samen enthalten daher rund 50 Proz. an ätherlöslichen, bei 97° nicht flüchtigen Bestandteilen.

Die mit Äther abgespülten harzigen Ausscheidungen des Ätherextraktes waren in kaltem Alkohol schwer, in heißem leichter, aber nicht vollständig, löslich. Benzol nahm nur kleine Mengen auf, Aceton hingegen fast die Gesamtmenge.

2.115 g Rückstand bedurften zur Verseifung . . 12.24 ccm $\frac{n}{2}$ KOH
2.403 „   „   „   „   „   . . 13.62   „
1.662 „   „   wurden neutralisiert durch . . 0.72   „
1.805 „   „   „   „   „   . . 0.77   „

Hieraus berechnet sich für das Ätherextrakt:

　　　als Säurezahl . . . . . 12.04 (im Durchschnitt)
　　　 „ Esterzahl . . . . . 148.66   „
　　　 „ Verseifungszahl . . . 160.70   „

Zum Nachweis, daß die harzigen Rückstände Fett enthalten, wurde ein Teil des Rückstandes mit 95 Proz. Alkohol behandelt und mit alkoholischer Kalilauge verseift. Die Seifenlösung wurde mit Wasser verdünnt, mit verdünnter Schwefelsäure angesäuert und mit Äther extrahiert. Der in Äther unlösliche Teil wurde mit Baryumkarbonat gekocht, das Filtrat hiervon verdampft, mit Alkohol-Äther extrahiert und der ölige, süßlich schmeckende hygroskopische Abdampfrückstand mit saurem Kaliumsulfat erhitzt, wobei Akroleïngeruch auftrat.

Eine Identifizierung der Fettsäuren bot kein erheblicheres Interesse dar. Es wurde daher auf eine eingehendere Untersuchung um so mehr verzichtet, als die aufzuwendende Mühe zur Reinigung und Trennung der Fettsäuren in keinem Verhältnis zu dem Wert der zu erwartenden Resultate stand.

II. Das ätherische Öl.

Die Samen geben beim Anreiben mit Wasser eine milchige Emulsion und quellen dabei stark auf.

Aus 100 g der zerriebenen braunen Samen wurde mit Wasserdämpfen das ätherische Öl abgetrieben und mit Äther dem Destillat entzogen. Die ätherische Lösung, mit entwässertem Natriumsulfat getrocknet, lieferte nach Verdampfen des Äthers 6.145 g eines gelblichen Öles von angenehmem Geruch. Spez. Gew. 0.859 bei 15° C.

Zwecks eingehenderer Untersuchung wurden 5 kg Samen mit gespannten Wasserdämpfen behandelt. Die Ausbeute an ätherischem Öl war eine reichlichere (gegen 7 Proz.) als nach vorstehendem Verfahren. Auch erwies sich das ätherische Öl spezifisch schwerer, nämlich 0.896 bei 20°. Dieser Umstand ist wohl darauf zurückzuführen, daß bei der Behandlung mit gespannten Wasserdämpfen spezifisch schwerere Anteile mit in das Destillat übergehen.

Das erhaltene Öl besitzt eine gelbe Farbe, fluoresziert grüngelb und riecht sehr angenehm. Weder bei gewöhnlicher Temperatur, noch bei starkem Abkühlen konnte die Abscheidung eines festen Körpers wahrgenommen werden. Mit alkoholischer Eisenchloridlösung gibt das Öl eine smaragdgrüne Färbung; diese wird durch einen in den höher siedenden Anteilen befindlichen Körper bewirkt. Das Öl dreht stark links, nämlich im 2 cm-Rohr bei 20° = — 11.5°, daher $[a]_D = -64.16°$. Phenoläther konnten mit Hilfe der Zeiselschen Reaktion nicht nachgewiesen werden.

Zur Abscheidung von Säuren und Phenolen wurde das Öl mit der gleichen Menge Äther verdünnt, zunächst mit dem gleichen Volumen 2-prozentiger Sodalösung, dann zweimal mit dem gleichen Volumen 2-prozentiger Kalilauge ausgeschüttelt. Aus der Kalilösung ließ sich nach dem Ansäuern mit verdünnter Schwefelsäure und Ausschütteln mit Äther ein Phenol gewinnen, dessen Menge jedoch zu klein war, um näher charakterisiert werden zu können.

Das von freien Säuren und Phenolen befreite Öl wurde mehrmals mit Wasser gewaschen, über entwässertem Natriumsulfat getrocknet und im Vakuum der fraktionierten Destillation unterworfen. Unter 16 mm Druck begann die Destillation bei 45°, das Thermometer stieg aber schnell, und ein gleichmäßiges Sieden fand zwischen 65° und 76° statt. Es wurden so 58 Proz. des verwendeten Öls bis zum Siedepunkt 76° übergetrieben.

Das Destillat stellt eine wasserhelle, zitronenartig riechende Flüssigkeit dar, aus Terpenen bestehend.

0.1609 g Substanz: 0.5178 g CO_2 und 0.1647 g H_2O.

Berechnet für $C_{10}H_{16}$:	Gefunden:
C 88.14 %	87.77 %
H 11.86 „	11.46 „

Spez. Gew. bei 20° = 0.842.

Diesen physikalischen Eigenschaften nach besteht die Fraktion aus Limonen. Die Hauptmenge der Fraktion ging, erneut destilliert, zwischen 74 und 76° bei 16 mm Druck über und zeigte, nachdem sie einige Tage gestanden hatte, die Ablenkung im 10 ccm-Rohr = — 105.68°,

daher $[a]_D = -125.5°$.

Für Links-Limonen gibt Wallach[1] $[a]_D = -105°$ an. Frisch destilliertes Limonen dreht nach Kremers[2] $[a]_D = -121.3°$.

Zur weiteren Charakterisierung des Limonens wurde das Limonen-Nitrosylchlorid nach der Wallachschen Vorschrift[3] dargestellt. Hierbei

---

[1] Annal. Chem. **252**, 144.   [2] Amer. Chem. Journ. **17**, 692.
[3] Annal. Chem. **252**, 109.

wurde nur das sogenannte α-Derivat in faßbarer Menge gewonnen. Es schmolz nach dem Umkristallisieren aus Äther bei 103—105°. Für Limonen-Nitrosylchlorid wird der Schmelzpunkt 103—104° angegeben.

Als höher siedende Fraktionen wurden aufgefangen:

Zwischen 76—110° bei 16 mm Druck (2. Fraktion) . . . 10 % des Öls
    „   110—160° „ 16 „   „ (3. Fraktion) . . . 20 „ „ „
Über 100° siedender Rückstand . . . ' . . . . : . . . 12 „ „ „

Die zweite Fraktion besitzt eine hellgelbe Farbe und einen stark aromatischen Geruch, wird von alkoholischer Eisenchloridlösung nicht gefärbt. Der Analyse zufolge muß diese Fraktion noch Terpene enthalten:

0.1412 g Substanz: 0.4220 g CO_2 und 0.1394 g H_2O.

Gefunden:

C 81.51 %

H 11.07 „

Die dritte Fraktion besitzt eine gelbe Farbe und stark aromatischen Geruch und wird von alkoholischer Eisenchloridlösung smaragdgrün gefärbt. Nach wiederholter Destillation im Vakuum ergab die Verbrennung folgende Werte:

0.1921 g Substanz: 0.5569 g CO_2 und 0.1738 H_2O.

Berechnet für $C_{10}H_{16}O$:   Gefunden:
C 78.86 %   79.06 %
H 10.62 „   10.15 „

Die Eigenschaften und das Verhalten dieses Körpers entsprechen den Angaben, welche über das Myristicol vorliegen.

Als Ergebnis der vorliegenden Untersuchung ist also zu bezeichnen, daß das ätherische Öl der Monarda Myristica im wesentlichen aus Links-Limonen und einem sauerstoffhaltigen Körper der Formel $C_{10}H_{16}O$ besteht, welcher sehr wahrscheinlich mit Myristicol identisch ist. Myristicin oder andere Phenoläther, wie sie in dem verwandten ätherischen Muskatnußöl und Macisöl vorkommen, wurden im Monardaöl nicht gefunden. In den Ölen der Myristica fragans finden sich an Terpenen Pinen[1]) und Dipenten (inaktives Limonen).

---

[1]) Wallach, Annal. Chem. **227**. 288 [1884], und **252**, 105 [1889].

Über die Untersuchung einer farbstoffhaltigen Droge aus Togo.

Von **G. Fendler**.

Dem Pharmazeutischen Institut ging eine Droge aus Togo zu, welche „einen dem indischen Krapp ähnlichen Farbstoff" enthalten sollte.

Die Droge besteht aus etwa haselnußgroßen, rotbraunen, ca. 1.5 g schweren, annähernd kugelförmigen Stücken, welche äußerlich homogen erscheinen, beim Zerbrechen sich aber als aus zerkleinerten, holzigen Pflanzenteilen geformt erweisen; dieser Umstand deutet darauf hin, daß die Droge an Ort und Stelle einen Handelsartikel bildet. Die Stücke sind durch und durch von derselben rotbraunen Farbe und färben ziemlich leicht ab.

Der Farbstoff scheint in Form eines Glykosides, ähnlich dem Alizarin des Krapps, in der Droge enthalten zu sein, denn der wässerige Auszug reduzierte ohne weiteres Fehlingsche Lösung nicht, dagegen tat dies der mit verdünnter Schwefelsäure bereitete Auszug.

Zur Isolierung des Farbstoffes wurden 20 g der zerkleinerten Droge nach dem Befeuchten mit Wasser eine Stunde lang mit einem Gemisch von 1 Teile konzentrierter Schwefelsäure und 2 Teilen Wasser auf 100° erhitzt, hierauf durch Auswaschen von der Säure befreit, abgepreßt und getrocknet. Die so präparierte Substanz wurde dreimal mit je 400 ccm Alkohol am Rückflußkühler ausgekocht, und die filtrierten, stark rot gefärbten Auszüge zur Trockne verdampft. Es wurden 2.1 g eines dunkelrotbraunen Farbstoffes erhalten, welcher sich in alkalischem Wasser mit schön kirschroter Farbe löst und durch Säuren wieder zum Teil ausgefällt wird.

Ein Teil des Farbstoffes wurde in verdünnter Natronlauge gelöst, filtriert und mit Salzsäure wieder ausgefällt, hierauf abfiltriert. Das Filtrat war noch ziemlich stark rot gefärbt, schied aber auf Zusatz von mehr Säure keinen Niederschlag mehr ab. Der durch Salzsäure ausgefällte Anteil des Farbstoffes betrug ca. 50 % der Gesamtmenge desselben.

Mit dem so erhaltenen Farbstoffe wurden Färbeversuche angestellt, deren Ausfall kein besonders günstiger war. Jedoch lassen sich aus diesen Vorversuchen keine weitgehenden Schlüsse ziehen, vielmehr müßten dieselben gegebenenfalls in größerem Maßstabe in einer Färberei vorgenommen werden.

Die Droge ist demnach offenbar ein bereits bearbeiteter Handelsartikel. Sie enthält rund 10 Proz. eines roten Farbstoffgemenges, das vermutlich in Form von Glykosiden vorhanden ist, sich in Natronlauge löst, und von welchem etwa die Hälfte durch Säuren ausgefällt wird. Dieser letztere Anteil zeigt in seinem Verhalten viel Ähnlichkeit mit dem Alizarin des Krapps. Zur Feststellung seiner Identität wäre reichlicheres Material erforderlich. Ob es sich zum Färben von Stoffen eignet, müßte durch Versuche in größerem Maßstabe festgestellt werden. Sollte dies auch der Fall sein, so dürfte dieser Farbstoffdroge doch höchstens eine lokale Bedeutung beizumessen sein, da sie mit den künstlich hergestellten Farbstoffen, speziell dem synthetisch hergestellten Alizarin zu konkurrieren schwerlich im Stande sein dürfte.

Über Telfairia-Samen aus Wilhelmsthal.

Von **G. Fendler.**

Die Untersuchung der dem Pharmazeutischen Institut am 23. IV. 1903 zugegangenen Samen von Telfairia pedata Hook ergab folgendes:

Zehn Stück der aus einem sehr festen maschigen Bastgewebe, einer harten Schale und dem Kern bestehenden Samen wogen 116.7 g, wovon entfielen:

$$\begin{array}{lll} \text{auf das Bastgewebe} & 8.5 \text{ g} = & 7.27\,°/_0 \\ \text{„ die Schalen} & 46.6 \text{ „} = & 39.97 \text{ „} \\ \text{„ die Kerne} & 61.6 \text{ „} = & \underline{52.76 \text{ „}} \\ & & 100.00\,°/_0 \end{array}$$

Die Kerne enthielten:

$$\begin{array}{ll} \text{Feuchtigkeit} & 4.37\,°/_0 \\ \text{Öl} & 59.45 \text{ „} \end{array}$$

Demnach enthalten die ganzen Samen:

$$31.36\,°/_0 \text{ Öl.}$$

Diese Zahlen weichen bis auf das Gewicht der einzelnen Samen und das Verhältnis von Schalen und Kernen nicht beträchtlich von den im Jahre 1898 von mir für Telfairia-Samen aus Usambara gefundenen Zahlen ab. Die damalige Analyse ergab:

$$\text{Zehn Samen wogen 85 g.}$$

Davon entfielen:

$$\begin{array}{lll} \text{auf das Bastgewebe} & 6 \text{ g} = & 7.06\,°/_0 \\ \text{„ die Schalen} & 28 \text{ „} = & 32.94 \text{ „} \\ \text{„ die Kerne} & 51 \text{ „} = & \underline{60.00 \text{ „}} \\ & & 100.00\,°/_0 \end{array}$$

Die Kerne enthielten:

$$\begin{array}{ll} \text{Feuchtigkeit} & 3.95\,°/_0 \\ \text{Öl} & 64.71 \text{ „} \end{array}$$

Die ganzen Samen enthielten:

$$33.00\,°/_0 \text{ Öl.}$$

Für eine eingehende Untersuchung des Öls war die diesmal eingesandte Materialmenge zu gering. Eine solche erscheint jedoch auch überflüssig, da die damalige Analyse wohl auch noch heute Geltung haben dürfte.

Das durch Pressen aus den Kernen gewonnene Öl hatte folgende Konstanten ergeben:

Spezifisches Gewicht bei 15° 0.9180
Säurezahl 0.34
Verseifungszahl 174.8
Esterzahl 174.46
Jodzahl 86.2

Erstarrungspunkt des Öls . . . .   + 7.0° C.
Schmelzpunkt der Fettsäuren . . . . .   44°   „
Erstarrungspunkt derselben . . . . . .   41°   „

Refraktion im Zeißschen Butter-Refraktometer:

bei 31°   61—62
„ 30°   61—62
„ 25°   63—64

Dem gegenüber zeigt das Olivenöl, der Typus eines guten Speiseöls, folgende Konstanten:

Spezifisches Gewicht bei 15° . . .   0.9178
Säurezahl 0.3
Verseifungszahl . . . .   185—203
Esterzahl . . . .   —
Jodzahl . . . .   79—86
Erstarrungspunkt des Öls . . . .   + 2° C.
Schmelzpunkt der Fettsäuren . . .   23.98—26° C.
Erstarrungspunkt derselben . . .   21.2°
Refraktometerzahl bei 25° . . . .   62—62.5

Das Telfairia-Öl gehört wie das Olivenöl zu den nicht trocknenden Ölen; es gibt mit rauchender Salpetersäure die Elaidinreaktion.

Vom Olivenöl unterscheidet sich das Telfairiaöl dadurch wesentlich, daß es schon bei weit höherer Temperatur als ersteres erstarrt und daß der Schmelzpunkt der Fettsäuren, vermutlich infolge eines hohen Gehaltes an Palmitin- und Stearinsäure, sehr hoch liegt. Sollte das Telfairiaöl als Speiseöl Verwendung finden, so müßte es, wie das Baumwollsamenöl, dem es in dieser Beziehung ähnelt, erst durch Ausfrierenlassen und Abpressen von den leicht erstarrenden Anteilen getrennt werden.

Für die Gewinnung des Öles eignet sich am besten die Methode des Auspressens. Sollte es extrahiert werden, so müßte auf eine sehr sorgfältige Entfernung der äußeren Schichten der Samenkerne, besonders aber der Samenschalen gehalten werden, da diese einen intensiv bitter schmeckenden Körper enthalten.

V.

Apparate.

Über einen neuen Schüttelschießofen[1]).

Von H. Thoms.

Auf die Vorteile gleichzeitigen Erhitzens und Bewegens von Substanzen in geschlossenen Glasröhren hat zuerst Emil Fischer[2]) aufmerksam gemacht und einen hierfür geeigneten Apparat beschrieben.

[1]) Vgl. Ber. d. d. chem. Ges. **36**, 3957 [1903].
[2]) Ber. d. d. chem. Ges. **30**, 1485 [1897].

In neuerer Zeit ist dann auf Veranlassung von Pschorr ein elektrisch heizbarer Schüttelschießofen konstruiert und von Genanntem in der Sitzung d. d. chem. Gesellschaft am 23. Februar 1903 demonstriert worden.

Nicht um diese bisher mit Vorteil benutzten Apparate zu verbessern, sondern um auf billigerem Wege einen Schüttelofen mit Heizvorrichtung für unser Institut zu beschaffen, wurde von unserem Maschinisten nach meinen Angaben ein Apparat konstruiert, der den Besuchern des Instituts so gefallen und bei unseren Arbeiten sich so bewährt hat, daß ich mich entschloß, von einer Fabrik diesen Schüttelschießofen herstellen zu lassen und ihn so dem Handel zugängig zu machen.

Die Konstruktion des Ofens erhellt aus der Zeichnung (S. 221).

Der Ofen liegt mittels einer in seinem oberen Teil an der Längsseite befindlichen Axe in einem Lagerbock und wird durch die seitlich angebrachte und mit einer Riemenscheibe in Verbindung stehende Kurbelstange auf- und niedergehoben.

Durch ein mit einem Heißluftmotor oder einem Elektromotor von nur $^1/_{40}$ Pferdekraft verbundenes Triebrad wird der Ofen in schüttelnde Bewegung versetzt. Das für Leuchtgas eingerichtete und verstellbare Heizrohr liegt in der ganzen Länge des Ofens in Form einer Ellipse unter diesem und läßt sich leicht regulieren. Mittels der kleinen, aus dem Heizrohr emporschlagenden Flämmchen kann der Ofen bis auf gegen 300° erhitzt werden. Die Temperatur läßt sich, wenn Schwankungen des Gasdruckes ausgeschlossen bleiben, auf 1—2° ziemlich konstant halten.

Die herausziehbaren und durch Verschraubungen festgehaltenen Rohre, in welche die geschlossenen Glasröhren eingebracht werden, sind aus Mannesmann-Rohr gearbeitet; die eine Seite dieser Eisenrohre ist mit einer durchlochten, harteingelöteten Scheibe verschlossen, die andere Seite läßt sich durch eine durchlochte Kappe ebenfalls verschließen. Die Glasrohre werden von Spiralen aus Stahldraht von beiden Seiten her festgehalten und können daher während des Schüttelns nicht an das Eisenrohr geschleudert werden.

Die Rohre werden im Luft- oder Sand-Bade erhitzt; die Verwendung von Heiz-Flüssigkeiten ist bei diesem Ofen natürlich ausgeschlossen.

Die Firma Gebrüder Müncke in Berlin wird den Apparat in den Handel bringen.

VI.

Anhang.

Untersuchung über die Ausströmgeschwindigkeit des Leuchtgases zu verschiedenen Tageszeiten, in den verschiedenen Geschossen des Pharmazeut. Instituts, unter Benutzung verschiedener Brenner und gleichzeitiger Berücksichtigung, wann ein Liter Wasser im Becherglase zum Sieden gelangt.

Von O. Weinhagen.

Auf Veranlassung des Leiters des Instituts, Hrn. Professor Dr. Thoms, habe ich die in der Titelüberschrift verzeichnete Prüfung des Leuchtgases im Februar 1903 vorgenommen und bin dabei zu den folgenden Ergebnissen gelangt:

Tageszeit	Ausströmöffnung des Gashahnes	Einströmöffnung des Brenners	Ausströmöffnung des Brenners	Verbrauch an Gas in einer Minute	Verbrauch an Gas in einer Stunde	Zeit, in welcher ein Liter Wasser i. Becherglase zum Sieden gelangt	Name des Brenners
Erdgeschoß.							
8—9 v.	2.5 mm	2.5 mm	9 mm	1.4 Liter	84 Liter	0 40′ 30″	Brenner mit Specksteinaufsatz nach Thoms
		4 „	9 „	2.1 „	126 „		Gewöhnl. Bunsenbrenner
		5 „	10.2 „	5.4 „	324 „		Teclu
		4.5 „	10.1 „	7.7 „	462 „		Dreifacher Teclu
12—1 v.	2.5 mm	2.5 mm	9 mm	1.46 Liter	87.60 Liter	0 43′ 32″	Brenner mit Specksteinaufsatz nach Thoms
		4 „	9 „	2.3 „	138 „	0 33′ 45″	Gewöhnl. Bunsenbrenner
		5 „	10.2 „	5.5 „	330 „	0 10′ 50″	Teclu
		4.5 „	10.1 „	7.9 „	474 „	0 9′ 40″	Dreifacher Teclu
3—4 n.	2.5 mm	2.5 mm	9 mm	1.6 Liter	96 Liter		Brenner mit Specksteinaufsatz nach Thoms
		4 „	9 „	2.1 „	126 „		Gewöhnl. Bunsenbrenner
		5 „	10.2 „	3.6 „	216 „		Teclu
		4.5 „	10.1 „	7.7 „	462 „		Dreifacher Teclu
6—7 n.	2.5 mm	2.5 mm	9 mm	1.4 Liter	84 Liter		Brenner mit Specksteinaufsatz nach Thoms
		4 „	9 „	1.9 „	114 „		Gewöhnl. Bunsenbrenner
		5 „	10.2 „	4.1 „	246 „		Teclu
		4.5 „	10.1 „	6.1 „	366 „		Dreifacher Teclu

Tageszeit	Ausströmöffnung des Gashahnes	Einströmöffnung des Brenners	Ausströmöffnung des Brenners	Verbrauch an Gas in einer Minute	Verbrauch an Gas in einer Stunde	Zeit, in welcher ein Liter Wasser i. Becherglase zum Sieden gelangt	Name des Brenners
I. Obergeschoß.							
8—9 v.	2.5 mm	2.5 mm	9 mm	1.6 Liter	96 Liter		Brenner mit Specksteinaufsatz nach Thoms
		4 „	9 „	1.9 „	114 „		Gewöhnl. Bunsenbrenner
		5 „	10.2 „	3 „	180 „		Teclu
		4.5 „	10.1 „	6.1 „	366 „		Dreifacher Teclu
12—1 n.	2.5 mm	2.5 mm	9 mm	1.4 Liter	84 Liter	0 43′ 30″	Brenner mit Specksteinaufsatz nach Thoms
		4 „	9 „	2.1 „	126 „	0 30′ 20″	Gewöhnl. Bunsenbrenner
		5 „	10.2 „	3.4 „	204 „	0 10′ 2″	Teclu
		4.5 „	10.1 „	5 „	300 „	0 9′ 39″	Dreifacher Teclu
3—4 n.	2.5 mm	2.5 mm	9 mm	1.4 Liter	84 Liter		Brenner mit Specksteinaufsatz nach Thoms
		4 „	9 „	2 „	120 „		Gewöhnl. Bunsenbrenner
		5 „	10.2 „	3.5 „	210 „		Teclu
		4.5 „	10.1 „	5 „	300 „		Dreifacher Teclu
6—7 n.	2.5 mm	2.5 mm	9 mm	2 Liter	120 Liter		Brenner mit Specksteinaufsatz nach Thoms
		4 „	9 „	2.2 „	132 „		Gewöhnl. Bunsenbrenner
		5 „	10.2 „	4.3 „	258 „		Teclu
		4.5 „	10.1 „	6.8 „	408 „		Dreifacher Teclu
II. Obergeschoß.							
8—9 v.	2.5 mm	2.5 mm	9 mm	1.6 Liter	96 Liter		Brenner mit Specksteinaufsatz nach Thoms
		4 „	9 „	2.2 „	132 „		Gewöhnl. Bunsenbrenner
		5 „	10.2 „	4.1 „	246 „		Teclu
		4.5 „	10.1 „	4.6 „	276 „		Dreifacher Teclu
12—1 n.	2.5 mm	2.5 mm	9 mm	1.8 Liter	108 Liter	0 43′ 45″	Brenner mit Specksteinaufsatz nach Thoms
		4 „	9 „	2 2 „	132 „	0 22′ 1″	Gewöhnl. Bunsenbrenner
		5 „	10.2 „	3.5 „	210 „	0 11′ 10″	Teclu
		4.5 „	10.1 „	4.1 „	246 „	0 7′ 35″	Dreifacher Teclu
3—4 n.	2.5 mm	2.5 mm	9 mm	1.6 Liter	96 Liter		Brenner mit Specksteinaufsatz nach Thoms
		4 „	9 „	2.04 „	122.4 „		Gewöhnl. Bunsenbrenner
		5 „	10.2 „	3.3 „	198 „		Teclu
		4.5 „	10.1 „	5.4 „	324 „		Dreifacher Teclu
6—7 n.	2.5 mm	2.5 mm	9 mm	1.65 Liter	99 Liter		Brenner mit Specksteinaufsatz nach Thoms
		4 „	9 „	2.5 „	150 „		Gewöhnl. Bunsenbrenner
		5 „	10.2 „	6.1 „	366 „		Teclu
		4.5 „	10.1 „	7.7 „	462 „		Dreifacher Teclu

Dachgeschoß.

Tageszeit	Ausströmöffnung des Gashahnes	Einströmöffnung des Brenners	Ausströmöffnung des Brenners	Verbrauch an Gas in einer Minute	Verbrauch an Gas in einer Stunde	Zeit, in welcher ein Liter Wasser i. Becherglase zum Sieden gelangt	Name des Brenners
8—9 v.	2.5 mm	2.5 mm	9 mm	1.7 Liter	102 Liter		Brenner mit Specksteinaufsatz nach Thoms
		4 „	9 „	2.9 „	174 „		Gewöhnl. Bunsenbrenner
		5 „	10.2 „	3·2 „	192 „		Teclu
		4.5 „	10.1 „	5.2 „	312 „		Dreifacher Teclu
12—1 v.	2.5 mm	2.5 mm	9 mm	1.6 Liter	96 Liter	0 57' 00"	Brenner mit Specksteinaufsatz nach Thoms
		4 „	9 „	2.9 „	174 „	0 25' 30"	Gewöhnl. Bunsenbrenner
		5 „	10.2 „	4.4 „	264 „	0 15' 50"	Teclu
		4.5 „	10.1 „	7.2 „	432 „	0 15' 9"	Dreifacher Teclu
3—4 n.	2.5 mm	2.5 mm	9 mm	1.6 Liter	96 Liter		Brenner mit Specksteinaufsatz nach Thoms
		4 „	9 „	2.1 „	126 „		Gewöhnl. Bunsenbrenner
		5 „	10.2 „	3.4 „	204 „		Teclu
		4.5 „	10.1 „	7.7 „	462 „		Dreifacher Teclu
6—7 n.	2.5 mm	2.5 mm	9 mm	1.6 Liter	96 Liter		Brenner mit Specksteinaufsatz nach Thoms
		4 „	9 „	2.05 „	123 „		Gewöhnl. Bunsenbrenner
		5 „	10.2 „	4.09 „	245.4 „		Teclu
		4.5 „	10.1 „	6.1 „	366 „		Dreifacher Teclu

Brenner verschiedener Konstruktion:

Bezeichnung des Brenners	Ausströmöffnung des Gashahnes	Einströmöffnung des Brenners	Ausströmöffnung des Brenners	Tageszeit	Verbrauch in Litern in einer Minute	Verbrauch in Litern in einer Stunde	Zeit, in welcher ein Liter Wasser zum Sieden gelangt

Erdgeschoß.

Bezeichnung des Brenners	Ausströmöffnung des Gashahnes	Einströmöffnung des Brenners	Ausströmöffnung des Brenners	Tageszeit	Verbrauch in Litern in einer Minute	Verbrauch in Litern in einer Stunde	Zeit
Großer Teclu . .	2.5 mm	6 mm	12 mm	Vorm.	6 Liter	360 Liter	0 10′ 32″
4flammiger Bunsen	„	7 „	8.5 „	„	5 „	300 „	0 14′ 01″
Kronenbrenner . .	„	7 „	—	„	3.3 „	198 „	0 23′ 30″
1flammiger Bunsen mit Hülse . . .	„	7 „	9 „	„	2.3 „	138 „	0 22′ 23″
1flammiger Bunsen mit Hahn . . .	„	3 „	9 „	„	1.35 „	81 „	0 30′ 17″
Finkener	„	8 „	9 „	„	2.10 „	126 „	0 21′ 35″

I. Obergeschoß.

Bezeichnung des Brenners	Ausströmöffnung des Gashahnes	Einströmöffnung des Brenners	Ausströmöffnung des Brenners	Tageszeit	Verbrauch in Litern in einer Minute	Verbrauch in Litern in einer Stunde	Zeit
Großer Teclu . .	2.5 mm	6 mm	12 mm	Vorm.	6 Liter	360 Liter	0 10′ 25″
4flammiger Bunsen	„	7 „	8.5 „	„	5.1 „	306 „	0 13′ 14″
Kronenbrenner . .	„	7 „		„	3.2 „	192 „	0 23′ 37″
1flammiger Bunsen mit Hülse . . .	„	7 „	9 „	„	2.6 „	156 „	0 21′ 55″
1flammiger Bunsen mit Hahn . . .	„	3 „	9 „	„	1.35 „	81 „	0 31′ 15″
Finkener	„	8 „	9 „	„	2.16 „	129.6 „	0 20′ 43″

II. Obergeschoß.

Bezeichnung des Brenners	Ausströmöffnung des Gashahnes	Einströmöffnung des Brenners	Ausströmöffnung des Brenners	Tageszeit	Verbrauch in Litern in einer Minute	Verbrauch in Litern in einer Stunde	Zeit
Großer Teclu . .	2.5 mm	6 mm	12 mm	Vorm.	6 Liter	360 Liter	0 10′ 30″
4flammiger Bunsen	„	7 „	8.5 „	„	5 2 „	316 „	0 13′ 42″
Kronenbrenner . .	„	7 „	3 „	„	3.3 „	198 „	0 22′ 20″
1flammiger Bunsen mit Hülse . . .	„	7 „	9 „	„	2 „	120 „	0 18′ 43″
1flammiger Bunsen mit Hahn . . .	„	3 „	9 „	„	1.5 „	90 „	0 20′ 40″
Finkener	„	8 „	9 „	„	2.4 „	144 „	0 19′ 40″

Dachgeschoß.

Bezeichnung des Brenners	Ausströmöffnung des Gashahnes	Einströmöffnung des Brenners	Ausströmöffnung des Brenners	Tageszeit	Verbrauch in Litern in einer Minute	Verbrauch in Litern in einer Stunde	Zeit
Großer Teclu . .	2.5 mm	6 mm	12 mm	Vorm.	5.9 Liter	354 Liter	0 9′ 5″
4flammiger Bunsen	„	7 „	8.5 „	„	5.1 „	306 „	0 11′ 25″
1flammiger Bunsen mit Hülse . . .	„	7 „	9 „	„	2.9 „	174 „	0 22′ 05″
Kronenbrenner . .	„	7 „		„	3.2 „	192 „	0 20′ 30″
1flammiger Bunsen mit Hahn . . .	„	3 „	9 „	„	2.03 „	121.8 „	0 23′ 30″
Finkener	„	8 „	9 „	„	2.4 „	144 „	0 17′ 5″

Die Brenner, welche im Pharmazeutischen Institut zu Dahlem zur
Verwendung gelangen, verbrauchen im Durchschnitt:

	Leuchtgas pro Minute:	pro Stunde:
Brenner mit Specksteinaufsatz nach Thoms:	1.33 Liter	79.80 Liter
Gewöhnlicher Bunsenbrenner:	2.23 „	133.80 „
Teclubrenner:	3.85 „	231.00 „
Dreifacher Teclubrenner:	6.25 „	375.00 „

Ein Liter dest. Wasser gelangt im Becherglase zum Sieden:

Durch	in Minuten:	Gasverbrauch:
Brenner mit Specksteinaufsatz nach Thoms:	46' 35"	61.84 Liter
Gewöhnlicher Bunsenbrenner:	27' 24"	61.00 „
Teclubrenner:	12' 00"	46·20 „
Dreifacher Teclubrenner:	10' 30"	64·37 „

Buchdruckerei A. W. Zickfeldt, Osterwieck/Harz.